CONDUITE ET GESTION

DU CHEVAL

DU BŒUF ET DU MOUTON

EN CHAMPAGNE

TYPOGRAPHIE LELAURIN, A MÉZIÈRES.

CONDUITE ET GESTION

DU CHEVAL

DU BŒUF ET DU MOUTON

EN CHAMPAGNE

OU

RÈGLES A SUIVRE

POUR PRODUIRE, LOGER, NOURRIR ET GOUVERNER NOS TROIS GRANDES ESPÈCES D'ANIMAUX DOMESTIQUES

DANS L'INTÉRÊT DE L'HYGIÈNE ET DE L'AGRICULTURE

PAR DES ÉCONOMIES BIEN ENTENDUES ET L'AMÉLIORATION RAISONNÉE DE NOS RACES.

Par DEMILLY aîné

Membre du Bureau du Comice agricole, du Conseil d'Hygiène et de Salubrité publique, de la Commission hippique, et Commissaire du Gouvernement pour les épizooties dans l'arrondissement de Reims; Vice-Président de la Société vétérinaire de la Marne ; Membre de la Société d'Agriculture, Sciences et Arts de Châlons, de l'Académie impériale de Reims et de la Société impériale et centrale de Médecine vétérinaire

REIMS

MATOT-BRAINE, LIBRAIRE-ÉDITEUR

6, RUE DU CADRAN-ST-PIERRE, 6.

1863

AVANT-PROPOS.

En agriculture, le succès se trouve en
entier dans le bétail.

Yv.

La science agricole se résume par la culture proprement dite, par les engrais et par les bestiaux.

Nous ne nous occuperons que peu des deux premières
questions, parce que notre but est de spécialiser ce
travail dans des conseils étudiés et mûris, pour améliorer ou conserver bonnes les espèces d'animaux domestiques en usage dans le département de la Marne
et la Champagne.

La conservation et l'amélioration des animaux domestiques ont toujours fixé l'attention des hommes sérieux;
mais ceux-ci ne s'en étant occupés souvent que dans le
but de faire connaître et de guérir les maladies desquelles ils sont communément atteints, n'ont pendant
longtemps rendu que de faibles services à la société.

L'art médical est incontestablement très-utile ; mais
la plupart des instructions publiées dans ce sens pour
les animaux n'avaient rien de scientifique ; elles ne trai-
taient que du cheval ; elles ne donnaient que des recettes
routinières et empiriques, et ensuite, leurs formes et
leurs complications les rendaient d'une application gênante et difficile.

La médecine est une arme qui ne peut être utile qu'entre les mains des médecins, et c'est pour suppléer à ce qu'ont de dangereux les livres de médecine et de recettes placés entre les mains des cultivateurs, qu'il m'a semblé préférable de chercher à vulgariser des connaissances plus faciles et plus convenables : connaissances sur l'hygiène ou la zootechnie, qui serviront plus fructueusement l'agriculture, en la mettant à même de prévenir les nombreuses maladies qui frappent les hommes et les animaux, que de l'initier aux moyens de les combattre, lorsqu'il est trop rarement au pouvoir des médecins et des vétérinaires de les guérir.

La *santé*, c'est l'ordre et la régularité dans le fonctionnement de tous les organes ; la *maladie,* c'est le désordre et l'irrégularité dans leur marche et leurs fonctions ; par conséquent la médecine est la science des maladies, et elle concerne le médecin, tandis que l'hygiène est la science de la santé, et elle doit concerner tout le monde.

Depuis quelque temps, en effet, on a publié plusieurs travaux sur l'hygiène des animaux, mais plus propres aux hommes d'études et à l'instruction des écoles, qu'à nos populations agricoles ; ils étaient pour elles d'une application embarrassante, et souvent comme une selle à tous chevaux, qui va bien aux uns et qui blesse les autres.

Non-seulement il y a pour nos cultivateurs un intérêt majeur à la conservation de leurs animaux en santé, mais il y a encore l'élevage, l'amélioration, le nourrissage et l'engraissement raisonnés et économiques de ces mêmes animaux, qui sont des questions à éclairer et à résoudre, et auxquelles, aidé des connaissances déjà acquises, je veux essayer de les initier.

Je sais bien qu'il y a quelques personnes auxquelles je n'apprendrai rien, et aussi qu'un grand nombre de celles qui possèdent des animaux ne sont pas ignorantes de tous les soins qu'ils réclament, ni des moyens à mettre en usage pour en tirer bon parti ; mais, comme dans la longue pratique qui m'a mis si souvent en contact avec plusieurs de ces hommes observateurs et intelligents, j'ai pu profiter de leur savoir et de leur expérience, je vais tenter, avec le concours des études que j'ai faites, de donner à ceux plus en retard ou moins expérimentés, des conseils qui pourront être utiles à eux et à la société.

J'ai d'autant plus de confiance dans le travail que j'entreprends, qu'en donnant succinctement quelques explications sur les choses qu'il faut absolument savoir, j'ai évité les expressions scientifiques et médicales ; et que pour être à la portée de toutes les intelligences, je l'ai spécialisé pour nos localités, afin de le rendre moins vague et plus facile à comprendre.

On trouvera dans ce travail, sans fatigue et presque sous la main, tout ce qui est nécessaire pour l'éducation et l'industrie des animaux : le choix des races, en conformité des besoins du travail et des ressources de l'exploitation ; l'hygiène du logement, de la nourriture et des travaux qu'on veut accomplir ; la nature, la composition, les qualités et la préparation des aliments ; le choix et l'indication de ceux-ci, selon les espèces d'animaux et les races, et selon la destination qu'on veut ou qu'on peut leur donner ; puis enfin quelques données sur les vices rédhibitoires, sur leur législation, sur les réglements de boucherie, la police sanitaire et les maladies épidémiques et contagieuses.

Pour l'hygiène, je n'ai pas voulu de complications inutiles, ni adopter le classement des physiologistes et des médecins, qui divisent les agents modificateurs de l'économie en six classes ou catégories : cela n'eut convenu qu'à peu de personnes, et, en prêtant à la divagation, n'eut pas été assez clair pour la plupart de celles à qui nous nous adressons.

J'ai préféré la pratique à la méthode, et aussi, suivre les choses dans leur ordre naturel, les condenser, les réduire le plus possible, et les prendre telles qu'elles se présentent successivement chez le propriétaire, pour en former un petit tableau sur lequel, en un instant, chacun pourra puiser ce qu'il doit apprendre, et saisir ce qu'il doit connaître.

En France, le nombre des grands animaux domestiques dépasse 50,000,000, et leur valeur est d'environ quatre millards ; il est donc de la plus haute importance d'être toujours bien attentif à l'entretien de choses qui, mieux dirigées, pourraient être plus nombreuses et valoir davantage.

Comme on ne peut raisonnablement pas espérer que toute la population agricole, en France, embrasse toutes les connaissances que dans tous les pays tous les animaux exigent, j'ai pensé qu'il valait mieux se borner à répandre des instructions brèves, nettes, sans confusion et spécialement applicables à chacun dans chaque région et dans chaque province, pour que dans chaque contrée tout propriétaire d'animaux soit mis à même de posséder à fond la petite somme d'instruction spéciale qui seule lui est nécessaire, et pour qu'il puisse mieux et plus parfaitement en faire l'application à sa position et à lui-même.

Si dans chaque contrée chacun possédait ce qu'il faut savoir pour améliorer son exploitation et augmenter la valeur de ses animaux, ne serait-ce pas le moyen le plus certain d'améliorer la position et d'augmenter le revenu de tous ? Par exemple : dans l'industrie et l'alimentation des animaux, si un propriétaire qui nourrit cinquante grands animaux, ou l'équivalent de cinquante grands animaux, arrive (avec l'application des connaissances spéciales qu'il aura acquises de la valeur certaine des aliments dont il dispose dans sa région ou sa localité) à économiser 25 centimes par jour sur la nourriture de chaque animal, cette économie de chaque jour lui fera, pour l'année, un bénéfice de 4,562 fr. 52 ; et si encore, par des soins raisonnés et un choix bien fait des animaux, il peut donner annuellement à chacun d'eux une valeur supérieure de 50 fr., il trouvera dans ces perfectionnements et dans cette seule branche de l'industrie de son exploitation, une augmentation de revenus de 7,062 fr. 50 c. par an ; et soit, pour vingt années, (durée moyenne et minima du travail de l'homme), une augmentation pour son capital d'au moins 141,250 fr. C'est une fortune !

Il faut faire bien attention qu'ici je n'entends pas l'économie par la parcimonie et les privations : il y a toujours avantage à bien nourrir les animaux ; mais l'économie que je désire et que je prêche, est celle de l'à-propos, de la préparation et de la combinaison des aliments, à laquelle il faut initier la masse des cultivateurs, à laquelle il faut qu'ils s'habituent, et avec laquelle il faut qu'ils s'enrichissent et qu'ils prospèrent.

Les économies dont je parle ne sont pas des théories imaginaires ni de l'exagération ; car dans le cours de ce travail je démontrerai que, sans nuire aux animaux, on peut en faire de plus considérables ; et croyez-le bien, messieurs les cultivateurs, cela n'est pas difficile, la pratique va vous le démontrer, et il y en a déjà parmi vous qui le savent. Que cela se fasse dans chaque exploitation, dans chaque localité, dans chaque commune et dans chaque région, ce sera le bien-être des particuliers, la richesse des communes et la prospérité de l'agriculture entière.

Comme dans chaque région, en France, l'agriculture est variable, la gestion des animaux doit être différente ; et comme là où on cultive la vigne, les mûres et l'olivier, les pâturages ne peuvent plus être ni aussi communs ni aussi abondants, il est bon que dans chaque région on sache quelle est la constitution des animaux qui lui convient, et aussi, pour les animaux, qu'on connaisse l'application la plus économique des ressources du pays qui leur sont le plus favorable.

Ainsi, dans l'industrie des animaux comme pour l'agriculture, la pratique doit varier selon les différentes régions où on l'exerce; et c'est ce que la plupart des écrivains n'ont pas toujours pu réussir à faire bien comprendre, parce qu'il est impossible de connaître à fond les ressources, les besoins et les misères d'un pays qu'on n'a pas connu et habité. Il y a trop d'auteurs qui ont écrit sans avoir assez vu, et encore malheureusement trop de véritables praticiens qui ont bien vu et qui n'écrivent pas; ce qui est déplorable, parce que les premiers propagent des erreurs et entretiennent des illusions que l'expérience des derniers pourrait dévoiler et détruire.

Je ne prétends pas nier que les travaux déjà publiés aient rendu d'immenses services, et moi-même j'en ai profité souvent avec avidité; mais dans ma conviction qu'il n'y a qu'une pratique spéciale et une longue pratique dans une région limitée qui puisse permettre de connaître bien les choses et de donner d'efficaces conseils, j'ai voulu profiter de ma position pour offrir dans mon pays et à mes concitoyens, en échange de la confiance à laquelle ils m'ont habitué, le fruit d'une expérience de près de trente années dans la matière.

J'espère que mon travail sera utile dans la Marne et la Champagne; mais comme il est basé sur des principes dont le jugement pourra partout apprécier l'application, je suis convaincu qu'il peut convenir dans toutes les mains et profiter dans tous les pays.

Divisé en quinze chapitres, leurs sujets sont pris et se succèdent dans l'ordre des besoins qu'on peut avoir de les connaître; et en jetant les yeux sur la table des matières, on pourra déjà comprendre l'intérêt qu'il peut y avoir à les lire et à les consulter.

CONDUITE ET GESTION

DU CHEVAL, DU BŒUF ET DU MOUTON

EN CHAMPAGNE

CHAPITRE Ier.

DES ANIMAUX POUR L'AGRICULTURE.

Importance des progrès agricoles ; — rapports de l'agriculture
avec l'industrie ; — les animaux, accessoires indispensables à
l'agriculture ; — l'hygiène pour les grands animaux domestiques
et les causes qui doivent en modifier l'application ; — choix des
animaux et des races, selon les localités et les exploitations ; —
but variable de l'hygiène en économie rurale.

Bien qu'aujourd'hui la facilité des communications et
des transports ne laisse que peu à redouter les misères de
la famine et des disettes, parce que s'il y avait insuffisance
de récoltes dans une contrée, on aurait l'espoir de pouvoir
y suppléer par leur abondance dans d'autres, il n'en faut
pas moins travailler sans cesse aux progrès de l'agriculture, car dans tous les pays le progrès agricole se traduit
par la force, l'aisance, la moralité et l'intelligence des habitants.

L'agriculture et l'industrie se donnent la main, et ensemble se font mutuellement prospérer. Aussi voyons-nous

avec plaisir, lorsque des fabriques de tissus de lainage grandissent et rendent en échange à l'agriculture quelques-uns de leurs résidus, comme elles, les distilleries d'alcool, les brasseries et les sucreries naissent et se développent, et peuvent aussi, de leur côté, contribuer à la richesse et à la prospérité agricoles.

Toutes ces industries s'alimentent de l'agriculture, de même que l'agriculture prospère et s'enrichit avec elles.

Mais l'agriculture ne peut se mouvoir et progresser sans d'autres accessoires indispensables à ses mouvements et à sa rotation, et, de tous, les animaux domestiques en sont le plus précieux pour sa marche et l'ampleur de ses produits.

Les animaux domestiques tirent d'abord leur importance dans une ferme par les travaux qu'ils exécutent, les engrais qu'ils donnent et les bénéfices qu'ils procurent; mais ils en ont encore au point de vue de l'alimentation publique, et des besoins du commerce, de l'industrie et de l'armée.

D'après ces considérations, il est incontestable que les animaux domestiques doivent fixer l'attention des cultivateurs, qu'ils méritent de grands soins et beaucoup d'égards, et que, contribuer à leur bon entretien et à leur perfectionnement, c'est faire progresser l'agriculture, c'est travailler au bien-être social.

Enfin, l'importance des grands animaux domestiques est telle, que dernièrement, pour la traduire, un publiciste distingué disait : que les greniers à grains étaient dans les étables, parce qu'avec des bestiaux, en procurant des engrais, du lait et de la viande, on était assuré d'avoir du blé et du pain.

La santé, c'est la force, c'est l'énergie, c'est le courage. Aussi les individus chétifs, débiles et maladifs ne peuvent ni commander, ni travailler, ni combattre, et il y a pour un pays un intérêt immense à l'entretien et à la conservation de la santé de ses habitants.

La science qui a pour but l'entretien et la conservation de la santé, est l'hygiène; celle qui a pour but de guérir les maladies, est la médecine.

L'hygiène étant l'art de prévenir les maladies, tandis

que la médecine n'est que l'art de les guérir, la première doit avoir une certaine prépondérance sur la deuxième, puisqu'elle consiste à rendre la dernière inutile et à pouvoir s'en passer.

Aussi les anciens se sont occupés toujours avec persévérance de l'hygiène, tant pour fonder la société que pour donner plus de force et de grandeur aux nations.

L'hygiène de l'homme a toujours été en vénération, et de tous temps reconnue indispensable à étudier et à appliquer sérieusement. Et en effet, on trouve qu'elle a pour base les mœurs, les lois et la religion; et, comme l'a fait remarquer le savant Michel Lévy, qu'elle a pour interprètes le prophète, le législateur et le savant.

L'hygiène des animaux domestiques, qui doit se faire plus modeste, a cependant une analogie et des rapports frappants avec celle de l'homme; et si elle n'a pas eu des traducteurs aussi haut placés, elle n'en réclame pas moins des études sévères et une très-sérieuse attention.

Il ne faut pas le dissimuler, si l'on examine sincèrement la similitude d'organisation, de position et de condition entre les hommes et les grandes espèces d'animaux domestiques, les rapports incessants et l'intimité des liens qui existent entr'eux; si l'on considère que dans plusieurs des espèces animales, l'homme trouve aussi sa nourriture et une partie de ses vêtements; si l'on veut bien remarquer que dans l'état social, tel qu'il est organisé, nous trouvons encore en eux, pour des choses qui nous sont indispensables, une assistance et des soutiens qu'il nous serait impossible de remplacer ou de trouver ailleurs, on comprendra que l'hygiène des animaux est, à très-peu de chose près, aussi importante que celle de l'espèce humaine, et que s'occuper de cette question, c'est traiter du bien-être d'un pays, c'est toujours s'occuper de la force, de la richesse et de la santé des hommes.

Enfin, traiter de l'hygiène du cheval, du bœuf et du mouton, c'est s'occuper d'agriculture et d'industrie, ou au moins, c'est un complément précieux et indispensable à ces deux branches essentielles de la fortune publique.

La vie chez les animaux, comme chez l'homme, est dépendante du sol où ils vivent, de l'air qu'ils respirent et des aliments dont ils se nourrissent; et conséquemment, de la qualité et de la constitution de ces éléments de la vie, doivent dépendre l'existence des individus, l'équilibre des fonctions et la régularité plus ou moins parfaite du travail des organes en santé.

Lorsque l'on veut s'occuper de la vie ou de l'existence des animaux, il faut d'abord bien connaître les choses qui servent à leur entretien; mais comme il y a encore des causes qui peuvent altérer, corrompre ou modifier ces éléments d'existence des êtres organisés, il faut encore étudier ces causes et les connaître, afin de savoir, selon les circonstances, s'il faut les utiliser, les éviter ou les détruire.

C'est l'étude compliquée de toutes ces choses et de toutes les modifications qu'elles peuvent subir, qui constitue l'hygiène dont nous allons nous occuper, toutefois encore, en indiquant l'application variable qu'il faut en faire, selon les besoins économiques et la position ou la nature du sol de nos contrées.

Dans l'état de nature, les animaux, à leur volonté, peuvent choisir les lieux qui sont en rapport avec leurs goûts et leur constitution, c'est-à-dire qu'ils peuvent s'installer dans les localités où ils peuvent trouver, dans les dispositions topographiques et atmosphériques du sol, l'air, la température et les aliments qui conviennent à leur tempérament et à leur organisation.

Dans l'état de domesticité, ils ont perdu cette liberté, et alors ils se trouvent à la merci de l'homme, et c'est à celui-ci à suppléer à leur goût et à leur instinct, non-seulement pour entretenir leur existence, mais encore pour que, par des choix raisonnés des individus, des races et des espèces, et une alimentation convenable, ils puissent, en conservant leur santé, donner tous les bénéfices possibles aux propriétaires.

Ceci traduit l'œuvre que nous allons entreprendre, qui serait au-delà de nos forces, si dans de nombreux ouvrages d'agriculteurs, de vétérinaires et de médecins, nous n'avions trouvé une source féconde où nous avons en partie puisé les lumières qui conviennent à notre sujet.

Il faut, disons-nous, pour chaque individu, ou pour

chaque espèce d'individus, faire choix des localités qui conviennent le mieux à leur constitution, à leur tempérament; ou plutôt, pour chaque position ou disposition particulière des lieux, il est essentiel d'étudier quelles espèces d'animaux conviennent le mieux, non-seulement pour qu'ils ne dégénèrent pas et conservent leur santé, mais encore pour qu'ils donnent plus de produits et rendent davantage à l'agriculture.

On parle souvent des races et de leur amélioration par des croisements, sans souvent dire un seul mot d'autres choses : comme s'il était au pouvoir de l'homme de manipuler les espèces, de les triturer et de les refaire selon ses goûts et ses caprices. C'est même une erreur de croire que les races sont dans leur souche seule, et que l'on pourrait les propager seulement par la génération.

Dans l'état de nature, les animaux se perpétuent plus forts, parce que, sans habitations, les intempéries font périr les produits faibles et mal constitués, et que les mâles les plus forts excluent les plus chétifs et les moins robustes de la reproduction. Aussi les races sont plus dans le sol où elles vivent et se propagent, dans les qu lités de l'alimentation et leur nature, et dans l'hygiène, que dans la souche et l'hérédité; et quand je vois de grands faiseurs qui, lorsqu'ils ont prononcé amélioration par le cheval arabe, le pur sang anglais, la vache durham et le mouton dislhey, croient avoir tout dit et avoir parfaitement raisonné, cela est pitoyable; car en physiologie et en économie rurale on ne doit pas ignorer que le cheval de meilleure origine, s'il mange de mauvais aliments et s'il reste à l'écurie, deviendra un mauvais cheval; de même qu'il est indubitable que les durhams ne pourraient s'engraisser dans les montagnes des Vosges, et que les moutons de Sologne gaspilleraient et auraient du superflu dans les pâturages des Flandres et de la Normandie.

Les animaux de bonne souche conviennent dans tous les pays; mais cela seul ne peut suffire pour l'amélioration et le progrès, et il faut encore, avec un choix sagement mûri, bien comprendre qu'il faut à ces animaux une constitution en rapport avec la localité où on les place, et avec les travaux et les aliments qu'on a à leur donner, et que sans cela ils doivent plutôt devenir une cause de pertes que de profits pour ceux qui les nourrissent et les alimentent.

Il faut donc, pour avoir de bons animaux, d'abord bonifier son sol et avoir de fortes ou abondantes récoltes ; et, tout en reconnaissant les progrès évidents qui existent et se sont faits dans quelques exploitations par des croisements et l'importation de nouvelles races, il est bon de ne pas y mettre d'engouement, de ne pas exagérer les choses, et de les voir sans passion, parce qu'avant tout on est forcé de rester à sa place, et qu'on ne peut avoir et nourrir des animaux que dans la proportion de la force et de la valeur de sa récolte.

Ainsi, en principe, il est de nécessité absolue que les individus traduisent le climat, la constitution et la nature du sol où ils doivent vivre, et il est incontestable que l'amélioration consiste, avant tout, à approprier les espèces à leur destination, selon les lieux, selon les dispositions topographiques, selon les qualités et la quantité des aliments, selon les travaux auxquels ils sont obligés, et aussi avec des aptitudes marquées, pour qu'ils puissent donner tous les produits et les avantages qu'on peut en obtenir.

Cela résume économiquement une grande question dont il est utile et rationnel de faire l'application dans toutes les localités et tous les pays du monde.

Le calcul et l'industrie peuvent encore, par exception, vous pousser à modifier ces principes généraux, parce que quelquefois, dans le nourrissage des animaux, il est bon de morceler ou de partager leur fabrication, et aussi, de faire la part des ressources de l'agriculture et des besoins du commerce et de l'industrie, afin d'opérer avant tout dans ses intérêts et d'avoir des bénéfices assurés.

Dans l'élevage, il ne faut pas croire que les animaux doivent se couler toujours d'un seul jet, et qu'ils puissent sortir certainement terminés et parfaits de la même main ; ceci pourrait être une erreur ; et c'est souvent pour avoir agi en ce sens qu'on a eu des animaux mauvais et qui coûtaient plus qu'ils ne valaient. Non, il ne faut pas être persuadé qu'avec de bonnes juments, saillies par de bons étalons, on devra faire toujours des chevaux vendables avec bénéfices à l'âge de cinq ans ; car dans beaucoup de conditions, et même plus généralement, on doit mal réussir et faire une mauvaise opération.

Pour la fabrication ou l'élevage des animaux, on n'y a jamais fait assez attention; ce peut être comme dans la fabrication des étoffes, où tout ne peut pas se faire dans la même maison. En effet, beaucoup d'éleveurs ne devraient jamais aller au-delà d'un certain degré, et feraient souvent mieux de laisser à d'autres l'achèvement de l'animal qu'ils auraient produit ou commencé. Comme des tisserands qui produisent des pièces écrues, et qui laissent à d'autres industriels le soin de les finir et de les achever, il y a des éleveurs qui peuvent produire des poulains pour les vendre à l'âge de 18 à 30 mois avec fruit et bénéfices; comme il y en a d'autres qui, en les achetant en partie élevés pour les fortifier et les rendre propres au travail, réussissent bien, et qui ne pourraient que mal faire et perdre de l'argent en les produisant eux-mêmes.

Les premiers vendent les animaux jeunes avec avantage; les seconds, en les préparant lorsqu'ils ne sont qu'ébauchés, et en les utilisant, les dressent, les fortifient et les revendent avec bénéfices. Il ne faut donc pas ne s'occuper que des souches et des étalons dans la fabrication des animaux; il faut souvent y voir un calcul et la traiter en industrie.

Dans certaines localités, il y a des sujets qui prennent bien du développement de la taille et de l'ampleur, mais qui souvent, sous l'influence d'une nourriture relâchante, ne s'affermiraient pas et resteraient sans force et sans vigueur : alors, à un moment donné, à un certain âge, il faut les transporter ailleurs, pour qu'avec des aliments nouveaux ils acquièrent des qualités qui ne se seraient jamais développées dans les lieux de leur naissance.

C'est ainsi que dans les Ardennes et dans la Belgique, on voit beaucoup de jeunes chevaux de deux à trois ans, assez bien développés, mais avec des défauts très-disgracieux; ils ont les oreilles basses, les lèvres pendantes, la peau épaisse et le poil crasseux; et qui, mous, sans courage et incapables de travaux fatigants, sont vendus facilement et même fort cher à de nouveaux propriétaires, parce que ceux-ci savent que, sous l'influence d'une alimentation fortifiante, sous celle d'un travail modéré et de soins bien entendus, ils vont vite se métamorphoser, prendre, en très-peu de temps, la force et l'énergie qu'ils ne pourraient acquérir dans leur pays natal. Ces animaux restaient sans avenir et sans utilité là où ils étaient nés, tandis qu'en émigrant et en se rendant utiles, ils se dressent, se fortifient et s'améliorent.

Il y a d'autres pays aussi où, en produisant des animaux, ils n'y resteraient que petits et sans développement, et où ceux qui y arrivent à un âge encore peu avancé, mais d'un développement précoce, y gagnent vite et des formes et de l'embonpoint qui, en un instant, doublent leurs qualités et leur mérite.

Tout cela peut se constater dans les environs de Vouziers, Rethel, Reims, Châlons, Vitry-le-Français, où, comme dans la Beauce et beaucoup de nos pays calcaires, de bonnes récoltes en légumineuses permettent de finir facilement les jeunes chevaux qui sont nés ailleurs.

Il y a d'autres circonstances où les populations, le commerce et les manufactures mettent à la disposition des cultivateurs des quantités d'engrais considérables qui permettent, en amendant le sol et en modifiant sa nature primitive, sans les ressources des produits de la ferme, de vendre la récolte et d'exploiter plus avantageusement la terre en n'ayant que peu d'animaux.

Dans ces contrées d'agglomérations populeuses, il est souvent avantageux de vendre les pailles pour l'emballage et le commerce, les foins pour les chevaux de luxe et de camionnage, et les autres denrées aux nourrisseurs, soit pour les laiteries, ou pour l'engraissage des veaux, des bœufs et des moutons.

Il y a encore d'autres propriétaires ou fermiers qui ne peuvent alimenter des veaux, des vaches et des moutons qu'une partie de l'année, et qui sont forcés de les vendre à certaines époques, parce qu'ils ne peuvent, sans interruption, les nourrir convenablement, et les garder toujours.

Enfin, il y a des positions où on ne peut ni élever, ni engraisser, ni bonifier les animaux, parce qu'il faut les utiliser pour des travaux qui les usent et les fatiguent, ou que jeunes ils ne seraient pas en rapport avec le poids du travail et des peines qu'ils ont à supporter.

Il est donc important, selon les lieux qu'on habite, la production du sol et la nature des travaux, de bien réfléchir sur sa position et sur le choix des animaux, et de ne se déterminer que pour des races ou des espèces qui assurent des bénéfices ; comme encore on doit toujours bien comprendre que dans des conditions différentes, il ne faut pas faire la même chose, et que souvent, si on imitait son voisin qui fait très-bien soi [illegible] faire mal et ne pas réussir.

En résumé, il faut toujours tâcher de s'assurer des bénéfices, ou au moins d'éviter la ruine ou des déceptions. Ce sont les points fondamentaux de l'économie des animaux, et une affaire de spécialité, de calcul et de spéculation qui ne régit pas l'hygiène, mais qui en recule les limites et l'étendue des études qu'elle impose.

L'hygiène pour les animaux ne doit donc pas se restreindre dans sa rigidité d'expression, car, bien qu'elle doive comprendre d'abord et en principe, l'étude du fonctionnement régulier, ou l'entretien des fonctions régulières des organes, en santé, et celle des agents extérieurs avec lesquels ceux-ci sont en rapport, tels que l'air, le sol, les aliments, les boissons, les logements, les climats, la température, le travail et le repos, en économie agricole, elle doit encore prendre plus d'extension et comprendre, en outre, l'application de tout ce qui, en activant ou en ralentissant certaines fonctions, doit faire que, sans avoir égard à la santé parfaite, les animaux puissent donner aux propriétaires des revenus plus élevés et plus considérables.

C'est sous ces divers rapports que nous avons voulu nous occuper de l'industrie des animaux, parce que c'est la base sur laquelle il faut s'appuyer et pour améliorer rationnellement nos races, et pour enrichir l'agriculture et le pays.

Ayant examiné dans ce premier chapitre le but que nous voulons atteindre, nous allons tâcher de marcher sans confusion dans le chemin que nous voulons suivre.

Pour nous occuper des animaux, il faut d'abord connaître le mécanisme animal, ainsi que les constitutions et les tempéraments; car, sans ces connaissances, on ne saurait jamais reconnaitre les espèces ou les races qui peuvent nous convenir. Néanmoins, qu'on se rassure, nous n'entrerons pas dans des détails et des complications chargés et inutiles, parce que notre intention est ferme de ne pas dépasser certaines limites, et d'instruire assez nos lecteurs en les intéressant sans les fatiguer.

CHAPITRE II.

DU MÉCANISME ANIMAL.

Charpente et organisation des animaux ; — classification des animaux et des appareils de fonctions des organes ; — le crâne, la poitrine et l'abdomen ; — le cerveau, la moelle épinière et les nerfs ; — le cœur, les vaisseaux et la circulation ; — le poumon et la respiration ; — la bouche, l'œsophage, l'estomac, les intestins et la digestion ; — les reins, la vessie et les fonctions génito-urinaires ; — les os, les muscles, les articulations et la locomotion ; — l'enveloppe du corps, la peau et la corne des animaux.

Comme dans la direction d'une machine, celui qui est chargé de la conduire doit en connaître les rouages et les éléments, de même, dans l'application de l'hygiène et la pratique de l'industrie des animaux, les propriétaires de ces derniers ne peuvent rester complètement étrangers à la connaissance de leurs organes et à celle de leurs mouvements. Aussi croyons-nous devoir brièvement donner quelques renseignements sur les principales parties qui constituent le mécanisme animal, afin qu'on puisse en régler la marche et en diriger rationnellement les fonctions.

Les animaux dont nous nous occupons ont été divisés, selon la forme extérieure des extrémités des membres, en

1*

monodactyles, qui ont un seul doigt et un seul sabot : le cheval, l'âne et le mulet ; et en didactyles, qui ont deux doigts et deux sabots : le bœuf et le mouton.

On les a divisés aussi en monogastriques, qui ont un seul estomac et des dents en haut et en bas sur le devant des deux mâchoires : l'espèce chevaline ; et en tétragastriques, qui ont quatre estomacs et n'ont des dents qu'à la mâchoire inférieure : les ruminants ou les espèces bovine et ovine.

Les fonctions que les organes des animaux ont à remplir sont de trois sortes : celles de reproduction, pour la conservation et la propagation des espèces ; celles de relation, pour la perception, le mouvement et la locomotion ; et celles de nutrition, pour l'entretien individuel.

Les animaux sont composés de parties dures (les os) ; de parties solides et molles (les muscles, les glandes, les conduits, les poches, le poumon, le cerveau et les membranes) ; et de parties liquides (le sang et la lymphe) ; enfin il faut dire qu'il existe encore quelques substances intenticielles, des sérosités, de la graisse et des substances biliaires et albumineuses, qui entrent dans la composition des organes et les aident à remplir leur mission.

Les os forment la charpente animale sur laquelle et dans laquelle se trouvent les autres parties solides, molles et liquides.

La charpente osseuse se compose du crâne et des mâchoires ou maxillaires pour la tête ; des vertèbres du col ou cervicales qui tiennent la tête au tronc ; des vertèbres dorsales et lombaires sur lesquelles s'attachent et s'articulent les côtes et le bassin ; et enfin des grands os longs, pour les membres qui forment la base de soutien et des organes de locomotion.

Le corps des animaux se divise en trois grandes cavités, que l'on nomme splanchniques, et dans lesquelles sont contenus les organes principaux et indispensables aux fonctions de l'existence : le crâne, la poitrine ou le thorax, et le ventre ou l'abdomen. C'est dans la cavité crânienne que se trouve le cerveau, qui de là se continue et se prolonge, sous le nom de moelle épinière, dans un long conduit osseux formé des vertèbres du col, du dos, des lombes,

des coxis et la queue, et que l'on nomme colonne vertébrale.

Le cerveau est l'organe le plus sensible et le plus impressionnable de toute l'économie; et à cause de ses émi-
nentes fonctions et de ses incessants et influents rapports
avec tous les organes, il est enveloppé et recouvert d'une
boîte osseuse qui l'abrite providentiellement contre les
violences extérieures et de graves dangers. C'est du cerveau que partent de nombreux filaments que l'on nomme
les nerfs, qui sont chargés de transmettre à tous les organes et à toutes les parties du corps, les idées et la volonté conçues dans le cerveau, et aussi de transmettre et
de rapporter au cerveau les impressions reçues extérieurement.

La cavité thoracique ou la poitrine, contient le cœur et
le poumon. Le cœur, de forme conique, est composé d'une
substance musculeuse et charnue, et présente à l'intérieur
deux cavités doubles; il est destiné, en se dilatant, à recevoir le sang formé par les aliments; et en se contractant,
à le renvoyer à toutes les parties du corps : cette disposition est celle d'un soufflet; et c'est par cette irruption
et cette expulsion soutenues et régulières du sang, que le
cœur fonctionne et laisse percevoir des battements qui
traduisent l'existence ou la santé; c'est encore ces battements du cœur, communiqués aux artères, qui déterminent
le pouls, servant à la médecine pour traduire le désordre
ou les maladies.

Il y a deux natures de sang, avec des destinations et des
qualités différentes : 1º le sang artériel, qui est d'un rouge
vif, qui circule dans des conduits que l'on nomme artères,
et qui coule et court du centre (le cœur) à la circonférence;
et 2º le sang veineux, plus brun et plus foncé, qui coule
et circule dans les veines, et qui lui, en sens inverse, revient des extrémités ou de la circonférence au cœur.

Comme il y a deux natures de sang, il y a deux appareils
de circulation : l'appareil artériel, pour porter dans toutes
les parties du corps les éléments de fonctions et d'existence,
et l'appareil veineux, pour ramener au centre le sang ap-
pauvri des artères, et aussi de nouveaux matériaux puisés
dans le canal digestif pour recomposer un sang nouveau et
enrichi.

Ces deux appareils de circulation se ressemblent quant à la forme, et leur disposition est analogue à celle d'un arbre qui serait creux comme un tube. Le cœur serait la racine; les gros vaisseaux désignés en anatomie sous le nom d'aorte et de veine cave, seraient les troncs principaux; les premières ramifications de ces gros vaisseaux seraient les branches; et enfin les vaisseaux plus petits et les capillaires seraient les rameaux, les ramuscules et une partie de la texture qui compose les feuilles.

Le cœur, comme nous l'avons dit, présente à l'intérieur des cavités doubles : à gauche, celles destinées au sang artériel (l'oreillette et le ventricule gauches), et à droite, et complètement séparés des premières, l'oreillette et le ventricule droits, qui ne contiennent que du sang veineux brun, tandis que les premières n'en contiennent que du rouge.

Dans chaque partie du cœur, les oreillettes communiquent avec les ventricules du même côté, et servent en apparence au sang, de pavillon d'entrée.

D'abord le sang parfait, dans l'intérieur du ventricule gauche du cœur, sous l'influence de sa rétraction et de ses battements, sort et commence sa marche de circulation par l'aorte, le tronc de l'arbre circulatoire; ensuite il passe par les branches, les rameaux et les ramuscules, pour distribuer à toute l'économie les matériaux indispensables à son entretien et à ses fonctions; puis, lorsqu'il est arrivé aux extrémités, à travers des pores, des petites bouches ou des vaisseaux capillaires, il abandonne dans l'intérieur, et à la surface de plusieurs organes, des humeurs et des liquides qui doivent les lubréfier et quelquefois être expulsés au dehors; et enfin, après s'être dépourvu d'une partie des éléments qui le constituaient, il va reprendre une marche inverse, pour revenir par les veines au centre commun, qui est le cœur.

Les extrémités des artères, ou leurs ramuscules les plus fines et les plus déliées, si elles ne débouchent pas, comme nous l'avons dit, à la surface des organes pour y déposer les urines, les sérosités, les larmes, et toutes les mucosités rejetées avec les excréments, elles se lient et s'abouchent avec des ramuscules semblables à celles des artères et qui appartiennent aux veines; et là, l'excédant du sang artériel, après avoir déposé ou dépensé la quintescence de ses éléments, n'est plus le même : c'est alors du sang veineux; il va circuler dans les veines, et, au lieu de marcher du centre à la circonférence, il circulera de la circonférence au centre.

Mais ici il y a un phénomène qu'il ne faut pas oublier (il explique la vie et l'existence), c'est que les veines ont aussi dans leurs trajets des organes, des pores, des bouches et des ramuscules qui puisent, prennent et absorbent, et principalement dans le voisinage de l'estomac, dans l'estomac et dans les intestins, de nouveaux matériaux et de nouvelles ressources qui doivent réparer les dépenses faites par les artères; et aussi, que c'est avec ces nouvelles substances et ce nouveau butin que le sang veineux doit se diriger vers le cœur, pour immédiatement encore reprendre une nouvelle voie, et réacquérir ses qualités parfaites dans le poumon.

Le sang veineux, déjà en partie reconstitué, rentre au cœur dans sa cavité de droite, en passant par l'oreillette, qui est l'antichambre, pour descendre aussitôt dans le ventricule du même côté.

Le sang subit alors une deuxième circulation; il est chassé dans des vaisseaux qui le transportent et se ramifient dans le poumon, où non-seulement il se retrempe et reprend sa couleur vermeille et primitive, mais encore où, par son contact, ses rapports et sa combinaison avec l'oxigène de l'air, il acquiert, en plus de ses qualités nutritives, une chaleur qui est indispensable aux animaux pour lutter sans danger contre les inconstances de l'atmosphère.

C'est ainsi reconstitué, recomposé, réchauffé et refait complètement dans le poumon, que le sang rentre dans le ventricule gauche du cœur, en passant par le pavillon ou l'oreillette qui est au-dessus, pour encore recommencer régulièrement sans interruption, dans le même ordre et du même point de départ, sa marche de circonvolution, indispensable au fonctionnement des organes, et nécessaire à l'existence des hommes et des animaux.

Le poumon, qui enveloppe en partie le cœur, et qui, extérieurement, est en contact avec toutes les parois costales de la poitrine, est un organe double qui sert à la respiration ; il est situé en avant de l'estomac, duquel il n'est séparé que par une cloison mince que l'on nomme le diaphragme, et formé d'un tissu expansible, cellulaire et spongieux. Le poumon reçoit et rejette l'air, encore aussi indispensable à l'existence que les aliments.

L'air pénètre dans l'économie par les nazeaux, et il passe par le larinx et un conduit dur et cartilagineux que l'on nomme trachée artère, laquelle, en entrant dans la poitrine, se divise en deux branches (une à chaque lobe du poumon), et sous le nom de bronches, va se ramifier et se terminer par un nombre infini de cellules ou lobules, qui ont la désignation de vésicules pulmonaires.

Lorsque l'air pénètre ou envahit le poumon, les côtes se soulèvent et le poumon se gonfle, en suivant le mouvement des parois de la poitrine ; et lorsque les côtes se replient, se resserrent et s'affaissent, le poumon se vide et se rapetisse ; et c'est ce mouvement ou cette entrée et cette sortie alternative de l'air qui constitue l'acte de la respiration.

L'élasticité du poumon est telle, que lorsqu'on fait une ouverture à la poitrine, et qu'il communique avec le dehors, il se resserre et perd subitement plus des deux tiers de son volume.

Pour tous les animaux, il faut que la poitrine soit ample et que l'air ne trouve aucun obstacle à sa marche, afin que la respiration s'exécute sans obstacles et sans difficultés ; mais nous reparlerons de l'action de l'air sur l'économie, en nous occupant des agents extérieurs.

L'abdomen ou le ventre, ou la cavité abdominale, contient l'estomac ou les estomacs et l'intestin, le foie et la rate, les reins, les ovaires et la matrice, et dans son prolongement, le vagin et le conduit urinaire.

L'œsophage est un grand conduit mou, flexible et élastique, destiné au passage des aliments, et qui, en longeant le dessus et le côté gauche de la trachée, et en traversant la poitrine, sert de communication entre la bouche et l'estomac, ou mieux entre le ventre et le dehors.

L'œsophage pénètre dans l'estomac des espèces chevalines, comme un robinet dans un tonneau, et c'est ce qui est la cause que ces animaux ne peuvent vomir, puisque les aliments, pour revenir dans ce conduit, trouvent une difficulté qui est presque invincible; au contraire, chez les ruminants, ce conduit arrive dans la panse en s'évasant comme un entonnoir, et le retour des aliments dans la bouche est sans difficulté; c'est ce qui rend les fonctions de la rumination si faciles et naturelles chez ces derniers.

Ceci est probablement une prévoyance de la nature, qui, par une macération des aliments dans le premier estomac des ruminants, a voulu suppléer à l'imperfection de leur appareil dentaire.

Les aliments, d'abord mastiqués et broyés dans la bouche, arrivés dans le sac ou l'estomac, déjà imprégnés de salive, se mêlent à des sucs fournis par cet organe, qui les amollissent et en forment une espèce de bouillie; puis ils passent dans les intestins, où, de nouveau mélangés avec la bile et des mucosités, la quintescence en sera absorbée par les pores et les bouches des vaisseaux veineux; et enfin, marchant toujours, ils laissent dans leur parcours les parties nécessaires au sang et à l'entretien de l'existence. C'est par ce mouvement dans le tube intestinal dans le ventre ou l'abdomen, qu'ils sont dirigés vers son extrémité, pour qu'après avoir déposé les bons matériaux, leurs détritus arrivent dans le rectum, et soient expulsés par l'anus.

Les reins, situés après le dos, en haut, sous la région lombaire, sont deux corps durs et charnus qui fabriquent l'urine, laquelle passe par les urêtères dans la vessie, pour être expulsée au dehors.

Les ovaires, situés au-dessus de la matrice, sont, chez les femelles, le réceptacle de l'œuf ou ovule, germe de la fécondation; et la matrice, située en arrière, est le réservoir qui admet le produit de la conception.

Ces organes de la femelle ne peuvent fonctionner sans la coopération des organes sexuels du mâle; car ce n'est que par l'accouplement, ou dans l'acte du coït, que l'ovule se détache et descend dans la matrice, fécondé par la liqueur prolifique que le mâle y a déposée.

La matrice est l'organe dans lequel se développe le fœtus, d'où, après un séjour plus ou moins prolongé, selon les espèces, il sort par le vagin, pour continuer son existence et vivre au dehors.

Les mamelles, organes de l'allaitement pour les femelles,

sont (comme le pénis et les testicules pour le mâle, des organes générateurs accessoires à l'existence individuelle), situés à la face interne et supérieure des membres postérieurs, et à la partie externe inférieure et postérieure du ventre ou de l'abdomen.

Maintenant, en indiquant que les muscles sont des faisceaux charnus, rouges, très-rétractiles et très-élastiques, constituant en grande partie la viande sur les animaux de boucherie; qu'ils s'attachent par des fibres blanches ou tendons aux os par leurs extrémités; qu'ils sont les moteurs et les agents des grands mouvements et de la locomotion, et que les articulations sont la réunion ou la jointure des os pour en faciliter la flexion; en signalant aussi que tous les organes sont composés de fibres, de filaments, de tissus, et de matières disposées et arrangées de différentes manières, selon leurs rapports et leur destination; et enfin, lorsque nous aurons fait remarquer que le tégument, ou la peau avec la corne, sont l'enveloppe qui entoure et recouvre tous les tissus et tous les organes des grands animaux; sans trop de détails et de descriptions inutiles, nous aurons, je crois, suffisamment éclairé nos lecteurs, et atteint à peu près le but que nous nous sommes proposé dans ce chapitre.

Dans les substances ou matériaux qui contribuent à la formation et à l'entretien des animaux, il y a encore des proportions et des arrangements dont il faut connaître les différences, et c'est ce dont nous allons nous occuper dans les chapitres qui suivent; mais avant, il faut aussi que nous fassions remarquer, qu'en dehors de la conformation et de la matière, il y a un principe qui anime la vie, et que ce principe, plus ou moins largement réparti, peut aussi déterminer plus ou moins de qualités et de valeur.

Aussi ne faudra-t-il pas trop s'étonner de voir quelquefois des animaux bien conformés, mauvais et sans valeur, tandis qu'une conformation vicieuse peut être compensée par ce principe animalisateur qui donne l'énergie et la force.

CHAPITRE III.

TEMPÉRAMENTS DES ANIMAUX.

Classification des tempéraments; — le tempérament sanguin, ses avantages et ses dangers; — le tempérament nerveux, et quel parti on peut en tirer; — le tempérament lymphatique et les destinations qui lui sont favorables; — le tempérament mixte ou composé, le plus convenable à la santé; — influences que peuvent exercer le climat et le régime sur les tempéraments; — les aptitudes, le jeune âge et la vieillesse, et leurs conséquences sur l'usage, l'alimentation et la santé.

Comme dans l'homme, dans les animaux, et surtout dans les animaux qui ne sont pas de la même espèce, il y a beaucoup de variétés dans les constitutions. Ici, c'est un compte qu'il faut tenir pour appliquer sérieusement et fructueusement les mesures hygiéniques; car, non-seulement il y a dans les animaux des différences de constitution marquées et individuelles à chaque espèce diverse, mais aussi ces différences peuvent être et sont souvent très-sensibles dans les individus d'une même espèce; et ensuite, de ces différences, les unes sont les traits spécifiques de certaines individualités, et les autres dépendent des influences extérieures.

Que ces différences proviennent directement des individus, ou des diverses espèces d'individus, ou qu'elles proviennent des influences extérieures, toujours est-il que depuis très-longtemps on les a distinguées par la désignation de tempérament ; et, bien encore que l'on ait essayé, à diverses époques, d'y substituer des idées plus physiologiques, le nom s'en est maintenu, et, comme distinction, leur a toujours été appliqué.

Dans ce travail, où nous voulons être clair et bien précis avant tout, nous avons cru devoir nous abstenir d'y rien changer, parce que pour tout le monde, et plus particulièrement encore pour celui à qui nous nous adressons, le mot tempérament sera mieux compris que toute autre désignation, qui n'aurait l'avantage que d'être plus spécialement scientifique, mais plus embarrassante et moins facilement comprise et acceptée.

Ainsi, pour constater les différences de constitution qu'il faut connaître et qui existent entre les espèces, et même les individus d'une même espèce, il est bien entendu que nous les formulerons par le mot tempérament.

L'étude et la connaissance succincte des tempéraments sont d'une nécessité absolue dans l'application des règles d'hygiène, et de leur appréciation doit dépendre souvent le succès des soins donnés à tous les animaux.

Les tempéraments ont été désignés et divisés selon les temps et les doctrines médicales en vigueur à diverses époques ; mais l'idée en a toujours prévalu, et en laissant là les doctrines de l'humorisme, du solidisme, etc., nous adopterons la classification des tempéraments comme elle est le plus vulgairement et généralement connue ; nous diviserons les tempéraments en sanguin, nerveux et lymphatique ou mou, et puis enfin, nous admettrons le tempérament mixte, qui devra se comprendre, la répartition équitable des trois types précédents en un seul ; et nous avons l'espoir que ces désignations seront comprises, intelligibles et bien à la portée des personnes auxquelles nous nous adressons.

Scientifiquement, la description de tous les tempéraments serait compliquée et difficile à faire bien comprendre ; mais en pratique, la description simple que nous allons en faire, sera assez claire et suffisante pour qu'on puisse facilement saisir la prédomination de chacun d'eux.

Le tempérament sanguin (le plus commun sur le cheval), se caractérise par une sanguification facile et prompte, par un grand développement du cœur et du poumon, et par l'ampleur de la cavité thoracique; par la saillie des vaisseaux sanguins et l'impression de leurs ramifications sur la peau ; par le développement des muscles et par une marche et une allure franches et assurées ; enfin, l'œil bien ouvert, la peau ferme et le poil d'un ton vif et bien nuancé, sont les signes extérieurs et bien tranchés par lesquels on reconnaît les tempéraments sanguins.

Le tempérament sanguin, le plus robuste et le meilleur, traduit la force et le courage, et c'est celui qui convient le mieux pour le cheval, l'âne et le mulet, toujours destinés à porter des charges ou à des travaux fatigants.

Le tempérament sanguin convient à toutes les espèces d'animaux destinés aux fatigues et au travail; mais il cesse de convenir et n'est plus une qualité chez un grand nombre de bêtes bovines et ovines, lorsqu'elles sont destinées à la stabulation et à donner du lait, et à l'engraissement.

Dans une bonne partie de la Champagne, comme dans toutes les contrées à sol calcaire sur lesquelles la culture est en progrès, les tempéraments sanguins dominent, favorisés qu'ils sont et par la nature des terrains et par l'alimentation en graminées et en légumineuses.

Les sujets à tempéraments sanguins sont exposés aux pléthores, aux congestions pulmonaires, rachidiennes et musculaires, aux fluxions de poitrine, aux paralysies et à la contracture pelvienne ; aux maladies de cœur, aux fourbures, aux oblitérations artérielles et à toutes les maladies franchement inflammatoires et foudroyantes. Alors, par quelques saignées, par la diète, et de temps en temps par les barbottages et un régime délayant, on pourra se mettre en garde contre les influences maladives et les dangers sur les animaux où ce tempérament domine.

Le tempérament nerveux est quelquefois une exception chez nos grands animaux domestiques. Il n'existe pas sur les espèces bovine et ovine, mais on le rencontre assez dans l'espèce chevaline, produit souvent par l'industrie des hommes et la domestication, et surtout chez les animaux les plus grêles et les plus délicats.

Ce tempérament est le plus susceptible ; il est l'attribut des chevaux de selle et de pur sang, et encore plus spécialement de la jument. C'est à lui bien souvent que, sur l'hippodrôme, dans les courses et les *steeple-chase*, ces animaux doivent leurs victoires et leurs succès.

Les animaux à tempérament nerveux sont irritables, chatouilleux, difficiles à dresser, et assez souvent rebelles et méchants.

Les formes en sont sèches et osseuses, la peau fine, les crins soyeux et l'œil ouvert et saillant. Le front est large, les allures sont dures, saccadées, vives et impatientes.

Souvent cette influence nerveuse qui donne à ces animaux le succès dans les courses à grande vitesse, est sans grande utilité dans l'état actuel des besoins de la société, parce que, comme objet de luxe et d'amusement, ces grands tours de force les rendent eux, et souvent ceux qui les montent, victimes de leur fougue et de leur impétuosité.

Bien que les chevaux nerveux, que l'on désigne souvent par chevaux de pur sang, peuvent être des instruments qui servent, dans la reproduction, à verser une dose d'énergie à certaine race qui en manquerait, par eux-mêmes et pour les services qu'on peut en attendre, ces animaux pures de race, pour leurs travaux et pour leurs produits, ne sont jamais bons chez nos cultivateurs.

Les sujets à tempérament nerveux sont vicieux, difficiles, capricieux et méchants ; ils sont exposés à de graves accidents, ainsi qu'aux névroses, aux tétanos, aux paralysies, à l'épilepsie et à toutes espèces de maladies nerveuses et cérébrales.

Pour prévenir ces accidents, il faut conduire et soigner ces animaux avec douceur ; et pour calmer leur irritabilité nerveuse, les nourrir avec des substances fraîches et tempérantes.

Le tempérament lymphatique, opposé aux deux premiers, est celui où la fibre est lâche et où les tissus sont pénétrés par des liquides blancs. Chez les animaux où ce tempérament domine, l'eau, la lymphe et la graisse sont en abondance ; le cœur, les muscles et les vaisseaux sanguins sont peu développés ; le sang est moins épais, moins rouge et moins globuleux ; les os sont gros, le tissu cellulaire rempli, et les formes empâtées. Ce tempérament appartient plus spécialement aux espèces bovine et ovine, et généralement, chez elles, il est plus convenable pour l'industrie agricole et l'engraissement, que chez le cheval, où, s'il existe, il faut le modifier.

Les individus à tempérament lymphatique sont sans énergie et sans vigueur, et souvent leur indolence ou leur mollesse les rend incapables d'efforts soutenus et énergiques, et le travail les fatigue et les épuise.

Chez eux, l'œil est morne et doux, les formes sont potelées, le cuir est épais, les crins quelquefois gros, et les allures sont lourdes et pesantes.

Cependant ces animaux indolents, non irritables et toujours tranquilles, sont très-précieux dans la plupart de nos industries agricoles, parce que, de tous, ce sont eux qui profitent le plus et le mieux des aliments, et qui, par conséquent, doivent produire davantage en lait, en beurre, en viande et en graisse à la boucherie.

Les animaux à tempérament lymphatique ne sont ni forts, ni actifs, ni courageux ; ils travaillent tranquillement et ne sont exposés qu'à des affections moins violentes et moins aiguës. Le scrofule, les hydropisies, les engorgements froids et glanduleux, la fluxion périodique des yeux, la pthysie, la morve et le farcin, ainsi que les maladies cutanées, les eaux aux jambes et le crapaud, sont les maladies qui affectent plus spécialement les animaux de cette catégorie. Pour soutenir ces animaux dans le cas où ils sont obligés de travailler, et pour modifier leur constitution et leur donner plus de courage, comme pour prévenir les maladies froides et humorales dont ils sont menacés, il faut un air vif et une nourriture sèche et concentrée.

Dans l'homme, c'est le plus pauvre des tempéraments ; mais dans les animaux d'allaitement et de boucherie, il est préférable, parce qu'il ne laisse rien perdre, et qu'il peut mieux profiter de tout ce qu'on lui donne.

Enfin, comme il est nécessaire de nous faire bien comprendre à l'égard des tempéraments, il faut que nous fassions remarquer que les trois sortes de tempéraments ne règnent pas toujours séparement et exclusivement sans mélange les uns des autres ; que nous fassions observer que chacun de ces trois types ne se rencontre, non plus, que très-rarement à un état bien tranché de pureté parfaite, et aussi que, dans la pratique, il est rationnel et utile d'adopter cette distinction, afin de pouvoir à propos en tenir compte et apprécier les différences dominantes qui existent dans chaque individu ou dans chacune des espèces d'individus.

Dans le cas où toutes ces nuances de tempéraments sont assez confondues pour ne plus reconnaître aucun type dominant, il a encore été nécessaire, pour se rendre intelligible dans l'application, de traduire cet état de confusion, et de le désigner sous le nom de tempérament mixte ou composé.

Ainsi, nous avons donc encore en plus les tempéraments composés, qui régissent assez souvent les animaux, et qui, probablement aussi, sont la cause que chez eux les maladies sont moins fréquentes et moins tenaces que celles qui sévissent sur l'espèce humaine.

Les tempéraments mixtes ou composés, dans lesquels les influences se balancent et l'équilibre se trouve le mieux établi, et où les maladies sont moins fréquentes, moins rebelles et moins graves, sont par conséquent les meilleurs, non pour les animaux de rente et d'étables, mais pour ceux de culture, de charrois et de travaux fatigants.

Bien que chez certains individus le type d'un tempérament puisse se trouver sensiblement exprimé dès l'origine, il n'est pas cependant impossible qu'il cède à certaines influences, et que, par un bon ou un mauvais régime, et des soins plus ou moins convenables, on parvienne à le modifier, si ce n'est à le changer complètement.

Les principes qui composent la trame et les tissus de toute la constitution animale, existent d'abord en dehors d'eux, et ce n'est que par des emprunts faits et des échanges avec la nature extérieure, soit dans l'atmosphère, soit dans les aliments, que les animaux peuvent puiser les éléments de leur existence, et les matériaux qui peuvent changer leur constitution ou leur tempérament.

C'est encore à l'étude de ces choses, qui exercent leur influence sur les tempéraments et les constitutions, qu'il faudra plus tard initier les éleveurs, pour qu'ils puissent opérer rationnellement, et toujours dans le sens de leurs prévisions et de leurs intérêts.

Dans le jeune âge et dans les tempéraments sanguins et ardents, les organes ou instruments de relation extérieure se développent et fonctionnent avec une énergie qui se soutient dans l'âge adulte, mais qui décline de plus en plus avec le nombre des années dans la vieillesse.

L'âge, comme le tempérament, doit encore être pris en considération dans l'industrie du nourrissage, puisque dans la jeunesse tous les organes s'approprient plus facilement et avec avidité les substances qui peuvent entrer dans leur constitution, tandis que dans un âge avancé, c'est avec de la lenteur, plus de travail et moins de facilité qu'ils parviennent à une assimilation qui suffit à leur existence.

En effet, on voit sur les jeunes sujets les tissus bien remplis, les formes potelées, les muscles arrondis, et la peau ferme, quand dans la vieillesse, les tissus se resserrent, les formes s'aplatissent, la peau se plisse et l'énergie s'éteint; c'est-à-dire, que les premiers signalent l'activité et l'existence, et que les derniers indiquent l'usure et la décadence.

L'âge a donc aussi une importance majeure sur les animaux, puisque jeunes ils profitent plus de l'alimentation, et que lorsqu'ils vieillissent, celle-ci ne peut suffire à empêcher leur détérioration.

Les animaux jeunes sont plus ardents, plus forts, plus lestes et peuvent tenir à des travaux prompts et fatigants; plus âgés, ils sont moins violents, moins robustes et doivent être ménagés, si on ne veut les voir se ruiner et dépérir en un instant.

Les jeunes animaux sont plus exposés aux exaltations, aux maladies inflammatoires, aux fourbures, aux maladies de cœur et aux fluxions de poitrine. Les vieux, moins irritables, et dont les organes respiratoires, digestifs et circulatoires ont perdu leur activité, sont sujets à l'asthme, à la pousse et aux embarras intestinaux. Chez eux encore, les tissus se racornissent, les tendons s'ossifient, les surfaces articulaires et les coulisses se dessèchent, et tout cela provoque des douleurs et des claudications qui les empêchent de participer aux travaux violents qu'on peut avoir besoin de leur faire exécuter.

En zootechnie, il y a encore à prendre en considérations certaines aptitudes, qui font que quelques animaux, soit par des dispositions héréditaires, ou en vertu de certaines localités, sont plus propres à certains services ou à certains produits que d'autres ; c'est ainsi que les chevaux arabes se nourrissent peu et fatiguent beaucoup ; que les vaches flamandes donnent du lait abondamment, et que celles de durham et toutes les races porcines engraissent facilement et avec rapidité. Nous verrons plus tard qu'on peut encore développer les aptitudes par l'éducation et le régime.

Ainsi, dans l'industrie des animaux, la connaissance de l'âge, des constitutions et des tempéraments est indispensable pour les éleveurs et les nourrisseurs ; en dehors de cela, il faut encore étudier toutes les choses extérieures qui peuvent combattre quelques dispositions naturelles, et modifier la constitution, les tempéraments et les aptitudes.

Pour étudier ces moyens qui peuvent modifier les constitutions ou les tempéraments, et aider à entretenir la santé, il est indispensable de jeter un coup d'œil sur les agents extérieurs, qui doivent toujours exercer sensiblement leur influence sur la direction qu'on désire donner à tous les animaux.

Ces agents, ici, sont, comme pour l'hygiène, l'air, la lumière, le sol, les climats, les aliments, l'exercice, le repos, la propreté, les soins divers, le travail, la castration, etc. A ce double point de vue, nous allons examiner toutes ces choses avec l'attention qu'elles méritent.

Cependant, avant de passer en revue et d'examiner ces divers agents et leur action sur les animaux, il faut encore nous arrêter un instant sur les organes, qui recueillent à la périferie du corps, toutes les sensations que les objets extérieurs y produisent, et qui sont chargés, après les avoir perçues, de les transmettre au centre commun, au cerveau.

Je veux parler des organes des sens ; c'est une étude qui ne sera pénible pour personne, car les détails en seront substantiels et assez succincts pour qu'on ne se rebute pas et qu'on ne puisse les négliger.

CHAPITRE IV.

DES SENS CHEZ LES ANIMAUX.

Les nerfs et les organes des sens; — le tact ou toucher; — le goût; — l'odorat; — l'ouïe et préservatifs contre l'altération des organes et la perturbation des sens.

Les sens sont une faculté par laquelle les animaux reçoivent l'impression des objets extérieurs; et les nerfs, que souvent dans le vulgaire on confond avec des petits tendons, sont des cordons et filaments plus ou moins nombreux, réunis et agglomérés, et quelquefois extrêmement fins, déliés et invisibles extérieurement, qui sont les véritables conducteurs de l'inervation; c'est-à-dire que, provenant du cerveau et de la moelle épinière, et se ramifiant et se distribuant dans toutes les parties et dans tous les coins, à tous les tissus, à tous les organes, au-dedans comme au-dehors, à la peau comme aux intestins, dans la bouche, au nez, aux jambes, aux yeux, aux oreilles, au cœur, au poumon, etc.; et qu'étant d'une délicatesse et d'une sensibilité exquises et sublimes, les nerfs sont les intermédiaires qui reçoivent de partout les impressions produites sur l'économie, et qui les communiquent au centre commun, au cerveau : comme encore ils ont la faculté de transmettre les conceptions du cerveau à tous les organes, pour que celui-ci les dirige selon sa volonté et ses desseins, ou les fasse agir selon les besoins de l'économie.

La perception ou l'impression des objets extérieurs sur les nerfs, se résume à peu près par le tact, le goût, l'odorat, l'ouïe et la vue, les *cinq sens* des grands animaux vertébrés.

En m'occupant des sens sur les animaux, je résumerai rapidement, pour chacun d'eux, les principales précautions hygiéniques qui leur sont applicables.

Le tact ou le toucher a son siége sur toutes les surfaces de la peau, et même sur quelques-unes des membranes de la bouche, de la langue, des lèvres, du nez et des organes génito-urinaires; mais c'est plus particulièrement par l'extrémité du nez et des lèvres, et par les pieds, que les phénomènes tactiles se produisent avec le plus d'aisance et de facilité. Les animaux perçoivent la forme des corps, leur inégalité, leur solidité, leur fluidité et leur température; ils apprécient la qualité des aliments, et sont impressionnés par les chocs, les coups, les frottements, les excès en froid et en chaleur, et par tout ce qui peut déterminer de la douleur.

Pour l'hygiène du tact, il faut éviter avec soin tout ce qui peut troubler cette fonction ou amener des perturbations dans son exercice; il faut surtout préserver les animaux des sensations violentes, pénibles et douloureuses.

La douleur a plus d'importance par l'impression qu'elle produit que par la cause qui la détermine. Ainsi, on voit des sujets qui supportent des opérations très-fortes sans se défendre et sans même faire aucune manifestation, tandis que d'autres ne peuvent rien supporter, et qu'ils s'irritent et s'exaspèrent au plus léger frottement. Il y a des chevaux qui ont la peau tranchée par le licol, la sellette, le collier ou la croupière, et qui marchent et obéissent sans y penser; tandis que chez d'autres, le mauvais caractère ou la rétivité n'ont pas d'autres causes que le contact d'un brancard de voiture, le frottement d'une courroie ou de toute autre partie d'un harnais.

Les douleurs (je ne parle pas des douleurs traductives de maladies), produisent donc des impressions plus ou moins vives, qui doivent avoir des conséquences variables, selon l'irritabilité des individus, et selon leur organisation ou leur tempérament.

Les douleurs peuvent empêcher les animaux de manger, ou s'ils ont mangé, causer de mauvaises digestions ; ensuite, si cela se renouvelle fréquemment, elles peuvent amoindrir les forces, faire maigrir, diminuer la sécrétion du lait et le développement de la viande et de la graisse ; elles peuvent aussi s'opposer à l'accroissement de la laine, et enfin provoquer l'avortement chez les femelles, et rendre certains animaux vicieux au travail ou à l'écurie.

J'ai vu des bêtes à cornes devenir dans un état déplorable, avorter et même périr, pour avoir été longtemps contenues par des cordes ou des longes fixées aux cornes et aux jambes pendant la marche ou dans les pâturages.

J'ai vu souvent des veaux mourir subitement en arrivant à l'abattoir, à la suite de la position gênante que leur imposaient des liens mal placés.

Combien ne voit-on pas d'animaux être victimes de douleurs produites par de mauvais traitements, de longues marches, des ferrages mal faits et des harnais mal posés ?

Enfin, il y a une foule d'autres causes de douleurs qui irritent et peuvent déterminer des convulsions, des tétanos et d'autres accidents qu'il est essentiel de prévenir ou d'éviter.

Il faut donc prévoir et empêcher tout ce qui peut déterminer des impressions vives, de la gêne ou des douleurs aux animaux.

En parlant de l'influence de la douleur sur les animaux, nous ne croyons pas pouvoir passer sous silence celle qui provient de la brutalité et des mauvais traitements qu'on est souvent disposé à exercer à leur égard.

Nous ne sommes pas de ceux qui veulent faire un crime de quelques actes insignifiants de violence commis à l'égard des animaux ; mais il y a malheureusement trop de gens qui croient encore que c'est en brutalisant les animaux et en les battant sans cesse, qu'on parvient à leur faire faire ce que l'on veut ; ceci est une erreur.

Il est vrai que souvent, sans un fouet ou d'autres correctifs, on pourrait rester amarré et ne pas arriver à temps ; en général, cependant, la douceur fortifie les animaux, et ceux avec lesquels on en use sont souvent plus énergiques et plus courageux que les autres.

J'ai toujours vu dans les attelages de postes ou des relayeurs, que les hommes qui arrivaient le plus vite, qui faisaient traîner les plus rudes fardeaux, et qui avaient encore les chevaux en meilleur état, étaient ceux qui criaient le moins et qui ne se servaient que peu ou moins des moyens de rigueur.

Autant les mauvais traitements sont nuisibles aux animaux, autant les bons soins et la douceur leur sont favorables.

Les chevaux à qui on parle avec douceur n'emploient jamais leur énergie avec fougue, et ne font pas de dépenses superflues et inutiles de leurs forces ; ils ne les prodiguent pas inutilement sous l'impression de la peur, et si, à un moment donné on en a besoin, et que le conducteur juge à propos de les utiliser, elles leur restent, pour qu'ils puissent faire plus sans se fatiguer autant.

Avec la douceur, on peut généralement tirer des animaux tout ce que l'on veut obtenir. Et en effet, ne voyons-nous pas les bêtes les plus féroces, les lions, les hyènes, animaux les plus redoutables, vaincus par la douceur et les caresses, tandis que par la brutalité et des corrections sans discernement, on ne fait que les irriter et les rendre indomptables ?

Les animaux sont aussi impressionnés par le bruit, par les jurements, par le changement des lieux ou de conditions, et par la privation de leurs petits ou de leurs compagnes. Il est donc de bonne hygiène de prendre en considération tout ce qui peut altérer la tranquillité des animaux, troubler leur sécurité et leur affection, et empêcher leurs fonctions et l'action de leurs organes.

Le *goût* est un des sens qui s'exerce par l'action des aliments dans la bouche, sur la langue, les lèvres, le palais, les gencives et les glandes salivaires.

Il y a des substances qui ont de la saveur, et d'autres qui sont insipides ; c'est dans cette aptitude spéciale aux organes de la bouche de pouvoir en faire la distinction, que se trouve la sensation appelée le goût.

La nature, par ce sens et par cette faculté, désigne aux

individus le choix des aliments qui paraissent mieux leur convenir.

Le goût est un guide qu'il ne faut jamais contrarier, car si les aliments répugnent aux animaux, assez souvent c'est qu'ils leur sont nuisibles ou qu'ils n'en ont pas besoin ; et si on les excite à en manger, ils pourront devenir la cause de maladies et d'indigestions, ou d'inappétence prolongée.

Les organes par lesquels s'exerce ce sens doivent être, pour les propriétaires, l'objet d'un examen fréquent et attentif, parce que souvent quelques altérations ou des maladies en troublent l'exercice et les fonctions.

A l'époque de la dentition sur les jeunes chevaux, la bouche devient souvent chaude, fluxionnée et douloureuse. Pour remédier à l'impossibilité de manger, il est nécessaire, après avoir mélangé un seau d'eau froide avec quelques cuillerées de vinaigre blanc, d'injecter deux ou trois fois par jour de ce mélange dans la bouche, pour la rafraîchir et rétablir le goût, l'appétit et la gaîté. Il faut encore examiner si au moment de la chute des dents de lait celles-ci, après avoir basculé, ne blessent pas les joues, la langue ou les gencives ; dans ce cas, avec des pinces, ou simplement avec les doigts, en opérant une brusque pression dessus, elles peuvent céder facilement et être extraites sans le moindre danger.

Lorsque les animaux sont plus âgés, les dents, souvent en s'usant irrégulièrement, forment aux angles de leurs tablettes des pointes ou des tranchants aigus qui doivent blesser la langue et l'intérieur des joues, et qui, en troublant la perception des aliments, déterminent une très-mauvaise odeur de la bouche.

Il faut alors limer ou faire tailler par la gouge ou le rabot odontriteur, ces portions saillantes (surdents), et puis, en gargarisant la bouche, comme il a été dit plus haut, les animaux n'en souffriront plus, et la bouche et le goût seront rétablis.

Quelquefois des fenasses s'introduisent sous la langue, ou entre celle-ci et les gencives, et empêchent les animaux de satisfaire leur appétit : alors, après les avoir extraites, quelques injections suffiront pour remettre la bouche à son état normal et rendre l'appétit.

Il ne faut jamais, non plus, attacher les chevaux avec la bride ou la longe dans la bouche, car cela les expose à se blesser, à avoir la langue coupée et à ne plus pouvoir appréhender ni savourer convenablement les aliments.

Enfin, comme les animaux peuvent ne pas manger, sans que la cause s'en trouve dans tout ce que nous venons de signaler, si on n'a rien découvert, il faut recourir plutôt au vétérinaire, et ne jamais faire couper ce qu'on appelle la fève, les barbes ou les barbillons; car ces opérations, au moins ridicules, en troublant la perception et la saveur, et en exposant les animaux à des maladies de la bouche et des glandes salivaires, peuvent encore faire perdre un temps précieux pour traiter d'autres affections qui pourraient vieillir et devenir incurables.

L'odorat, ou l'olfaction, est un sens qui a son siége dans une partie du conduit que l'air parcourt pour arriver au poumon; ce sens est encore une sentinelle avancée chargée de veiller à ce que les agents de la vie, l'air et les aliments, n'apportent pas dans l'économie des corps, des gaz, ou des substances capables de lui nuire et de troubler l'existence.

Les odeurs nauséeuses, et celles trop fortes et irritantes, frappent douloureusement les organes olfactifs, et peuvent déterminer l'inappétence, des coryzas, des céphalites, le vertige, des suffocations et l'asphyxie.

J'ai vu chez un aubergiste, à Reims, un cheval périr instantanément, pour avoir respiré dans son écurie des vapeurs aromatiques qu'on y avait fait dégager.

L'odorat devant encore rester intact, pour que, par son action, les animaux puissent toujours faire un choix parmi les aliments qui leur sont destinés, l'hygiène exige de surveiller attentivement l'intérieur du nez, par lequel l'odorat s'exerce.

L'ouïe est le sens qui fonctionne par l'oreille, et qui est mis en action par les vibrations que le choc d'un corps sonore a produites dans l'air.

La force des sons produits par les vibrations est proportionnelle à la quantité de ces dernières, et l'intensité est en rapport avec leur vitesse. Aussi c'est le plus ou moins d'intensité des sons, ou la vitesse des vibrations, qui constitue le ton ou la note; et plus le corps qui a produit les vibrations est gros, plus le son sera grave ; et plus celles-ci seront précipitées, plus le bruit ou le son sera intense.

Supposons une corde de métal de 40 centimètres, fixée et tendue à ses extrémités, et qu'elle reçoive un choc ; elle produira un son quelconque, selon son volume ; mais si ensuite vous diminuez de moitié sa longueur, et que vous conserviez sa grosseur, les vibrations seront le double plus précipitées, et le son aura le double d'intensité et sera plus haut d'une octave.

Plus les vibrations sont concentrées, plus un son est haut et intense ; et plus le son est rapproché, plus il est fort et plus il attaque sensiblement les nerfs de l'oreille, et peut amener de la perturbation dans l'organe de l'ouïe.

Les sons pénètrent d'abord dans la conque et au fond du pavillon de l'oreille externe ; puis ils passent dans le conduit auditif, pour ensuite arriver dans l'oreille interne et être perçus par les nerfs, et par eux transmis ou communiqués au cerveau.

Les vibrations très-fortes ébranlent l'organisme, et peuvent déterminer des maux de tête, des céphalites, la surdité, des convulsions, l'avortement, etc.

Pour que l'ouïe fonctionne convenablement, il faut éviter que des corps étrangers s'introduisent dans l'intérieur de l'oreille ; les chevaux surtout, par la disposition verticale de l'oreille externe, se trouvent avoir l'orifice du conduit accessible à la poussière, aux insectes et à beaucoup d'autres corps, tels que pois, lentilles, boulettes, graviers, etc.

L'introduction de ces corps étrangers dans l'intérieur de cet organe peut, outre la gêne et la souffrance, déterminer des maladies et des inflammations. J'ai vu souvent, faute de soins, des chevaux avoir les oreilles déformées, brisées et racornies : ce qui leur faisait perdre les trois quarts de leur valeur, les dépréciait ou les frappait de surdité.

Les poils qui sont en dedans de la conque de l'oreille, ayant pour destination d'arrêter toutes les substances étrangères qui peuvent troubler l'exercice de l'audition, il ne faudra ni les couper, ni les raser, ni les brûler lorsqu'on fait faire les crins. Pendant l'été ou l'automne, époque où cet organe s'en trouve souvent dégarni naturellement, il est nécessaire de faire usage d'un cache-oreille, afin d'empêcher les insectes de s'introduire à l'intérieur et d'y déposer des œufs, dont l'éclosion pourrait avoir des résultats funestes à la tranquillité et à la santé des animaux.

En mettant ou en retirant brusquement les colliers, les licols ou la bride, on peut encore faire subir à l'oreille des mutilations qui briseraient la conque et la déformeraient, et qui pourraient être une cause de dépréciation et de surdité.

Ainsi il est facile de comprendre qu'il faut des soins empressés et une grande surveillance pour conserver l'oreille intacte, avec les fonctions de l'ouïe qu'elle a pour charge de remplir.

La *vue* est le sens qui exprime la faculté de percevoir, et de transmettre au cerveau la lumière, ou la réfraction des rayons lumineux diversement modifiés par les corps sur lesquels ils ont d'abord frappé, et les fonctions de la vue s'exercent par l'action de la lumière sur l'œil.

L'œil est un organe à peu près sphérique chez tous les animaux ; il est formé d'une enveloppe fibreuse très-solide et très-résistante, espèce de tunique renfermant tout l'appareil destiné à l'exercice de la vision, et qui, transparente dans la partie centrale circulaire de sa face antérieure, par laquelle pénètrent les rayons lumineux, est opaque dans tout le reste de son étendue et de son pourtour.

L'œil, malgré son apparence extérieure délicate, est excessivement difficile à rompre et à entamer ; il est en grande partie rempli par des liquides, des humeurs et des corps transparents ; et dans son intérieur et au fond, se trouve étendue une couche membraneuse très-mince et d'un reflet azuré, qui est le tapétum ou tapis de l'œil, destiné à recevoir l'impression des objets du dehors.

C'est à travers ces corps transparents, et en pénétrant par la pupille, que peuvent se refléter les objets extérieurs ; et c'est lorsqu'ils s'appliquent sur le tapétum comme sur la plaque d'un daguerréotype, que les nerfs en perçoivent la forme, le volume et la couleur, et qu'ils les transmettent ou les traduisent au cerveau. C'est ainsi que s'exercent les fonctions de l'œil, qui sont ici très-importantes à connaître pour les surveiller.

La pupille, que tout le monde connaît, mais qu'il ne faut cependant pas confondre avec la première membrane grise, brunâtre, verte ou noirâtre, qui est l'iris dans le centre duquel elle se trouve, peut, dans beaucoup de circonstances, aider à reconnaître la qualité de la vue.

La pupille se rétrécit ou diminue de dimension, si l'œil est exposé à une lumière vive ou intense; elle augmente de grandeur ou se dilate dans le cas contraire, lorsque les yeux sont bons et fonctionnent bien.

Ainsi, en examinant bien la pupille, on peut se rendre compte, et voir d'abord à travers, si toutes les parties qui entrent dans la composition de l'œil sont claires et diaphanes, et ensuite reconnaître s'il y a amaurose, paralysie ou cécité de la vue, lorsque la pupille reste immobile et invariable.

On peut donc reconnaître qu'un sujet est borgne ou aveugle lorsque, bien que l'œil soit clair et limpide, l'ouverture pupillaire reste immobile, ou invariable sous l'impression d'une lumière plus intense et plus vive.

Outre le globe de l'œil, qui est un véritable appareil d'optique, il y a encore les organes qui en dépendent, mais qui ne sont que des accessoires qui facilitent ses fonctions et le protégent contre l'action des corps extérieurs : ce sont les paupières, pour l'abriter et le garantir des corps étrangers; les cils, pour amoindrir l'effet d'une lumière trop vive; et enfin les glandes ou follicules muqueux, pour fournir les larmes, dont la destination est de le lubréfier et le nettoyer pour faciliter ses mouvements.

On comprend qu'un organe pour lequel la nature a mis tant de prévoyance, doit être l'objet de beaucoup de soins et de très-grandes précautions. Un jour sombre dans les écuries ou les étables, affaiblit la vue et dispose à la cécité.

Chez un propriétaire, j'ai vu trois chevaux remplacés l'un après l'autre pour avoir perdu successivement la vue, parce que l'écurie était trop sombre et qu'il n'y arrivait qu'un jour faible et des rayons lumineux trop peu abondants.

Un jour trop vif a encore plus d'inconvénients : il irrite les nerfs de l'œil et la rétine, et détermine des ophthalmies, la fluxion périodique, l'amaurose et la cécité.

2*

La transition trop brusque d'un jour tendre à une lumière trop vive, provoque les mêmes maladies et doit avoir les mêmes conséquences.

Les œillères à la bride pour les chevaux, en amoindrissant l'effet d'une lumière vive, préservent les yeux de la poussière, des éclaboussures de boue, et aussi de coups de fouet lancés inconsidérément.

Lorsqu'on nettoie les écuries ou les étables et qu'on en enlève les fumiers, les gaz (ammoniaque ou hydrogène) sulfureux qui se dégagent, irritent les yeux et peuvent déterminer des ophthalmies; il ne faut pas laisser les animaux dans les étables pendant cette opération.

La nourriture a aussi une influence sur la vue : une erreur très-grande est de croire que l'avoine peut lui être nuisible, et faire du tort aux yeux des jeunes chevaux.

Il y a encore une maladie bien commune des yeux, connue sous le nom de fluxion périodique, qu'on dit aussi être occasionnée par l'avoine. Elle a tant de gravité, que les législateurs ont jugé équitable de la classer parmi les vices rédhibitoires, et d'accorder un délai de trente jours au lieu de neuf, pour faire valoir les droits à la résiliation.

C'est une affection des yeux qui ne sévit tout spécialement que sur les chevaux lymphatiques, et dont la cause est dans leur constitution.

Cette maladie se traduit d'ordinaire, brusquement, par une rougeur de l'œil, par le larmoiement, et par une inflammation bien marquée de cet organe et de ses enveloppes.

Aussitôt l'apparition de ces symptômes, on a la malheureuse habitude de priver les animaux d'avoine, de les faire saigner, et de les rafraîchir pour les débiliter ou les affaiblir; ceci est une erreur contre laquelle il faut absolument se mettre en garde.

Si tous ceux qui ont donné de pareils conseils contre la fluxion périodique avaient bien vu qu'ici l'inflammation, la rougeur et le larmoiement ne sont que consécutifs et sans importance, et que ces symptômes ne résultent que de la constitution vicieuse, molle et faible des sujets, ils auraient pu comprendre qu'en soumettant les animaux à un régime affaiblissant encore, ils ne faisaient que vicier davantage leur constitution, dans le sens de leur tempérament et de leur prédisposition à cette maladie.

Dans ce cas, c'est la mauvaise constitution qu'il faut améliorer, c'est le tempérament mou, vicieux et humoral qu'il faut modifier, et, par conséquent, l'avoine fortifiante ne peut qu'être bonne et favorable, parce que, au lieu de susciter de nouveaux accès, elle ne peut que les prévenir, les rendre moins rebelles, moins dangereux et plus faciles à guérir.

Ces observations se basent sur une expérience mûrie et consciencieuse; et j'ai jugé à propos d'en faire ressortir la valeur, en regard des embarras que donne si souvent cette maladie, tant pour son traitement que par les nombreux procès qu'elle suscite dans le commerce des animaux.

Il y a des pays où la fluxion périodique frappe les chevaux dans des proportions énormes, et c'est pour cela que je suis entré dans quelques développements prophylactiques à son sujet (1).

J'ai souvent remarqué que la fluxion périodique des yeux apparaissait le lendemain ou le surlendemain d'une saignée, ou à la suite du régime blanc.

Si donc sur un cheval on voyait l'extérieur de l'œil rouge et injecté, et qu'en même temps on découvrît dans l'intérieur un nuage jaune ou verdâtre, ce sera par un régime fortifiant, et non par le contraire et la saignée, qu'on pourra prévenir les dangers du mal ou en atténuer les effets.

Comme je viens de le démontrer, ce régime, et l'avoine particulièrement, par leur action sur les tempéraments, ont leur influence sur la vue, puisque sur les sujets qui ont héréditairement des dispositions à la fluxion périodique, comme sur ceux qui sont d'une constitution lymphatique, on peut, par des alimentations diverses, provoquer ou aggraver la maladie, ou en arrêter la marche et en restreindre les accès.

Souvent il s'introduit sous les paupières des fenasses d'orge, d'avoine ou de foin; il faut, lorsque l'œil pleure, fureter attentivement sous les paupières, parce que ces différentes substances irritent beaucoup les yeux, et que

______

(1) Voir *Nouvelles considérations sur la fluxion périodique,* par Demilly aîné, chez Malteste, rue des Deux-Portes-St-Sauveur, 22, à Paris.

si elles ne sont promptement extraites, elles déterminent des conjonctivités, des ophthalmies et des taies, et compromettent la vue.

Lorsque le licol ou le colleron d'attache sont trop lâches, ou que la sous-gorge n'est pas convenablement serrée, souvent les animaux cherchent à faire couler ces harnais par dessus les oreilles, pour se délicoler et rester libres : alors, dans ces tentatives réitérées, les protubérances de dessus l'orbite offrant un obstacle peu facilement franchissable, ces harnais s'y arrètent, froissent les yeux, les foulent, les irritent, et peuvent déterminer encore des maladies de la vue. Il faut exercer une surveillance assidue sur les harnais, afin d'éviter ces sortes d'accidents.

Il arrive encore assez fréquemment que les chevaux, en jouant ensemble et en se frottant sur des ardillons de harnais, sur des clous, des éclats de bois, ou toutes autres choses qui se trouvent à leur portée et en saillie, s'écorchent, se fendent, ou se déchirent les paupières de l'œil ; et souvent celles-ci, ouvertes et fendues, sont communément saignantes et tombent en lambeaux. Dans ce cas, il ne faut jamais se hasarder d'arracher, ou de couper les parties séparées de la paupière, parce que celle-ci doit rester entière pour garantir l'œil des poussières et des corps étrangers qui le menacent, et que si elle ne fonctionne plus, il en résultera des maladies à la suite desquelles la vue devra toujours être détériorée ou perdue.

Si la paupière est arrachée, coupée en deux ou pendante, il faut, lorsqu'elle est encore saignante, réunir et coudre les lambeaux ensemble ; et si la blessure avait peu de gravité, il vaudra mieux ne rien retrancher et laver simplement avec de l'eau fraîche, parce que la nature fera une cicatrice plus convenable que la coupure ou la perte de la substance séparée par l'accident.

CHAPITRE V.

DES AGENTS EXTÉRIEURS.

L'air atmosphérique, l'électricité, la lumière; — les températures : la sécheresse et l'humidité; — les eaux de sources, les eaux courantes et les eaux stagnantes; — la transformation des eaux : la pluie, les brouillards, la neige et les rosées; — le sol, sa constitution et sa configuration ; — les vents, leurs caractères et les climats; — influences du climat en Champagne sur la valeur et la qualité des aliments et des animaux.

Maintenant que nous avons donné une idée de ce que sont les organes des sens, nous allons retourner sur nos pas et reprendre la ligne que, pour un instant, nous avions quittée.

Nous allons nous occuper des agents extérieurs, de leurs propriétés, et de l'action qu'ils peuvent exercer sur les êtres organisés.

Parmi les agents dont l'influence est si grande sur les animaux, l'air est un des principaux, et peut-être le plus essentiel à étudier et à bien connaître.

L'air, qui est composé d'oxygène, d'azote et d'acide carbonique, forme l'atmosphère qui enveloppe la terre, et dans laquelle les hommes, les animaux et les plantes puisent les premiers éléments de la vie; et c'est par un échange mutuel et incessant entre les animaux et les végétaux, des gaz différents qui le composent, que l'air atmosphérique s'entretient et se perpétue dans des proportions de composition indispensables à la destination qui lui est dévolue.

Des trois gaz qui composent l'air atmosphérique, l'oxygène est le plus indispensable à l'existence des hommes et des animaux, puisque, introduit dans le poumon par la respiration, il entretient la chaleur (1) et donne au sang ses qualités véritablement réparatrices. Pour cela on lui a donné la désignation d'air vital.

L'oxygène, dans la nature, est fourni par les végétaux qui le produisent et l'exhalent en abondance, et qui, en échange, reçoivent des animaux l'acide carbonique, qui est pour eux tout aussi indispensable à leur entretien et à leur végétation. Ainsi, par l'importance de sa destination, on comprend de suite quelle est la part d'influence de l'air atmosphérique sur ces deux grandes classes d'êtres organisés, et les avantages que l'hygiène peut tirer de cette mutualité de contribution, par chacune d'elles, pour l'existence des deux.

L'air tempéré et pur, de huit à quinze degrés au-dessus de zéro, est celui qui convient le mieux aux hommes et aux animaux ; mais il est susceptible d'être modifié ou dénaturé, et il peut être plus ou moins chaud, plus ou moins froid et humide. Il peut encore être altéré par des poussières, des miasmes et des matières en décomposition, et enfin, tout-à-fait vicié par des gaz étrangers et par des fluides délétères ou contagieux.

L'air altéré par les poussières sur la peau, ou introduit dans les cavités nazales, dans les bronches, dans les yeux et dans les oreilles, irrite et détermine des démangeaisons, des corryses, des bronchites, des ophthalmies et autres accidents.

Les miasmes, qui sont des émanations de matières putrides dans l'air, et souvent produits de la réunion d'un grand nombre d'individus, déterminent des maladies pernicieuses, ou aggravent et compliquent celles qui n'auraient qu'un caractère bénin et peu dangereux.

(1) Pendant cette union de l'oxygène de l'air avec le carbone du sang dans le poumon, il se produit une sorte de combustion analogue à celle que chaque jour nous réalisons dans nos cheminées pour nous chauffer.

Tout le monde sait que l'accumulation dans les hôpitaux, dans les armées et dans les prisons, détermine des affections contagieuses ou pestilentielles.

Les troupeaux, à la suite des armées, sont susceptibles d'être décimés ou détruits par le typhus ; de même que dans les écuries où les animaux sont serrés ou en grand nombre, les maladies sont toujours plus graves et plus meurtrières que dans des réunions restreintes.

La gastro-entérite du cheval, qui depuis 1825 règne très-fréquemment en Champagne, n'a pas la moindre gravité si elle frappe une écurie de deux ou trois chevaux, tandis qu'elle devient ataxique et de mauvaise nature lorsqu'elle sévit dans une ferme où la réunion de ces animaux se trouve en plus grand nombre.

L'hygiène exige donc d'éviter tout ce qui peut altérer l'air atmosphérique qui doit, dans toutes les circonstances où il se trouverait vicié, être ramené au plus tôt à sa primitive et normale constitution.

Modifié ou non par la température, l'humidité ou de toute autre manière, l'air est toujours indispensable à la respiration, et il est urgent de veiller attentivement à ce que rien ne s'oppose à son introduction dans le poumon par les voies aériennes.

Une sous-gorge trop serrée, ou un collier trop court, peuvent comprimer le larinx ou la trachée-artère, et menacer les animaux d'asphyxie ; une course trop longue ou trop précipitée, ou un tirage trop violent ou prolongé, peuvent avoir les mêmes inconvénients et produire les mêmes résultats. Nous reviendrons à propos sur les moyens à employer pour purifier l'air atmosphérique, et nous en redirons quelques mots lorsque nous nous occuperons des habitations.

L'électricité exerce une influence très-sensible sur les fonctions organiques, selon que l'air est trop chargé de fluide électrique vitreux ou résineux. Ces influences sont moins sensibles sur les animaux que sur l'homme ; néanmoins il n'est pas rare qu'elles se traduisent par des embarras fonctionnels et par une tristesse inaccoutumée.

La foudre est une décharge électrique sur le sol, qui peut atteindre les animaux et les anéantir instantanément, tandis que ce qu'on appelle le tonnerre n'est que le bruit produit par cette décharge.

Les animaux frappés par l'électricité ou par la foudre, subissent en même temps une altération des tissus qui rend leur chair impropre à l'alimentation et à la boucherie.

Il n'y a guère de moyens à préconiser contre les effets de la foudre, si ce n'est le paratonnerre pour les habitations; et dans les champs, d'éviter de se placer sous les arbres et sur les points culminants.

La lumière est impondérable, c'est-à-dire qu'elle n'est saisie que dans l'œil et par la vue; elle émane du soleil et d'autres planètes, ou de corps solides, liquides et gazeux en ignition; elle parcourt 280,000 kilomètres en une seconde, et elle se décompose en rayons formés de sept couleurs.

Les rayons lumineux se décomposent en rouge, orange, jaune, vert, bleu, indigo et violet. Le rouge est la couleur qui impressionne le plus vivement la vue; le violet est celle qui l'irrite le moins.

Les rayons lumineux peuvent frapper l'œil directement, ou réfléchir sur d'autres corps, et arriver ensemble ou séparément sur cet organe.

La lumière est directe lorsqu'elle arrive en droite ligne d'un corps lumineux sans rencontrer d'intermédiaire; elle est réfléchie ou indirecte lorsqu'elle est renvoyée d'un corps opaque sur l'organe de l'œil.

Lorsqu'un corps réfléchit la totalité des rayons lumineux, c'est le blanc; lorsqu'il les absorbe tous et n'en réfléchit aucun, c'est le noir.

Enfin, lorsque les rayons sont partiellement absorbés et partiellement réfléchis, ils traduisent sur le tapétum de l'œil les couleurs et la forme des corps et des objets, et ils désignent en même temps les sinuosités et la dimension de ces mêmes corps.

C'est donc par des mélanges dans toutes sortes de proportions de ces couleurs des rayons lumineux, et par la négation des couleurs primitives, que se forment les images, la forme et la dimension des corps, tels qu'ils s'impriment dans le fond de l'œil et sont perçus par l'organe cérébral.

Le noir ne se perçoit, lui, que par l'éclat des corps environnants.

La lumière pour l'œil, comme les vibrations pour l'oreille, peut, par sa force et son intensité, c'est-à-dire la réunion de tous ses rayons (qui est le blanc vif) amener des troubles et des désordres dans l'organe visuel, et, par l'intermédiaire des nerfs, avoir une action malfaisante sur le cerveau. La concentration des rayons solaires peut encore déterminer des érysipèles, des phlegmasies, et modifier la couleur de la robe et du poil des animaux.

Il faut soustraire les animaux, et principalement certains organes, aux influences d'une lumière trop vive et trop intense, tels que les rayons solaires du midi, et leurs réfractions sur la neige, les sols blancs et calcaires, et sur les corps luisants et métalliques.

Néanmoins, comme l'obscurité affaiblit les organes, la lumière modérée est préférable, parce qu'elle fortifie les animaux et les rend vigoureux.

La température varie selon les zônes, selon les saisons, les climats, les heures de la journée et les dispositions de l'atmosphère.

Dans nos localités, elle peut descendre à 12 degrés centigrades, et monter au-delà de 30 ; et, bien que les animaux ne soient pas strictement soumis à cette loi d'équilibre, qui fait que tous les corps partagent entr'eux le même degré de température ; et bien qu'ils résistent jusqu'à un certain point à l'action du chaud ou du froid des corps ambiants, la température n'en exerce pas moins sur eux une influence des plus grandes et des plus notables.

La température moyenne des hommes et des animaux varie peu s'ils sont en bonne santé : et dans l'état normal elle est d'environ 35 degrés ; néanmoins, selon l'âge, selon l'activité pulmonaire et circulatoire, et encore selon les différents endroits du corps, elle peut être un peu plus ou moins élevée, et varier plutôt aux extrémités.

La chaleur dans les animaux se produit par une combinaison du carbone du sang avec l'oxygène de l'air dans le poumon, et son uniformité se maintient par la vaporisation de l'eau dans les conduits que l'air parcourt dans cet organe, et par celle qui se fait aussi sur la peau par les différents pores et orifices qui se trouvent à sa surface.

C'est par cette simple loi de physique, qui permet à

l'eau de passer à l'état de vapeur, en absorbant la quantité de carbone en excès dans les températures élevées, qu'on explique les transpirations et les sueurs abondantes, et les moyens que l'économie possède pour se soustraire aux grandes chaleurs et s'abriter contre leurs dangers.

Les températures élevées déterminant une évaporation abondante de l'eau qui est dans le sang, doivent consécutivement augmenter la plasticité de celui-ci, et rendre la circulation plus difficile : alors, la circulation pouvant s'enrayer dans plusieurs parties du corps, les animaux sont exposés aux asphyxies, aux encéphalites, aux fourbures, aux défaillances et à toutes les maladies qu'on désigne sous le nom de prises de chaleur.

Il faut, autant que possible, garantir les animaux de trop souffrir de la chaleur dans la saison d'été, en évitant les travaux fatigants aux heures de la journée où le soleil donne et où la température est élevée ; et aussi, en leur présentant assez souvent à boire, à l'effet d'éviter les catastrophes dont ils sont menacés par la liquidité moins grande du sang.

Les températures sèches sont nuisibles et laissent la végétation en souffrance ; elles altèrent l'air, le chargent de poussière et le vicient.

La sécheresse rend les eaux rares, par l'absorption plus grande que le sol en fait ; et les sources, à peu près taries, ne la produisent plus d'aussi bonne qualité. Ainsi les températures sèches dessèchent la terre et nuisent à la végétation et à la qualité des fourrages, et elles chargent l'air et l'eau de corps étrangers et d'animalcules qui les rendent insalubres et dangereuses.

La température sèche, dans l'hiver, détermine des érysipèles, des ophthalmies, des rhumes, des bronchites, des maladies de poitrine et des javarts ; et dans l'été, les mêmes affections ; et par la corruption des eaux, des maladies typhoïdes et pernicieuses.

Une alimentation aqueuse, des barbottages, quelques assaisonnements (sels ou vinaigres), des soins de la peau et des yeux, et la purification des eaux, peuvent prévenir les accidents auxquels les températures sèches exposent les animaux.

Les températures basses saisissent la peau et l'irritent. Elles peuvent déterminer des arrêts de transpiration, des métastases, des fluxions de poitrine, et, à des degrés plus prononcés, l'engourdissement, des maladies de la peau, et surtout à l'extrémité des membres, l'absence de sensibilité et la gangrène. Ces derniers accidents, bien que rares dans nos climats et sous leur température, se voient encore quelquefois sur les surfaces cutanées. Pendant les fortes gelées et les neiges, les chevaux ont assez souvent dans le paturon, autour de la couronne et même au-dessus du boulet, de nombreuses crevasses qui les font souffrir et les rendent boiteux ; et si, dans cet état, ils ne sont pas soignés et abrités contre la température, on voit vite la peau se mortifier et tomber en lambeaux sur un point ou des surfaces assez étendues : c'est ce qu'on appelle des javarts ; et ces javarts, beaucoup plus graves l'hiver, entrainent souvent la perte des animaux.

Tout le monde sait le besoin et connait les moyens de s'abriter contre les basses et rigoureuses températures d'hiver.

L'air chaud et humide est très-insalubre, non-seulement par rapport aux miasmes qu'il contient, mais aussi parce que, en débilitant les organes, il les livre sans défense à toutes les influences morbifiques.

Les vapeurs dans l'air, en modifiant aussi la transpiration pulmonaire et cutanée, ont une influence dans toutes les saisons et dans tous les pays.

Les températures humides et chaudes occasionnent des fièvres alaxiques, pernicieuses, adynamiques et charbonneuses ; les températures humides et froides, plus pénétrantes et impressionnant plus sensiblement l'économie, arrètent ou ralentissent brusquement toutes les excrétions, excepté les sécrétions muqueuses et urinaires, et, par la quantité considérable de calorique qu'elles soutirent aux animaux, elles les menacent de fluxions de poitrine, de coliques, d'entérites et de catarrhes, de scrofules, de farcin, de morve, etc.

Pour remédier aux influences des températures humides, il faut de l'avoine et des toniques, et le contraire de ce qui convient aux températures trop sèches.

L'eau, qui se trouve aussi universellement répandue dans la nature, ainsi que l'air, a sur les animaux comme sur l'homme, une influence qui s'exerce par diverses voies et de diverses manières.

L'eau entre dans la composition du sang des animaux pour 70 à 80 p. 0/0 de son poids, et elle doit le maintenir dans un état de fluidité indispensable, pour qu'il puisse circuler facilement et transporter à toutes les parties du corps les éléments réparateurs et nécessaires à l'entretien des organes.

Les eaux, sur le sol, impriment aussi aux substances alimentaires que celui-ci produit, des qualités spéciales, et modifient leurs principes nourriciers. Ingérées sous forme de boisson, elles passent dans la masse liquide de l'organisation et jouent un grand rôle sur l'économie; épanchées dans l'air sous forme de vapeurs, elles se trouvent encore en contact avec la peau, et elles agissent sur ses sécrétions et sur l'absorption pulmonaire; enfin, de toutes sortes de manières, elles établissent entre le sol et les animaux une circulation et des rapports qui ne sont jamais interrompus, et dont l'action est continue et incessante sur tous les organes.

Les eaux ont été divisées en trois classes : 1° les eaux douces, qui sont les eaux pluviales, de sources et de rivières; 2° les eaux minérales, qui sont les eaux médicinales; 3° et les eaux salées, qui forment l'immense étendue des mers.

Sans négliger complètement ce classement, ici nous nous occuperons simplement des eaux, au point de vue de l'influence extérieure qu'elles peuvent avoir sur les animaux, en nous réservant de nous en occuper plus tard comme aliment ou boisson.

Les eaux pluviales ont une action bien grande sur la végétation; elles diminuent la sécheresse du sol, elles influent sur la température de l'atmosphère, et elles agissent sensiblement sur la salubrité du climat; elles peuvent être bienfaisantes, en tempérant les fortes chaleurs d'été, comme elles peuvent être nuisibles, en noyant les végétaux, ou en ramenant temporairement dans les marais une activité fermentative des matières organisées. En hiver, elles produisent le froid humide, et elles peuvent déterminer ces maladies déjà provoquées par les températures dont nous nous sommes occupé.

Les eaux de sources, courantes ou de rivières, sont les mêmes que les eaux pluviales, et leur composition ne varie que selon les substances qu'elles rencontrent dans l'atmosphère, et selon les sols et le trajet souterrain qu'elles ont parcourus. Ordinairement, les premières se sanifient dans leur cours, et, en se mélangeant de nouveau avec les eaux de pluie qu'elles reçoivent, elles forment les ruisseaux et les rivières qui rafraîchissent et tempèrent l'atmosphère, et donnent presque partout la meilleure eau pour l'alimentation.

Les cours d'eau, en se répandant sur les terrains qui les avoisinent, et en y déposant des matières fertilisantes, ainsi que par les brouillards qu'ils déterminent, ont, pendant les chaleurs, une action bienfaisante sur les végétaux et la santé des animaux.

Les eaux stagnantes, de mares, de marais et d'étangs, qui sont aussi des eaux douces, sont dangereuses, et les plus funestes à la santé des hommes et des animaux. Les quantités innombrables de plantes et d'animalcules qui s'y développent et y périssent, établissent par leur décomposition, des foyers d'exhalaisons et des miasmes qui exposent aux plus graves dangers et aux épizooties les plus redoutables.

Les eaux stagnantes peuvent engendrer les fièvres typhoïdes et pernicieuses, la morve et le farcin, le charbon, la cachexie, et toutes sortes d'affections animiques ou scrofuleuses. Dans toutes les contrées marécageuses, l'intensité et la fréquence des maladies est en proportion de celle de la chaleur ; ce qui fait que dans le Midi ces affections sont plus mauvaises, et qu'elles ont toujours plus de gravité que dans les pays du Nord.

Dans plusieurs villages du département de la Marne, à Igny-le-Jard, Euilly, Festigny, Mingrigny, Courtagnon et autres, plusieurs fois j'ai vu les eaux stagnantes être la cause de maladies typhoïdes et charbonneuses, sévissant pendant les étés et les températures élevées ; et lors de notre dernière guerre d'Orient, n'est-ce pas après une seule nuit de bivouac sur les bords d'un marais de la Dambruska, qu'un de nos corps d'armée, hommes et chevaux, ont été décimés par des maladies dont la cause était puisée dans ce foyer d'infection ?

Il ne faut donc jamais conserver des eaux stagnantes dans le voisinage d'une ferme ou d'une commune, puisqu'elles peuvent être un foyer de maladies pour les animaux et de ruine pour les propriétaires. Des terrassements, des plantations, des saignées et le drainage, sont les moyens à employer et que l'on peut facilement mettre en usage pour s'en débarrasser.

Comme les effluves vicient l'atmosphère et agissent en affaiblissant beaucoup les sujets, en remédiant à la stagnation des eaux, on devra détruire en même temps ses effets sur les animaux, par de l'avoine, des graines sèches, du sel, des toniques et une nourriture substantielle et fortifiante.

L'eau de mer n'est ni courante ni stagnante ; elle a un mouvement de flux et de reflux qui l'assainit, et elle répand des vapeurs qui sont bienfaisantes.

L'eau de mer modère toujours les températures extrêmes et rend l'air et le séjour de ses environs plus salubre et plus agréable. Les races et les animaux se fortifient et s'améliorent toujours dans les pays maritimes.

Les brouillards, s'ils proviennent des eaux de la mer ou des régions supérieures, bien qu'ils soutirent toujours une portion de calorique aux animaux, et les exposent aux refroidissements, ne sont jamais dangereux comme ceux qui émanent des régions inférieures et qui proviennent des marais, des étangs des eaux stagnantes. Ceux des villes peuvent contenir du gaz ammoniaque, et sont souvent mauvais et dangereux.

La rosée, très-efficace à la végétation, agit sur les animaux comme les corps froids et humides.

La neige est favorable aux plantes, non-seulement parce qu'elle contient des substances fertilisantes, mais aussi parce qu'elle les préserve du froid en conservant le calorique dans le sein de la terre ; et si elle tombe sur les animaux lorsqu'elle est sèche et pendant les grands froids, elle est moins nuisible que quand elle est humide et mêlée de pluie.

Enfin, en attendant que nous nous occupions des eaux pour aliments, ou plutôt pour boissons, nous dirons, règle générale, que dans les localités ordinairement humides, les années où il tombe peu d'eau sont les plus favorables, comme dans celles où ordinairement il règne de grandes chaleurs, les années pluvieuses sont les plus favorables à la végétation et les plus salutaires à la santé.

Comme je l'ai déjà dit, les animaux révèlent toujours les dispositions, la nature et les qualités du sol sur lequel ils naissent, ils croissent et ils existent, et le sol, comme l'air et les eaux, a une influence très-sensible sur l'état et la santé des individus. La position, la constitution, la conformation, l'élévation et les qualités du sol, servent en grande partie de base aux climats et peuvent singulièrement modifier la température, la végétation et les aliments.

Il n'est pas toujours facile à l'homme de changer subitement et entièrement les dispositions géologiques, parce que, excepté quelques dessèchements ou défrichements de bois, aucun des changements qu'il peut opérer ne peuvent métamorphoser complètement la nature du sol, ni des climats, ni des produits. Cependant, comme la santé des sujets, leurs prédispositions maladives, ainsi que leur tempérament et leurs aptitudes dépendent de la nature et de la constitution du sol, il faut étudier et connaître les conditions les plus favorables, et, selon ses capacités et les moyens dont on dispose, modifier les mauvaises tant qu'on le pourra, si on ne peut entièrement s'y soustraire et s'y dérober.

Le sol est la couche superficielle du globe sur laquelle nous existons. Il est formé, d'abord de roches primitives, et puis sous l'influence des actions météoriques, et par la décomposition d'une partie des premières substances, et par les alluvions et l'accumulation de détritus de végétaux et d'animaux, de terrains de nouvelle nature, qui sont ceux sur lesquels nous sommes logés et nous nous nourrissons.

La surface du sol est inégale et irrégulière ; elle joue un rôle qui varie selon son élévation, ses pentes et son exposition. La surface du sol a encore une influence sur les animaux, par sa composition et les plantes qui la recouvrent ou qu'on peut lui faire produire ; et aussi par sa perméabilité, ses nuances, son éloignement ou sa proximité de la mer, des cours d'eau ou des forêts, des fossés et des étangs.

Sur le haut des montagnes, l'air, raréfié, accélère la respiration ; et si dans les lieux bas il n'est pas toujours aussi pur, c'est que des vapeurs et sa stagnation peuvent atténuer les bons effets de sa condensation.

Enfin, par sa constitution, la surface du sol peut faire naître des maladies ou ramener la santé ; c'est ainsi que des cultures bien dirigées, en modifiant des sols humides, arides ou malsains, et en les rendant fertiles et fructueux, peuvent, en changeant leur constitution primitive, fortifier les animaux et leur rendre la santé.

Lorsque les terres qui recouvrent la surface du sol contiennent au moins 40 p. 0/0 d'argile sur 100 de sable, elles sont dites fortes : elles retiennent trop leurs eaux et noyent la végétation ; si, au contraire, le sable est très-abondant, elles sont légères, perméables, impropres à l'industrie agricole ; et, dans les deux cas, elles sont nuisibles à la santé.

Lorsque les terres sont mouvantes, siliceuses ou calcaires, elles sont incultes ; mais alors, par des marnages, des irrigations et des amendements, souvent on peut les rendre fertiles, productives et utiles à l'alimentation et à la santé des hommes et des animaux.

Les terrains tourbeux ne produisent que des joncs, des carex et de mauvaises herbes, et ne peuvent surtout, s'ils renferment des matières putrécibles, qu'être nuisibles et propager des maladies. Ces natures de terrains, comme les précédentes, peuvent être améliorées par le drainage et des amendements.

L'irradiation du soleil agit selon la configuration de la surface du sol, sa perméabilité, son degré d'humidité et ses nuances.

Si le sol est primitif, compact et blanchâtre, il réfléchit davantage les rayons solaires, et il élève sensiblement la température ; s'il est recouvert de tourbes, d'alluvions ou d'eaux stagnantes, ces mêmes rayons irradiés peuvent, selon les heures et les saisons, par la vaporation de l'eau, diminuer ou tempérer la chaleur.

Les montagnes agissent sur certaines parties du sol, par l'abri qu'elles fournissent contre des vents dominants, par l'ombre qu'elles projettent les unes sur les autres, par la diversité de leur exposition aux rayons solaires, et par les irradiations qu'elles reçoivent ou auxquelles elles sont exposées.

Que le sol soit recouvert de produits spontanés ou par ceux d'une culture avancée, cela n'est pas sans influence sur la santé ou la force des animaux ; car, selon qu'ils vivront dans les savarts, les forêts, les marécages ou les pays bien cultivés, ils seront chétifs ou vaudront davantage. Aussi, en bonifiant ou en fertilisant la surface du sol ou les mauvais terrains, comme il a été dit, on assainit l'atmosphère, on améliore la santé des animaux, et on augmente leur valeur et ses revenus.

Les vents sont sous l'influence de la distribution variable de la chaleur sur le globe, et le déplacement de l'*air atmosphérique* se fait par la raréfaction ou la condensation dans une partie de sa masse.

Les vents sont doux, ou à peine sensibles ; ils sont forts, très-forts et excessivement forts, et leur vitesse variant de 1,800 mètres jusqu'à 162,000 mètres par heure. Ces derniers sont les vents d'ouragan et de tempêtes.

Les vents, selon les côtés d'où ils viennent et les espaces qu'ils ont parcourus, ont une influence salutaire ou nuisible sur les animaux : ils peuvent aiguiser le froid, modérer la chaleur, et avoir des propriétés qui varient comme celles des températures.

Si les vents sont quelquefois redoutables, par les dangers et les sinistres dont ils nous menacent, en général ils sont utiles et bienfaisants.

En rafraîchissant et mélangeant l'air, et en disséminant les miasmes et les émanations délétères, les vents améliorent l'atmosphère et sont souvent un agent qui anéantit bien des causes de maladie et d'insalubrité.

Cependant les vents peuvent, selon les milieux qu'ils ont traversés, porter eux-mêmes dans certaines localités, des germes de maladies, ou des principes d'épidémies qu'ils ont puisés ailleurs, et ainsi devenir des causes d'insalubrité et de désordre.

Les vents peuvent encore être chauds, secs, froids ou humides, et avoir, sous tous ces rapports, des influences climatériques qu'il faut étudier et connaître, afin de pouvoir les éviter si elles sont nuisibles, et en profiter si elles sont convenables.

En plein nord, pendant l'hiver, un air sec sera transparent, piquant, et souvent très-rigoureux ; mais la température et les grandes chaleurs en seront modérées par ces vents pendant l'été.

Au sud, la chaleur sera intense et la lumière plus vive ; mais si l'on a, dans le voisinage, un cours d'eau qui rafraîchisse l'atmosphère par son évaporation, on peut espérer que l'air ou les vents détermineront des fluctuations avantageuses qui rendront la température plus supportable.

A l'est et à l'ouest, les vents sont tempérés comme la température est moyenne ; néanmoins, à l'exposition du levant les brouillards se dissiperont vite par le soleil du matin, et les pluies seront moins fréquentes, tandis qu'à celle d'ouest, l'humidité et les brouillards dureront une partie de la journée.

De ces deux positions, la première est toujours préférable.

Les bois, comme les cours d'eau, les gorges et les montagnes, peuvent encore diminuer ou augmenter la force des vents et l'intensité des températures, et avoir une influence dans chaque localité sur les végétaux et sur les animaux.

Le mot climat semble désigner une région de la terre ou du globe comprise entre deux cercles parallèles de l'équateur, et par conséquent interpréter la température qu'on y trouve, selon qu'elle est plus ou moins rapprochée du soleil ; mais, généralement et en réalité, on entend plutôt par climat, toutes les modifications de l'atmosphère susceptibles d'impressionner sensiblement les corps organisés et vivants, et d'exercer une influence sur leurs qualités et leur existence.

Il est reconnu qu'on ne peut strictement déterminer le climat par les lignes géographiques, et que dans deux pays se trouvant placés absolument sous le même degré de latitude, par des dispositions météoriques et la nature du sol, les climats peuvent y varier et y être tout-à-fait différents.

Ainsi, bien que la température s'élève lorsqu'on se dirige vers la ligne, et qu'elle s'abaisse en allant vers les pôles, et que ce soit sur cette base qu'on ait admis la distinction des climats en chauds, froids et tempérés, il ne faut pas oublier que la chaleur provient du centre et du noyau de la terre, et qu'il en résulte que, plus on s'en éloigne, moins la température est élevée; et que la chaleur, le froid et le tempéré se traduisent encore sur le sol, selon son élévation et sa hauteur; ce qui fait que quand on s'élève sur une montagne dans l'atmosphère, c'est exactement comme lorsqu'on se dirige vers les pôles.

C'est ce qui fait aussi que dans le sud et dans l'extrême midi de la France, sur les Alpes et dans les Pyrénées, il y gèle en plein été, et qu'il y fait plus froid que dans certains pays beaucoup plus avancés dans le nord.

En résumé, les climats doivent plutôt s'apprécier par localités que par le calcul de lignes isothermes, parce que toutes les circonstances désignées précédemment peuvent faire que ses effets se fassent sentir de manières différentes.

Sans avoir l'intention de faire de l'hygiène universelle, j'ai pensé que les animaux ne pouvant s'abriter en variant leurs vêtements et l'intérieur de leurs logements, il était bon, et à propos des climats et de la température, d'indiquer sommairement à chacun ce que, dans certaines circonstances, il est utile de faire pour prendre les meilleures positions, et pour éviter ou amoindrir les mauvaises.

Dans les climats froids, les animaux consomment plus d'aliments et se portent mieux; dans les climats chauds, les fièvres de mauvaise nature, la gangrène et les maladies nerveuses y sont plus fréquentes; et sous les climats tempérés, les animaux prennent plus de développements et sont d'un plus grand rapport.

C'est ce dernier climat qui est celui de la Champagne, mais avec des variations extrêmes de température.

Le climat de la Champagne n'est pas dans la région des pâturages ni dans celle des animaux de première force; mais il est très-salubre; on s'y porte bien, et avec la culture des graminées et des légumineuses, les animaux de taille moyenne et les bêtes ovines y prospèrent et y viennent parfaitement.

Cependant il y a encore des contrées sèches et arides dont le climat pourrait être modifié par des plantations et des amendements; c'est ce qui se fait au camp et dans les environs de Suippes et de Châlons, pour rendre ce pays plus fertile et plus favorable à nos animaux et à leurs propriétaires.

Bien que l'examen des agents extérieurs ne soit pas terminé; comme ceux dont nous avons encore à nous occuper ont une action plus directe et pour ainsi dire plus matérielle sur les animaux, nous nous sommes cru obligé de diviser les chapitres, pour qu'il y ait moins de confusion et nous faire mieux comprendre.

Nous allons nous occuper des habitations.

CHAPITRE VI.

DES HABITATIONS DES ANIMAUX.

Emplacement, dispositions et dimensions des écuries, des étables et des bergeries ; — le sol, les plafonds, les parois des murs, les ouvertures et la ventilation ; — les râteliers, les mangeoires, les conges, les attaches et les boxes ; — les stalles, les traverses et les litières ; — précautions générales dans les écuries et les étables.

Les habitations, selon les localités où on se trouve, devront toujours être construites, comme je l'ai déjà mentionné, de manière à rechercher les bonnes conditions et à éviter les mauvaises.

En général, dans les constructions il faut éviter les positions extrêmes, en chaud, en froid et en humidité ; et surtout encore remarquer qu'il faut employer toutes ses ressources pour se soustraire aux émanations paludéennes, et aux miasmes des marais et des eaux stagnantes, qui sont, de toutes les positions, les plus funestes et les plus dangereuses.

Dans les montagnes, il faudra se préoccuper des brusques changements de température, des apparitions subites des brouillards, et de la violence des vents ; et lorsqu'on fera bâtir, on devra toujours chercher à se soustraire le plus possible aux inconvénients et aux dangers de la localité.

S'il y existe de ces inconvénients auxquels il n'est pas possible de se soustraire entièrement, il faudra d'abord chercher à les amoindrir, et choisir, parmi les animaux, ceux à tempérament et à constitution capables de lutter contre eux, et en plus tâcher, par une alimentation convenable, de les mettre dans les conditions les plus favorables pour y résister.

Dans ce siècle, où chaque homme ne peut pas rester emprisonné dans la spécialité d'une profession, il est étonnant que les architectes, qui ont tant contribué aux progrès du confortable et des beaux-arts, n'aient pas plus fréquemment compris la valeur et l'importance de bons logements pour nos agriculteurs; et, bien qu'ils ne soient pas toujours consultés en cette matière, ils semblerait qu'ils ne comprennent pas qu'en compromettant par de mauvaises constructions la santé des animaux, on en amoindrit la valeur, et qu'on peut en déverser les conséquences sur l'espèce humaine.

Les habitations pour les animaux doivent être précieusement étudiées, et les dispositions à leur donner sérieusement calculées, afin d'éviter la gêne, l'encombrement et les maladies.

Pour les logements d'animaux, après l'orientation, il faut choisir un terrain sans humidité et assez vaste pour avoir un espace convenable pour la circulation; il faut que les pièces puissent contenir l'air pur et nécessaire à leur entretien, et que la température convienne à leurs organes et à leur destination; il faut encore que, par des dispositions bien prises dans les constructions, le renouvellement de l'air atmosphérique puisse se faire au fur et à mesure de sa viciation, tant par les émanations des fumiers, que par la perte de ses qualités pendant l'exercice de la respiration.

Dans le département de la Marne, très-souvent le sol est calcaire et quelquefois siliceux, et la nature des terrains, qui n'est que rarement humide, convient généralement pour les constructions. Cependant il faut que les écuries et les étables soient toujours un peu plus élevées que la cour, afin d'empêcher les eaux de pluie d'y pénétrer, et de faciliter les écoulements d'urines ou des autres liquides qui pourraient y séjourner.

Pour le sol des écuries et des étables, s'il ne peut être carrelé, un mélange de graviers grossiers et de chaux hydraulique peut être très-convenable; fait ainsi, il est imperméable, solide et se nettoie bien, et il ne revient guère qu'à 1 fr. ou à 1 fr. 25 c. le mètre.

Si le sol des écuries est tubéreux, irrégulier; si des blocailles sont en saillies, s'il s'y trouve des trous et des excavations, les animaux sont exposés à s'éroser la peau et à se blesser.

L'irrégularité du sol produit fréquemment sur l'angle du coude des chevaux, une tumeur volumineuse et froide que l'on nomme éponge, et que l'on a toujours attribuée à une pression exercée sur le coude par l'extrémité interne du fer d'un des pieds de devant. Lorsque les chevaux se couchent de manière à mettre ces deux parties (l'éponge du fer et le coude) en contact, on dit que les animaux se couchent en vache.

Sans nier absolument que cela puisse arriver quelquefois, j'ai l'assurance et l'intime conviction que les protubérances et le mauvais pavage en sont la cause la plus ordinaire et la plus fréquente. C'est pour cela aussi que tous les efforts, qui ne se font jamais que du côté du ferrage, sont si souvent restés sans résultat, et que ces sortes de loupes sont restées incurables.

Les saillies ou les irrégularités sur le sol déterminent aussi des capelets, des hydarthroses, des œdèmes et des hernies.

Le pavage le plus favorable pour les écuries et les étables, est sans contredit celui qui est fait avec des briques placées de champ; il est uni sans être glissant ni perméable, et il peut se nettoyer très-facilement. Cependant, comme il pourrait être d'un prix trop élevé pour beaucoup de cultivateurs, et que le sol de tuf ou de craies brisées n'est ni très-mauvais, ni dangereux, on pourra quelquefois se contenter du dernier; il sera moins coûteux, et relativement assez facile à entretenir.

Si le sol est en tuf broyé, mouillé et séché, il faut l'entretenir toujours uni et régulier, parce que le séjour des urines y formerait vite des cloaques qui saliraient les animaux et répandraient une odeur nuisible et malfaisante.

Une des meilleures dispositions d'étables que j'aie vue, c'est à Alkirch, dans l'exploitation de M. Jourdier, où se trouvent à peu près réunis tous les perfectionnements agricoles.

Cette étable, d'environ 3 mètres d'élévation, se trouve divisée dans le milieu par une allée de 2 mètres 60 cent. de large, qui correspond dans une pièce où se préparent les aliments. De chaque côté se trouvent rangés les animaux, la tête sur une conge de 70 centimètres de largeur sur 30 de profondeur, qui borde la galerie à droite et à gauche; derrière eux existe une rigole qui conduit les excréments et les urines dans une fosse à purin. Enfin, existent encore, de distance en distance, des fenêtres à bascule pour faciliter l'aération; et au-dessous de celles-ci, et tout autour contre le mur en dedans, règnent des trottoirs de 1 mètre 50 cent. de largeur, pour faciliter la circulation et le service.

Les animaux, auxquels il est réservé 2 à 3 mètres de longueur, non compris la mangeoire, et à chacun 1 mètre 45 de largeur, sont séparés les uns des autres par des anses ou des bras en fer arrondis, auxquels ils sont attachés, et trouvent devant eux un espace de 45 centimètres pour pénétrer dans la conge et y prendre leurs aliments.

Chez M. Diemer, à Murhof, il existe en avant des conges un treillage en fer, avec de même un espace dans le milieu, pour que les animaux ne puissent éparpiller ces aliments sur le sol, ni les gaspiller ou en perdre une grande quantité. Dans ces étables, il n'y a pas de râteliers : tous les aliments sont préparés et mélangés, et leur distribution se fait par la galerie mitoyenne; tandis que le service de la traite et celui du fumier, des litières et des engrais, ainsi que les autres soins, se font et se donnent du côté des trottoirs.

La disposition que je donne de ces étables, qui peuvent servir de modèle, ne doit être acceptée que comme renseignement, parce que je sais qu'il faut toujours accepter sa position, et que trop souvent on ne peut pas faire comme on le désire.

Toutes les écuries et les étables doivent être plafonnées (si on le veut avec la plus grande économie), afin que les animaux ne reçoivent pas toutes les poussières et les malpropretés qui viennent d'en haut, et souvent des greniers de dessus.

Les surfaces unies d'un plafond, comme celles d'un mur convenablement ragréé, ne s'imprègnent pas autant de vapeurs, et d'une foule de substances organiques qui se putréfient dans les écuries et les rendent insalubres; on peut alors, avec une couche de chlorure de chaux, encore sans dépense, les assainir et les purifier souvent.

Tout le monde sait que dans une pièce qui n'est pas convenablement aérée, un foyer de combustion y détermine l'asphyxie et la mort.

L'air atmosphérique, l'air que nous respirons, et qui se trouve jusqu'à une hauteur de 60 à 80 kilomètres autour du globe, doit être, pour qu'il soit vital et non nuisible à la santé, tel que je l'ai indiqué, composé à peu près de 79 parties d'azote, 20 d'oxygène et une d'acide carbonique.

Lorsque l'on a placé dans une pièce fermée, des substances combustibles (bois ou charbon), et qu'on y a mis le feu, il faut, pour que ces substances puissent brûler, le concours de l'oxygène, car sans ce gaz il n'y a point de combustion; et c'est pour cela que, quand l'air ne peut se renouveler dans une pièce où il y a des corps en combustion, s'il s'y trouve des hommes ou des animaux, ils ne peuvent y exister, et périssent asphyxiés.

L'oxigène soustrait par la combustion à l'air normal, forme dans le même moment, avec le charbon ou le carbone du bois, l'acide carbonique, et alors c'est ce dernier gaz, qui se trouve en excès, qui vicie l'air atmosphérique, et qui trouble les fonctions et détermine la mort.

Cet effet n'est donc dû qu'au changement qu'éprouve dans ses proportions le gaz qui constitue l'air ordinaire, ou l'air vital.

Eh bien, lorsque l'air ordinaire entre dans le poumon pour entretenir la vie et la chaleur des animaux, il y subit aussi la même transformation, c'est-à-dire que, introduit par la respiration dans ses proportions naturelles, il en est exclu avec une soustraction d'oxygène, et aussi avec une addition d'acide carbonique; ce qui fait que, quand des individus auront été placés ensemble dans une pièce hermétiquement fermée, et qu'ils n'auront pu puiser au-dehors un air renouvelé et recomposé, nécessairement les mêmes accidents se produiront comme s'il y avait du charbon allumé. Si l'effet se trouve moins prompt ou moins foudroyant, on ne peut l'attribuer qu'à une dépense moins grande de l'oxygène, et à une viciation moins prompte de l'air.

Du reste, dans les théâtres, dans les tribunaux et dans les autres lieux où il y a des réunions nombreuses, les exemples de malaise, de syncope et d'asphyxie sont assez communs et assez nombreux pour ne pas laisser de doutes sur les accidents qu'il faut prévoir.

Si l'insuffisance de l'air, ou quelques modifications dans ses proportions, ne déterminent pas toujours la mort instantanée, ou l'asphyxie foudroyante, il n'y a pas à douter que beaucoup plus souvent clandestinement, cette insuffisance ou l'altération de l'air amoindrit les résultats d'une bonne alimentation, altère la santé, et peut amener des malaises, des maladies, ou des catastrophes qu'on ne peut jamais trop prévoir.

Lorsque l'on connaît les effets fâcheux de la raréfaction ou de la viciation de l'air, on comprend l'importance qu'il y a à les prévenir et à les éviter.

Il faut donc avoir de l'air normal en quantité suffisante dans les logements destinés aux animaux, et à cet effet, il leur faut un espace d'environ 5 mètres pour 100 kilogrammes de leur poids.

Il faut des étables et des écuries assez vastes pour que les animaux ne soient pas entassés, et que par des ouvertures en assez grand nombre on puisse y renouveler l'air à propos; et non-seulement il faut le renouveler à propos, mais encore le renouveler sans porter atteinte à la santé, et faire attention que pendant l'été l'air du midi peut être trop chaud; que pendant l'hiver, celui du nord serait trop froid; que celui de l'ouest est souvent humide, et que celui de l'est peut être quelquefois trop sec.

Les fenêtres doivent être préférablement placées au levant ou au couchant, pour éviter les vents à température extrême, et elles doivent être pratiquées à environ 2 mètres du sol, et être à bascule, pour que l'air ne frappe pas directement les animaux, et que celui-ci puisse, à des moments donnés, être renouvelé à volonté.

Cependant, comme on n'est pas souvent à même de prendre des dispositions selon ses goûts et sa volonté, on devra, de préférence, choisir pour les ouvertures l'exposition au levant, éviter scrupuleusement l'exposition au midi, sous les fumiers et les purins, et plus encore, ne point les placer près des marais et des eaux stagnantes, parce que pendant les chaleurs d'été et d'automne, celles-ci font dégager des miasmes qui doivent faire développer des maladies funestes, et avoir les conséquences les plus désastreuses.

Les fumiers doivent toujours être assez éloignés des écuries et des étables, afin que les vapeurs, les mauvais gaz et les insectes n'incommodent pas les animaux, et ne puissent les faire souffrir et les rendre malades.

Lorsque, dans les étables, on n'a pas de fenêtres assez grandes et s'ouvrant par le haut (ce qui est préférable), il faut, surtout si les animaux sont réunis en assez grand nombre, toujours pratiquer au plafond, autant que possible en face de la porte ou des fenêtres, et selon la capacité du local, une ou plusieurs ouvertures d'appel, pour y renouveler l'air, qui s'y vicie par la respiration et par les émanations des excréments.

Ces ouvertures, dites cheminées d'appel, peuvent être faites avec trois ou quatre planches de 30 à 40 centimètres, réunies en carré, et allant du plafond communiquer extérieurement avec le dessus de la toiture.

Ceci est tellement favorable, que j'ai vu, dans maintes circonstances, les gastro-entérites, les fièvres aphteuses, et même la péripneumonie contagieuse, perdre leur gravité ou s'éteindre complètement aussitôt l'établissement d'une bonne ventilation dans les étables.

Si un sujet de nos grandes espèces vivait dans une pièce hermétiquement fermée, il lui faudrait, d'après les calculs de MM. Magne et Boussingault, 575 mètres cubes d'air par jour pour son entretien (cinq fois autant que pour un homme de moyenne taille). On comprend alors qu'il faudrait des écuries immenses, si la ration d'air indispensable à chaque individu ne devait pas être fournie plutôt par le renouvellement, que calculée sur la dimension du local.

Sans s'arrêter scrupuleusement à ces calculs, il est bon que les étables soient un peu spacieuses, et qu'elles puissent avoir environ trois mètres d'élévation, pour que l'air, qu'on peut toujours prendre au dehors, circule assez facilement et ne s'élève pas trop en température.

Pour les animaux qui travaillent et se portent bien, l'air doit être un peu froid, parce qu'une température un peu basse augmente l'appétit, fortifie et rend plus apte aux travaux fatigants. Cependant, il faut prendre en considération que des animaux, dans ces conditions, devront consommer davantage, et ne rendront pas autant en graisse, en suint, en laine et en lait. A l'opposé, une température un peu élevée pour des vaches laitières et des animaux à l'engrais serait préférable, parce que sous son influence ces animaux coûteront moins et profiteront plus.

Une précaution rigoureuse et qu'il ne faut pas oublier, c'est de ne jamais laisser les animaux, en sortant d'une étable ou d'une écurie chaude, exposés à des courants d'air froid et humide; car cela peut déterminer des arrêts de transpiration et de nombreuses maladies, qu'il faut plutôt prévenir par des couvertures ou l'exercice.

Pour l'aisance et la facilité du service, il faut donner, dans les écuries, à chacun l'un dans l'autre de nos grands animaux, environ 1^m 30 à 1^m 80 de largeur, et 4^m à 5^m 50 du mur de face à celui de derrière, si l'écurie est à simple rang; et le double à peu près, si elle est à deux rangs.

Pour les moutons, le directeur de Rambouillet conseille un espace de une fois leur largeur et deux fois leur longueur; ce n'est pas trop. M. de Gasparin dit qu'il faut 40 centimètres par mouton au râtelier, et 5 mètres d'un râtelier à l'autre. Selon moi, cela ne peut être qu'un à peu près, qui doit varier selon la force, la taille et la corpulence des sujets. Je crois que, comme pour un animal seul et isolé l'espace d'une fraction serait insuffisant, pour un troupeau restreint il faudrait aussi proportionnellement en donner davantage.

Il y a encore une chose sur laquelle il est utile de fixer

l'attention : c'est que, pour les moutons, qui sont obligés pour respirer, de prendre l'air tout près du sol et tout rapproché des fumiers, il est indispensable, dans un intérêt hygiénique, de pratiquer à la base des murs et au niveau du sol, quelques ouvertures allongées qui communiquent au-dehors, pour, qu'en correspondance avec les ouvertures du haut ou les cheminées d'appel, l'air puisse se renouveler dans les régions inférieures, où les animaux le puisent pour servir à leur respiration.

Pour les habitations (écuries ou étables), la lumière, de laquelle j'ai déjà parlé, doit être l'objet d'un examen sérieux et attentif. Si les rayons solaires ou les reflets de murs blancs la rendaient trop vive et trop intense, il faudrait y remédier en brunissant les carreaux ou en tendant des toiles foncées et écrues aux fenêtres, pour les intercepter ou en amoindrir les effets.

Les toiles tendues à l'ouverture des fenêtres, en conservant un jour convenable et en donnant plus de liberté à la circulation de l'air, ont encore, pendant les chaleurs, l'avantage de prévenir l'invasion des habitations par les mouches et autres insectes.

Si une lumière trop vive dans les habitations détermine des maux d'yeux, des ophthalmies et la cécité, il faut aussi ne pas oublier que l'obscurité ou sa privation, en déshabituant les yeux, rend ces organes plus irritables et les expose aux mêmes maladies.

Le repos est pour tous les animaux un besoin impérieux qu'ils doivent satisfaire, et à cet effet, il est nécessaire qu'ils puissent se coucher commodément et qu'aucune des parties du corps ne soient froissées ni irritées par quelques irrégularités de la surface du sol avec lequel elles doivent se trouver en contact. A cet effet, pour le repos des animaux dans les écuries et les étables, on étale une couche de substances douces et élastiques que l'on désigne sous le nom de litières.

Ces litières sont très-importantes en agriculture, d'abord pour la santé des animaux, et ensuite pour les engrais qu'elles fournissent.

Les litières sont faites avec les pailles de seigle, avec celles de froment, d'avoine, d'orge, avec des feuilles, avec des foins mauvais, des bruyères, des sables, de la terre sèche, du tan, des sciures, de la tourbe, etc.

Les premières substances, les pailles, sont les meilleures, et ce sont celles qu'on se procure le plus facilement dans nos localités ; cependant nous avons encore dans quelques parties boisées du département, des feuilles et des herbes de marais sèches, qui peuvent fort bien, comme les sciures, être utilisées pour litières de repos aux animaux, et fournir de bons engrais.

Si les litières ne sont pas propres et fréquemment renouvelées, elles dégagent des gaz ammoniacaux qui irritent les yeux et la poitrine, et qui, aussi par leur trop grande humidité, peuvent déterminer le crapaud, des crevasses, des ulcères, le piétin, et d'autres maladies des jambes, des pieds et de la peau.

Le renouvellement des litières est donc d'une grande importance pour la propreté des étables et pour éviter des émanations et des maladies.

Une chose encore dont je ne veux pas omettre la recommandation, c'est que s'il est utile d'avoir un intermédiaire doux qui garantisse les animaux contre la dureté et les protubérances du sol, il est dangereux d'avoir trop de litières et de les faire trop hautes et trop épaisses.

Les litières hautes et trop épaisses, lorsque les animaux sont couchés, s'agglomèrent entre leurs jambes et les empêchent de se relever,

J'ai été souvent appelé chez des propriétaires pour des chevaux que je trouvais haletants, agités, épuisés et ruisselants de sueurs, à cause des vains efforts qu'ils faisaient pour se relever ; on les croyait paralysés ; et lorsque j'avais fait enlever le trop de paille et diminuer l'épaisseur de leurs litières, on était très-étonné de les voir seuls se remettre sur leurs jambes, et surtout si, dans leurs débats, ils n'avaient pas reçu quelques érosions ou de plus graves blessures.

Il y a des agronomes qui conseillent de laisser les litières dans les étables jusqu'au moment de les conduire aux champs, parce qu'elles fermentent et que les fumiers se font mieux et plus vite. Si les étables sont vastes et facilement aérables, ceci n'est pas aussi dangereux que quelques personnes le craignent ; mais si ce système peut avoir son mérite dans les pays de bois ou de montagnes, où les logements sont difficiles, et où les substances desquelles seules on peut disposer pour litières (des feuilles ou des bruyères) sont ligneuses, dures et d'une macération lente et très-difficultueuse, je pense que dans le nôtre, où presque tous les cultivateurs ont des cours à leur disposition, et des pailles en quantité satisfaisante, il faut faire de la litière tous les jours, ou au moins ne pas attendre trop longtemps pour la renouveler en partie ou en totalité.

Il y a des contrées où on ne fait pas de litière ; mais alors il faut que le sol soit recouvert avec des doses unies et en parquet.

Les portes d'écuries et d'étables doivent être larges, et les montants arrondis, parce que sans cette précaution les animaux sont exposés à se fracturer l'angle de la hanche, comme j'ai pu le voir plusieurs fois ; ou si les blessures ne sont pas toujours aussi graves, elles laissent toujours des traces et des érosions qui sont, quand même, désagréables et aussi difficiles à guérir et à se cicatriser.

Les portes à deux compartiments sont préférables, parce qu'elles permettent plus facilement d'augmenter ou de restreindre l'air et la lumière dans les écuries et les étables.

Les râteliers destinés à distribuer et à ménager les fourrages gênent beaucoup la préhension de ceux-ci lorsqu'ils sont placés dans une position trop oblique et horizontale ; en outre, ils projettent sur le col, des menus et des poussières qui salissent la laine ou la crinière, et exposent les animaux à des prurits et à des démangeaisons en permanence.

Il faut encore que les râteliers soient placés à une hauteur en rapport avec la taille des animaux. Leurs busons, pour les grandes espèces, doivent être hauts d'environ 60 centimètres, et espacés l'un de l'autre d'à peu près 12, pour que le nez et la bouche puissent passer et saisir sans difficultés les fourrages. S'ils sont en bois, ils devront être arrondis, rabottés bien unis et sans éclats, et tournant sur eux-mêmes, pour éviter les blessures de la bouche, des yeux et des paupières.

Pour les râteliers, il est indispensable d'éloigner du mur

la traverse inférieure, comme la mangeoire avec laquelle,
par des planches, souvent cette traverse est réunie : alors
il reste un intervalle qui est ordinairement de 18 à 20 centimètres, et quelquefois plus, mais qui est souvent dangereux pour les animaux.

J'ai vu des chevaux, en se roulant étant couchés, se
prendre les jambes dans cet espace, sans pouvoir se débarrasser ; ils s'écorchaient jusqu'aux os, ils se taraient
et se blessaient très-gravement ; j'en ai même vu périr dans
cette position avant qu'on ait pu parvenir à les dépêtrer.

Pour éviter ces accidents, on devra toujours remplir en
maçonnerie le derrière de la mangeoire, et faire placer
une cloison en planches, depuis le bord inférieur et anté-
rieur de la mangeoire, jusque sur le sol, en la dirigeant
obliquement pour aller regagner la base du mur du fond.

Ainsi, on conservera plus d'espace de terrain dans l'é-
curie, et le billot et la longe, en coulant derrière cette
cloison, diminuera pour les animaux la chance des enchevêtrures.

Quelquefois les râteliers ont des busons qui sont en fer.
On en voit tout en fer, en forme de hotte, dans lesquels la
botte de fourrage se place verticalement, ce qui n'est pas
commode pour les agriculteurs, et qui peut être réservé
pour les chevaux de luxe et dans les écuries restreintes.

Les mangeoires ou les crèches sont destinées aux aliments
en grains, aux mêlées de farineux, et quelquefois aux boissons et aux barbottages. Il faut qu'elles soient, de même
que les râteliers, élevées selon la taille des animaux, et
surtout qu'elles ne les obligent pas à trop se baisser, parce
qu'elles seraient une cause de fatigues pour les membres
antérieurs, et qu'elles pourraient habituer les chevaux à
mal porter la tête.

Selon l'alimentation et les espèces d'animaux, et la manière dont on les nourrit, leurs dimensions peuvent varier
et être plus ou moins vastes et profondes.

Les mangeoires sont en bois, en pierre ou en fonte, et,
bien que jusqu'alors on ne fasse pas un grand usage des
dernières, elles sont préférables, parce qu'elles ne permettent pas aux animaux de les ronger, et que, s'établissant
facilement et pouvant durer longtemps, elles reviennent

moins cher et empêchent de contracter le vice de tiquer.

Les mangeoires doivent être arrondies dans le fond, et avoir toute l'étendue réservée en largeur aux animaux, parce que celles faites avec un tronc d'arbre creusé de bout en forme de mortier, et celles en forme d'écaille de noix, comme les crèches trop restreintes, laissent répandre et perdre une grande quantité d'aliments.

Pour supporter les mangeoires, il faut éviter les pièces de fer ou de bois détachées, parce qu'on s'exposerait aux mêmes accidents que ceux signalés à propos des râteliers.

Si le dessous de la mangeoire est rempli en maçonnerie, il sera bon que celle-ci soit un peu en retraite, et que le devant soit enduit régulièrement; ou bien encore il faudra le garnir d'un placard lisse et uni, pour éviter que les animaux s'écorchent les jambes ou se blessent.

Les blessures faites aux genoux ou aux boulets dans ces circonstances, peuvent faire supposer que les animaux se sont abattus, qu'ils ont de mauvaises jambes, et qu'ils ont été couronnés.

Une espèce d'échelle, placée sur leur longueur, peut éviter que les aliments soient gaspillés et projetés au loin sur le sol.

Maintenant, en Champagne, dans toutes les maisons de culture, pour les bêtes à cornes il ne devrait plus y avoir que des conges, parce qu'on peut faire des mélanges et donner toutes espèces d'alimentations, et qu'en bottelant et débottelant les fourrages pour les placer dans des râteliers, on ne serait pas exposé à laisser tomber et perdre les menus qui, étant composés presque en totalité de fleurs, de feuilles et de graines, sont les parties les plus précieuses de l'alimentation.

Les sommités des plantes (les menus que je viens d'indiquer), ont un pouvoir nutritif qui est le double supérieur à celui des tiges; et comme c'est la portion la plus nourrissante, on doit comprendre tout l'avantage qu'il y a à avoir des conges pour l'économiser et la conserver aux animaux.

Dans de grands établissements que j'ai visités en Angleterre, en Belgique, en Suisse et en Alsace, il n'y avait pas autre chose que des conges pour la distribution des aliments aux ruminants.

Les grandes conges doivent être arrondies dans le fond et garnies de zinc, pour être tenues plus propres et nettoyées facilement.

Il serait beaucoup plus convenable pour les grands animaux, et plus spécialement pour les chevaux, de les laisser entièrement libres dans l'écurie; mais, comme d'un autre côté, il y a à redouter qu'ils se mordent, qu'ils se ruent et se donnent des coups de pieds, et aussi dans la crainte que pour les personnes il soit plus difficile et quelquefois plus dangereux de les panser et de les aborder, on a préféré les maintenir à l'attache.

Pour éviter des accidents et des catastrophes, on maintient les grands animaux à l'écurie par la longe ou la chaîne du licol, que l'on réunit par son extrémité libre à la mangeoire, par des trous ou par des anneaux qui s'y trouvent placés.

Comme il est indispensable que les animaux fassent quelques mouvements pour se lever, se coucher et prendre le fourrage au râtelier, il faut laisser à la longe une longueur calculée, en tâchant d'éviter que les animaux puissent se prendre les jambes dans les anses, et qu'ils ne se blessent en voulant se rendre libres et se débarrasser.

Sans compter les enchevêtrures, qui coupent souvent la peau jusqu'au tendon, qui déterminent des mortifications, des abcès et des javarts très-dangereux, on voit assez souvent des chevaux, en faisant des efforts pour se débarrasser de prises de longes, se fracturer les os, se luxer les vertèbres, et même contracter des paralysies inévitablement mortelles.

Pour éviter, autant que possible, ces sortes d'accidents, il faut, après avoir passé l'extrémité libre de la longe dans l'anneau, ou dans le trou de la mangeoire, la fixer à un billot en bois qui soit toujours assez lourd pour que la longe coule facilement, qu'elle soit constamment tendue, et qu'elle ne fasse jamais d'anses dans lesquelles les animaux puissent se prendre et s'empêtrer.

J'ai toujours remarqué que ces sortes d'accidents étaient

plus communs et plus graves avec des longes de cuir ou de corde, qu'avec des chaînes de fer.

Pour l'attache des chevaux, je préfère aux anneaux ordinaires une tige de fer de la grosseur du doigt, longue de 60 à 80 centimètres, fixée verticalement par ses extrémités aux soutiens ou montants de la mangeoire; à, inférieurement, 25 à 30 centimètres du sol, et tout le long de laquelle on aura laissé entre elle et le montant de la mangeoire un petit espace, afin que cette tige porte un anneau, coulant facilement, pour y attacher la longe et maintenir l'animal.

Dans ce système, il y a cet avantage que la longe, beaucoup moins longue, peut, sans gêner les animaux en suivant les mouvements de la tête, leur permettre de se lever, de se coucher, et d'atteindre le râtelier, sans risquer autant les enchevêtrures et d'être blessés. Dans ce cas, un porte-mousqueton, pour réunir la longe à l'anneau de la tige, est plus commode qu'un nœud, qui exige plus de temps pour le détacher ou le défaire.

Il y a quelques animaux hargneux et difficiles, qu'il est prudent et plus commode d'attacher par une longe de chaque côté.

J'ai vu dans les Vosges, dans quelques parties de l'Alsace et du duché de Bade, que les bêtes à cornes étaient fixées par deux anses en bois, ou espèces de liens de fagots, qui coulaient dans deux montants en bois fixés de chaque côté, pour séparer la tête de chacun des animaux.

Ces attaches sont commodes, économiques, et empêchent les animaux de gaspiller les aliments, qu'ils jettent souvent hors la mangeoire; comme aussi elles s'opposent à ce qu'ils se taquinent, se tourmentent, se donnent des coups de cornes et se blessent.

Je comprends dans les écuries une séparation des râteliers et des mangeoires pour chaque animal, parce que ces dispositions empêchent les animaux gourmands, tracassiers ou méchants, de tourmenter les autres; mais il n'y a rien de plus désagréable que les grandes stalles qui les séparent complètement dans leur longueur et leur hauteur, car, non seulement elles coûtent fort cher, mais, selon moi (j'en ai acquis l'expérience) elles sont très-incommodes et très-dangereuses pour les hommes et pour les animaux.

En 1832, j'ai vu un cheval périr dans sa stalle sans qu'on ait pu le secourir.

En 1845, le maître de poste, à Reims, eut un étalon qui resta pris les deux pieds postérieurs achevalés sur le montant d'une stalle, pendant plus de deux heures, avant qu'on ait pu réussir, en la démontant, à soulager l'animal.

Les grandes stalles, ou stalles complètes, empêchent aussi l'air de circuler, et entretiennent l'humidité des fumiers ; elles gênent le service, et si on a des animaux difficiles, elles exposent les personnes à se faire ruer et blesser.

Si l'on craint que les animaux se ruent ou se donnent des coups de pieds, de simples barres mobiles, ou deux planches clouées ensemble, arrondies sur leurs angles, bien rabottées et maintenues par des cordes à la hauteur des genoux et des jarrets, seront préférables et beaucoup plus commodes.

Pour avoir plus de sécurité et moins à redouter les accidents, les séparatifs que je viens d'indiquer (perches, planches ou barres) devront être arrêtés à l'une des extrémités par un crochet, à un anneau ou piton fixé à la mangeoire, et par l'autre de derrière il y aura, fixée par un de ses bouts, une corde d'environ 60 centimètres de longueur, laquelle devra porter un anneau ou un œillet à son autre bout. Au plafond, perpendiculairement au-dessus de l'extrémité postérieure de la perche ou du séparatif, on fixera une autre corde qui portera à son bout, libre et pendant, une espèce de crochet ou cheville recourbée à sa base ; et entre le plafond et la cheville, il y aura un anneau, mais libre et coulant de haut en bas et de bas en haut sur cette corde.

Lorsqu'on voudra placer le séparatif et le maintenir au-dessus des jarrets, il faudra l'élever en prenant l'œillet ou l'anneau du bout libre de sa corde, et introduire dans cet œillet, jusqu'à sa base, la cheville de la corde pendante du plafond ; puis, après avoir relevé le bout libre de la cheville sur la corde du haut qui la porte, on laissera retomber l'anneau coulant qu'on aura soulevé, et alors ces deux cordes, celle du plafond et celle du séparatif, seront unies et arrêtées ensemble, et le séparatif sera en place.

Cet appareil peut être fait avec des chaînes ou des

tringles en fer, et le piton-crochet remplacé par un porte-mousqueton à-charnière complète; mais ce dernier est moins sûr et moins commode.

Actuellement, dans l'armée et l'administration des haras, on a adopté ce système; mais les cordes et les chevilles de bois sont remplacées par des chaînes et du fer, et cela, en ayant un peu plus de solidité, est plus bruyant et expose plus à des accidents.

Si les animaux, avec cet arrangement, se prennent dans les barres ou les séparatifs, on lève l'anneau coulant, et de suite la traverse ou la barre tombe, et ils sont débarrassés.

Pour que les animaux remuants, et ceux qui lancent des ruades quand ils vont recevoir l'avoine, ne s'écorchent pas les jambes ou les pieds contre ces séparatifs mobiles, il est bon de les garnir de paille, de foin, de jonc, ou de les coussiner avec d'autres substances.

Les boxes sont des pièces à peu près carrées dans lesquelles les animaux restent libres; elles ont les inconvénients que j'ai signalés pour les chevaux en liberté, et dans des pays comme le nôtre on ne doit en faire usage que pour les animaux malades ou convalescents; ou encore dans le cas où on fait des élèves, pour laisser les rapports plus faciles entre les mères et les poulains.

Les parois et les murs des étables et écuries doivent être unis et réguliers, et on ne doit jamais laisser en saillie ou à la portée des animaux, ni chevilles, ni crochets, ni clous, ni éclats. J'ai vu un cheval mourir en cinq heures, d'une gangrène à la fesse, produite par une blessure faite par une petite tête de clou restée en saillie dans l'écurie.

Tous les instruments d'écurie, les seaux, les pelles, et surtout les fourches et crochets à fumier, sont des objets très-dangereux, et avec lesquels les animaux peuvent se blesser s'ils restent traînants et à la portée des animaux.

Il faut avoir soin de les ranger soigneusement, si on veut éviter des accidents et le gaspillage.

Non seulement la mangeoire, les crèches, les râteliers, et le sol doivent être tenus proprement, pour éviter le dégoût et l'inappétence, mais on doit aussi nettoyer les murs, les plafonds, enlever les toiles d'araignée et boucher les trous de rats et de souris, parce que ce sont encore des causes de miasmes et d'infection qui peuvent nuire aux animaux, les indisposer et les rendre malades.

Quand on a des hôtes à loger, lorsqu'on leur a donné un abri, il faut s'occuper de leur nourriture; et comme l'alimentation dans son choix et ses préparations peut avoir des résultats incalculables sur la santé et le développement des animaux, et que par la manière et l'à-propos de la distribuer on peut économiser et augmenter considérablement ses bénéfices, nous avons voulu lui consacrer un chapitre à part; c'est dans celui qui suit, en nous restreignant toujours dans les limites que nous avons promises, que nous allons donner les instructions indispensables à un sujet de cette importance.

CHAPITRE VII.

DE L'ALIMENTATION DES ANIMAUX.

Des aliments et des fonctions de nutrition; — la substance nutritive et le pouvoir nutritif des aliments; — variation et limites de l'alimentation; — les herbes, les pâturages et le vert à l'écurie et à l'étable; — les foins naturels et artificiels, et modifications des fourrages avariés; — les bonnes pailles et celles qui sont dures ou mauvaises; — les menues-pailles et les mélanges; les graminées, avoine, orge, seigle, froment, etc.; — les légumineuses, vesces, pois, lentilles, jarosses, etc.; — les farineux et sons; — les gerbées; — les feuilles, les glands et les marrons d'Inde; — les racines, betteraves, carottes, pommes de terre, raves, turneps, etc.; — les choux, les sarclures, les pulpes et les résidus; — les graines oléagineuses et les tourteaux; — les condiments et les boissons, purification des eaux pour boire; — préparations et arrangements économiques des diverses substances alimentaires; — valeur nutritive des principaux aliments, et quantité relative qu'il faut de chacun pour équivaloir au foin naturel fané; — tableaux des équivalences nutritives; — application pratique pour la distribution des aliments aux points de vue du travail, du laitage, de la laine et de l'engraisment; — des régimes, et leur classification; — des rations, et leur application à chaque espèce d'animaux et à leur destination.

S'il était certain que les animaux naissent, s'entretiennent et se perpétuent en obéissant absolument aux aptitudes de leurs souches, il n'y aurait nullement à s'occuper de la qualité et de la nature des aliments; il suffirait seulement, en tous cas, de leur en donner tel quel, et de leur introduction dans l'estomac, pour satisfaire l'appétit et entretenir l'existence.

Il n'en est pas ainsi, et il faut encore que les substances ingérées dans le canal digestif des animaux pour les nourrir et apaiser leur faim, portent avec elles les principes les plus capables de donner au sang les éléments et les qualités les meilleurs et les plus actifs, pour la réparation, l'entretien et le développement des animaux.

L'alimentation est donc une des questions dominantes dans la gestion des animaux, et peut-être la plus importante dans l'industrie du bétail.

Comme nous l'avons dit précédemment, le sang trouve à la surface du tube digestif, et dans la quintescence de toutes les substances alimentaires, les principes de sa constitution; et c'est dans le sang que les organes puisent les éléments nécessaires à leur entretien, à leur usage et à leurs fonctions.

Mais puisque le sang, en circulant, laisse en dépôt à ses dépens, dans toutes les parties du corps, les matériaux de conservation et de réparation, il faut alors que les animaux prennent au-dehors les substances qui doivent lui restituer les dépenses incessantes qu'il fait pour entretenir et leurs organes et leur existence.

Les substances du dehors qui servent à cet usage et qui ont cette destination, sont les aliments, et les fonctions par lesquelles l'économie procède à l'entretien des animaux, sont les fonctions d'alimentation ou de nutrition.

Les fonctions de nutrition consistent principalement dans la préhension des aliments, dans la mastication et l'insalivation dans la bouche, dans la déglutition, dans leur élaboration dans l'intestin, et dans l'absorption de leurs principes nourriciers, dans le sang et leur répartition dans tous les organes de l'économie.

L'air joue aussi un rôle très-important dans les fonctions d'entretien et de réparation; mais maintenant que nous nous en sommes déjà occupé, nous allons parler des substances qui doivent être introduites dans l'estomac et le canal digestif, c'est-à-dire des substances alimentaires et des boissons.

Généralement, jusqu'alors, les aliments pour les animaux ne subissaient que fort peu de préparation avant de leur être distribués ; cependant il ne faut jamais les donner sans discernement, et il est toujours urgent de chercher, par quelques modifications, à les rendre plus profitables et à amoindrir les effets, souvent dangereux, de leur constitution ou de quelques détériorations qu'ils peuvent avoir subies.

Plus tard, et à propos, nous reviendrons sur ce sujet.

Les aliments que l'on a placés dans une crèche, dans un râtelier ou dans des mangeoires, ou bien sur le sol, sont saisis avec les lèvres et les dents pour être, par la mastication, broyés, brisés, triturés et amollis dans la bouche ; puis ensuite amenés sur le fond ou la base de la langue, pour, par un conduit que l'on nomme l'œsophage, être transportés dans l'estomac.

Arrivés dans l'estomac, ils sont de nouveau élaborés et mélangés avec des boissons et des sucs gastriques, qui leur donnent une consistance molle, et en forment une espèce de bouillie que l'on nomme le chyme.

Le chyme, ou les substances alimentaires bien élaborées dans la bouche et l'estomac, passe dans l'intestin, et alors c'est dans cette espèce de minerai que les bouches veineuses, directement ou par l'intermédiaire des vaisseaux chylifères, puisent pour le sang les premiers éléments de sa constitution.

Les animaux, comme l'homme, ne se nourrissent que de substances organiques, c'est-à-dire de corps qui ont déjà été doués de l'existence (*substances végétales ou animales.*)

Le cheval, le bœuf et le mouton, parce qu'ils ne mangent que des végétaux, sont désignés sous le nom d'animaux herbivores ; comme on désigne sous celui de carnivores, ceux qui ne se nourrissent que de chair ou de viande ; et enfin, sous celui d'omnivores, ceux qui mangent les produits des deux règnes végétal et animal.

La science qui traite des aliments, dans l'espèce humaine, est désignée sous le nom de bromatologie. L'étude des aliments pour les animaux, moins compliquée, a cependant une importance énorme, et trop d'influence pour ne pas devoir nous y arrêter très-sérieusement.

Nous allons donc dire quelques mots des aliments; et, bien que nous ayons l'intention de ne nous servir que très-peu de termes scientifiques, ici, pour quelques calculs d'applications, nous serons obligé de violer momentanément notre promesse, afin de pouvoir traduire mathématiquement la valeur nutritive des aliments, et pour que plus tard, d'après leur nature et leur composition, telle qu'elle sera indiquée, on sache par appréciation les circonstances et le moment où il pourra être plus avantageux de les distribuer, de les restreindre ou de les supprimer.

D'abord, une chose indispensable à savoir, c'est qu'il faut toujours que l'on trouve dans un aliment bien réparateur, tout ce qui entre dans la constitution animale, afin que cet aliment puisse rendre aux animaux les substances au fur et à mesure qu'elles s'épuisent et se dépensent.

Ces substances réparatrices contiennent l'azote, l'oxygène, l'hydrogène, le carbone, quelques sels et phosphates de chaux et du fer, qui toutes, diversement associées, forment, dans leur combinaison, la viande et les os, les muscles, la fébrine, la graisse, l'albumine, et tout ce qui concourt à la constitution entière des animaux.

La matière azotée, dit Michel Lévy, constitue la trame de l'organisation des animaux; elle constitue aussi la partie essentiellement assimilable des aliments; de sorte que, pour que les animaux existent, il faut qu'ils empruntent journellement à l'extérieur une proportion de matière azotée égale à celle que chaque jour d'existence consomme et leur enlève. Aussi, la qualité des aliments se base-t-elle sur la quantité de matières azotées que ceux-ci contiennent.

Le carbone est indispensable dans l'alimentation, parce qu'en brûlant dans le poumon, c'est lui qui produit et entretient la chaleur; mais le carbone, comme l'oxygène et l'hydrogène, se trouvant toujours en assez grande quantité dans les aliments, l'essentiel est que ceux-ci contiennent de l'azote, parce que sans l'azote ils ne peuvent pas suffire à l'entretien de la vie.

Ainsi, un chien a été nourri avec du sucre (substance dans laquelle il n'y a pas d'azote), et un autre n'a reçu aucune espèce d'aliment. Le dernier est mort le dix-huitième jour, et le premier le vingtième, et encore a-t-on prétendu qu'il y avait quelque peu d'azote dans la seule substance que celui-ci avait reçue.

Il est donc établi que les substances qui ne contiennent pas d'azote, seules ne peuvent pas entretenir l'existence; et aussi que celles qui sont azotées, contenant nécessairement du carbone, sont les meilleures pour l'alimentation.

Ainsi, plus une substance sera azotée, mieux elle vaudra pour l'alimentation.

Les principes azotés, dans les plantes qui servent d'aliments, ne se trouvent pas également répartis dans toute l'étendue du végétal; ils n'existent qu'en très-petite quantité dans les parties de la plante où la végétation est éteinte, dans le bois et dans les tiges ligneuses ayant donné leurs fruits, ainsi que dans les feuilles mortes et pourries; et ils sont abondants sur les jeunes végétaux, dans les bourgeons, les fleurs, les grains, les graines qui plus tard sembleraient avoir pour destination de se propager et de reprendre leur activité vitale.

Les aliments qui contiennent des principes azotés sont dits aliments plastiques, et ils sont ainsi nommés parce qu'ils sont appelés à faire du sang de bonne qualité, et à reconstituer et entretenir les parties organiques et solides du corps.

Les substances qui contiennent de l'azote sont des aliments complets; celles qui n'en contiennent pas sont des aliments incomplets, ce qui peut servir de base et traduire, que plus une substance se rapprochera de la première classe, par sa composition, plus elle sera utile et préférable pour l'alimentation.

Les aliments principaux de nos grands animaux domestiques sont des herbes, des foins, des grains, des graines, des pailles, des farines, des sons, des racines, des résidus, etc. On leur donne encore des choux, de l'o-eille, des épinards, des navets, des panais, des carottes, et enfin d'autres denrées dont nous serons obligé de nous occuper, pour en apprécier les qualités, et parce qu'on peut les administrer et les varier de tant de manières, qu'il faut savoir en juger la valeur comme économie et comme hygiène.

Toutes ces substances sont données en herbes ou en foin, en gerbes et en grains, entières ou hachées, brisées, concassées, et quelquefois cuites et mêlées avec des pailles ou des menues-pailles, et d'autres substances, pour les rendre plus appétantes et plus économiques.

Enfin, pour l'engraissement, on donne souvent des oléagineux et des tourteaux, et dans des cas rares ou de disette, des feuilles, des glands, des marrons d'Inde, etc.

Les foins de prairies et ceux de luzerne, trèfle et sainfoin, les pailles, l'orge et l'avoine, forment la nourriture habituelle des chevaux.

Les regains, les foins de basse qualité, les fourrages d'orge et d'avoine, les pailles hachées, les menues-pailles, les drèches, les racines, les sons et les résidus, forment celle des bêtes bovines.

Enfin, les fourrages d'orge et d'avoine, les regains et les gerbes de vesces, jarosses et lentilles, ainsi que des provendes et des mêlées de racines, de résidus et de son, forment celle du mouton.

Dans tous ces aliments, tout n'est pas assimilable, c'està-dire que tous contiennent des principes ou des matières qui ne peuvent jamais faire partie intégrante des individus; et ces principes non assimilables, qu'on a, peut-être à tort, appelés inertes, parce qu'ils devront être rejetés au-dehors, sont, malgré cela, encore nécessaires et indispensables à la nutrition, car seuls les principes assimilables ne peuvent suffire à l'activité des organes et à l'entretien des individus.

Ainsi, il y a dans les substances alimentaires les principes nutritifs, ou la substance assimilable, et les principes non nutritifs, ou les matières dites inertes; et lorsque les premiers passent dans le tube digestif, ils sont absorbés pour faire partie intégrante de l'animal, ou contribuer au fonctionnement des organes; tandis que les autres, connus sous le nom d'excréments, sont expulsés et rejetés audehors.

Il y a encore une différence à faire dans un aliment, entre la substance nutritive et le pouvoir nutritif, parce que la partie nutritive, c'est-à-dire celle qui doit réparer les pertes, seule peut ne pas être absorbée et rester inassimilable, et l'égale des substances inertes.

Il faut, pour qu'elle profite convenablement et qu'elle ait son pouvoir nutritif, qu'elle soit associée à d'autres parties de nature inerte et non assimilable, qui puissent lui servir de véhicule et aider à son assimilation, et qu'elle soit toujours unie à des principes aromatiques ou stimulants, qui excitent les organes et activent la digestion, ou plutôt que l'aliment conserve une partie de sa forme primordiale pour avoir ses qualités essentielles de réparation.

Les matières azotées, qui constituent la partie assimilable la plus importante des aliments, et qui se retrouvent dans les parties essentielles des animaux, c'est-à-dire dans le sang, les muscles, les tendons, les membranes, etc., doivent donc constituer la base de la nourriture; car, plus un aliment en sera pourvu, plus il subviendra facilement à la formation, au développement et à la réparation des organes; mais il faut encore qu'elles soient mélangées, puisque d'après les expériences de plusieurs physiologistes, les matières azotées, données seules, isolément et sans mélange, à des animaux, ne les ont guère mieux sustentés que des aliments qui en étaient entièrement dépourvus.

Il faut donc une variété et un mélange de plusieurs substances, et parmi elles, quelques-unes qui soient indispensablement azotées, pour fournir en tout point à l'entretien des organes, et nourrir convenablement les animaux.

Plus les aliments sont ligneux, durs et coriaces, plus ils digèrent difficilement; plus ils sont poreux, solubles et fondants, moins ils fatiguent l'estomac, et plus leur digestion est facile.

L'abstinence entraîne nécessairement la mort des individus, et comme elle, une alimentation insuffisante doit aussi avoir les mêmes résultats; seulement alors, la mort ne sera retardée que dans la proportion de la quantité d'aliments donnés, mais sans altérer la loi d'après laquelle elle doit arriver.

M. Boussingault dit que pour que l'alimentation soit suffisante, il faut qu'elle contienne des principes azotés capables de réparer la perte des principes semblables éliminés; qu'elle renferme le carbone nécessaire pour remplacer celui brûlé dans la respiration, et aussi qu'elle soit assez riche en sels, en phosphate et autres substances, pour restituer à l'économie ceux qui sont expulsés, et toujours indispensables aux fonctions et à l'entretien.

Malgré la pauvreté des ressources pour diversifier les aliments aux animaux, il est cependant nécessaire de les alterner, et de ne pas toujours donner les mêmes. Michel Lévy rapporte qu'un baudet, nourri exclusivement avec du riz cuit dans l'eau, n'a résisté que vingt jours à cette alimentation. Il faut donc varier les aliments par des mélanges et par leur diversité.

En cas d'insuffisance ou d'abstinence, on pourrait un peu prolonger l'existence en administrant de l'eau ou des liquides qui, pour un temps, peuvent jouer un rôle de prolongation, et remplacer, jusqu'à certain point, la variété et l'insuffisance. Du reste, l'eau (boisson ou aliment) est nécessaire, puisqu'elle fournit à l'économie les liquides indispensables aux fonctions et à la circulation.

Ces observations sur l'alimentation, peut-être un peu trop étendues, sont cependant nécessaires à cause des progrès qui se sont accomplis dans ces derniers temps dans cette branche importante de l'économie agricole.

L'estomac est le régulateur des besoins de l'économie; et si un sujet a des pertes à réparer, c'est l'estomac qui le déclare par une sensation impérieuse, qui est la faim.

Les substances employées à l'alimentation des grands herbivores, bien qu'elles ne contiennent des matières azotées qu'en quantités plus minimes que celles tirées du règne animal, possèdent cependant un pouvoir nutritif qui varie selon la position, la nature et la valeur du sol sur lequel elles poussent, et aussi selon la manière dont elles ont été récoltées.

Une nourriture forte et abondante, chez les animaux, se traduit par l'engourdissement, et un état pléthorique sur les sujets à tempéraments sanguins; et par un état d'obésité sur les animaux d'un tempérament lymphatique.

L'alimentation, en principe, doit être proportionnée aux pertes que les organes éprouvent; et la réparation doit être en rapport avec les déperditions. Cependant quelquefois, à l'égard des animaux, ce but serait insuffisant si on ne pouvait le dépasser.

Pour les chevaux qu'on veut livrer au commerce, pour

les moutons dont on veut avoir beaucoup de laine, pour les vaches dont on veut obtenir beaucoup de lait, ainsi que pour les mêmes, les veaux, les bœufs et les moutons que l'on veut livrer à la boucherie, il est indispensable de dépasser les bornes d'une stricte réparation, parce que c'est par une nourriture plus abondante qu'on peut arriver avec fruit et intelligence à tirer le meilleur parti possible de ces animaux.

Lorsque j'aurai passé en revue la plupart des substances qui servent à l'alimentation, je me propose de dresser un tableau comparatif de la valeur nutritive de chacune d'elles, afin que, selon la destination des animaux, on puisse choisir parmi les aliments les plus convenables et les plus économiques pour atteindre plus facilement le but qu'on se propose.

L'herbe est la qualification des plantes à tiges non ligneuses, qui sont incapables de résister aux rigueurs de l'hiver; et toutes celles qui croissent dans les endroits qui ne sont pas cultivés, c'est-à-dire dans les fossés, sur le bord des chemins, dans les cavées, etc. Enfin on comprend par herbe, comme aliment, les végétaux qui sont mangés en verts, et dont les qualités se modifient par les espèces de plantes dont elles sont composées, et par la quantité d'eau qu'elles contiennent.

On nomme pâturages les lieux où poussent les herbes et où paissent les bestiaux.

Les pâturages sont naturels lorsque les herbes y poussent seules et sans culture; ils sont artificiels lorsqu'elles y viennent quand la terre a été cultivée.

Les pâturages naturels varient de qualités, selon leur position, la nature du sol et les plantes dont ils se composent; ils sont plus spécialement réservés à la pâture du bétail.

En Champagne, il n'y a pas de pâturages gras comme en Flandre et en Normandie, où l'on puisse faire des animaux de premier ordre; mais il y a des pâturages moyens, où on nourrit des bestiaux sans faire de nombreux élèves; et aussi quelques parties de prés marécageux qui ne conviennent guère à l'alimentation des animaux, et qui sont susceptibles de faire développer la pourriture sur les moutons.

Nous ne parlerons pas des prairies artificielles, dont les produits sont plus utilisés à l'étable que livrés en pâture aux animaux.

Pour éviter les surcharges d'aliments et le gaspillage des pâturages, il faut en régler la consommation.

C'est au moyen de barrières ou de claies mobiles, qu'il faudrait chaque jour diviser la portion de pâturage destinée au nombre d'animaux à nourrir; ou encore, attacher chacun d'eux à un piquet, en lui conservant l'espace nécessaire pour le nourrir, sans qu'il puisse fouler l'herbe qui devra servir le lendemain.

On ne peut pas indiquer l'étendue de pâturage qui convient pour alimenter un animal de quelqu'espèce qu'il soit, parce qu'elle doit varier selon la qualité des produits, et selon le volume, l'âge et l'appétit des animaux.

Le pâturage convient aux jeunes sujets, aux animaux de rente et à ceux qui sont convalescents; il ne convient pas à ceux qui travaillent, et, dans tous les cas, il ne faut les y soumettre que petit à petit, prudemment et avec précautions.

Pour mieux utiliser le pâturage, il faudrait y placer d'abord les grands ruminants, qui ne prennent que les herbes exubérantes, et ne le livrer qu'après aux chevaux et aux moutons qui, avec une bouche plus petite et une mâchoire moins plate et plus ronde, ramasseraient l'herbe courte que les premiers n'ont pu saisir.

Les herbes, en général, qui, comme les racines et les légumes, contiennent 80 pour 0/0 de leur poids d'eau, n'exigent pas les quantités de boissons qu'on donne aux animaux lorsqu'on les nourrit avec des substances sèches, qui n'en contiennent guère que 6 à 12.

Les herbes qui croissent dans les lieux bas et presque constamment baignés d'eau, sont toujours mauvaises et doivent être entièrement proscrites de l'alimentation.

Les herbes de bons pâturages ne deviennent jamais dangereuses que par l'avidité des animaux, lorsqu'ils commencent à en manger, en déterminant des indigestions et des tympanites.

C'est particulièrement lorsque les animaux entrent en pâturage, et lorsqu'on commence le vert au râtelier, qu'il faut scrupuleusement rationner leurs repas; mais, renouvelées souvent par parcelles, les herbes données avec prudence rafraichissent et conviennent pour l'allaitement.

Les foins sont encore des herbes provenant des mêmes plantes naturelles ou cultivées en grand, et coupées à leur presque maturité et desséchées après sur champ, pour empêcher leur fermentation et leur conserver leur arôme. Les plantes récoltées dans ces conditions ont plus de saveur et sont plus substantielles et plus nutritives.

Les foins proviennent de prairies naturelles ou artificielles.

Les foins de prairies naturelles varient beaucoup plus dans leurs qualités, tant à cause des plantes variées qui les composent, et de la qualité du sol où ils ont été récoltés, qu'à cause des intempéries auxquelles ils sont exposés avant et pendant la récolte.

Les foins varient encore de qualité, selon les soins qu'on a pu donner à leur préparation et à leur conservation.

Le bon foin ne doit pas avoir de tiges grosses, dures et ligneuses; il doit avoir conservé une grande partie de ses fleurs et de ses feuilles; il doit avoir de l'arôme, et surtout ne pas donner une odeur désagréable; il doit être d'un vert pâle, sans être ni jaune ni poudreux, et doit être récolté sans mélange de mauvaises plantes ou de corps étrangers. Les foins trop mûrs perdent leurs feuilles, leur couleur et leur saveur; ceux trop tôt récoltés sont tendres, aqueux et moins substantiels. Enfin, pour qu'ils soient de bonne qualité, il faut qu'ils aient été coupés au moment où ils sont en fleurs, sans être trop avancés.

On peut récolter plusieurs millions de bottes de ce foin naturel dans la Champagne, en général de bonne qualité. Il y en a cependant qui sont ronds, durs et ligneux; il y en a même, surtout sur les bords de la Vesle, qui ne peuvent servir que pour litière, pour fumier et engrais.

Les foins artificiels que l'on récolte en Champagne sont très-bons, en plus grande quantité, aussi substantiels, et peut-être meilleurs et d'une alimentation plus complète que les premiers, s'ils ne sont pas mal récoltés et qu'ils n'aient pas subi des détériorations par l'humidité ou la moisissure. Ils sont cependant moins aromatiques et moins savoureux; mais les nombreuses fleurs, feuilles et graines des trèfles, luzernes et sainfoins, les rendent plus sucrés, plus nourrissants et plus appétibles. Tous les animaux qui en font usage prospèrent, s'améliorent, et augmentent promptement de valeur.

Autrefois, l'administration de la guerre et celle des haras n'admettaient point les foins artificiels pour alimenter les animaux sous leur régie; aujourd'hui ces dispositions sont changées, et d'après les expériences nombreuses faites sous les ordres des ministres de la guerre et de l'agriculture, on a décidé que tous les animaux dépendant de ces administrations pourraient être également nourris avec des foins de prés et avec des foins de prairies artificielles.

Les foins composés de trèfles, luzernes, vesces, lentilles, etc., sont précieux à plusieurs points de vue : d'abord, c'est qu'ils sont très-riches en principes azotés, qu'ils entretiennent fort bien les animaux, qu'ils les engraissent vite, les poussent en même temps à une sécrétion abondante de lait et à un développement précoce d'embonpoint; et de plus, c'est que les principes azotés qu'ils contiennent, étant puisés profondément dans le sol par la longueur de leurs racines, et dans l'atmosphère par la largeur et la multiplicité de leurs feuilles, au lieu d'épuiser la terre, l'améliorent et la fortifient. Aussi la culture des foins artificiels a-t-elle contribué immensément à la prospérité agricole et à l'amélioration des animaux en France, et encore plus spécialement dans notre Champagne, qu'elle a sensiblement améliorée et enrichie.

Ces foins, comme les premiers, varient de qualités selon la nature, la position et l'exposition des sols qui les produisent, et selon encore la manière de les faire et de les loger.

Les lieux qui ne seront pas exposés aux pluies du nord-ouest, produiront des foins qui auront une bonne saveur et seront de bonne qualité; les foins qui seront récoltés pendant des pluies incessantes, seront toujours inférieurs à ceux récoltés par un beau temps. Ceux des vieilles luzernes perdent leurs qualités nutritives, parce que les tiges en deviennent sèches et coriaces, et qu'ils forment des fenasses qui piquent la bouche, l'irritent et déterminent des maladies de la langue, des lèvres, des glandes et des gencives. Mais ces foins de qualités inférieures, hachés, coupés et mélangés avec du son mouillé légèrement et salé, seront moins mauvais et de plus facile digestion.

Les regains (ou secondes coupes), plus tendres que les premiers foins, sont moins fortifiants; mais ils nourrissent mieux les jeunes animaux et ceux qui restent à l'étable et sont exempts de travaux pénibles et fatigants.

Les foins nouveaux sont dangereux avant leur complète dessiccation, et s'ils n'ont pas deux mois de date, ils déterminent des maux de gorge, des glossites et des gastro-entérites; et aussi, lorsqu'ils sont donnés en abondance et sans discernement, des vertiges ou d'autres maladies inflammatoires.

Alors il faut en modérer les effets échauffants, en les mélangeant avec de la paille, en restreignant la ration, et en donnant des barbottages pour en tempérer les propriétés excitantes.

Le foin vieux, en meule ou au grenier, perd ses qualités aromatiques et sa saveur; il devient poudreux, fait tousser les chevaux, et fatigue ceux qui sont poussifs ou menacés de le devenir. Il embarrasse l'estomac, irrite l'intestin, nourrit peu, et prédispose aux fièvres pernicieuses, aux entérites chroniques, aux cachexis, aux affections anémiques, et à plusieurs autres maladies

Avant de distribuer le vieux foin aux animaux, il faudra ouvrir la botte, la bien secouer, et l'asperger avec un peu d'eau légèrement vinaigrée.

Le foin délavé par des alternatives fréquentes de pluie et de soleil, est décoloré, insipide et peu nourrissant; il ne convient pas, ou que peu, aux animaux qui travaillent.

Le foin vasé, qui est de même décoloré, et contient en outre de la terre ou du sable attaché aux feuilles, est encore plus mauvais et plus insalubre.

Les foins rentrés mouillés et tassés dans les granges, et ceux exposés à l'eau gouttée des toits, ou encore aux vapeurs d'écuries et d'étables, sont susceptibles de fermenter; ils se putréfient, sentent mauvais, et deviennent impropres à l'alimentation.

Le foin qui est placé au fond des meules ou du tas, dans

les granges; celui qui se trouve contre des murs humides, ou bien qui aura été rentré avant une dessiccation convenable, se moisit vite et facilement : alors, il perd sa verdeur, il se brunit, se couvre de poudre, et en prenant une mauvaise odeur, devient un aliment mauvais, dangereux et insalubre.

M. Plasse, de Niort, prétend que toutes les épidémies sont occasionnées par des moisissures dans les substances alimentaires.

M. le professeur Reynal, après avoir rapporté un grand nombre d'empoisonnements produits par des vieilles saumures, démontre ensuite avec évidence qu'elles cessent d'avoir des propriétés malfaisantes et mortelles, lorsqu'on les a débarrassées des moisissures.

Les moisissures sont des champignons ou cryptogames dont tout le monde connaît les propriétés toxiques et vénéneuses.

Il y a des personnes qui disent : Nous avons fait manger des foins moisis à nos chevaux et à nos vaches, et ils ne sont pas morts pour cela. — C'est possible; mais il y en a aussi qui ont perdu leurs animaux de vertige, de maladies de torpeur, d'indigestion, etc., sans en attribuer la cause à une chose qu'ils ne connaissaient pas. Et puis les causes de ce genre n'agissant souvent que d'une manière lente, obscure et clandestine : elles ruinent tout doucement les animaux, et les détériorent en détail et sans qu'on s'en aperçoive.

Il faut donner beaucoup de soins aux fourrages, les bien loger, et prendre toutes les précautions pour conserver leurs qualités. Les foins chargés de moisissures peuvent encore produire le vertige, des coliques, des diarrhées, des tranchées rouges, la morve, le farcin, le charbon, et toutes sortes de fièvres typhoïdes et pernicieuses.

S'il y avait rareté ou disette, et qu'on fût obligé de faire emploi de ces foins, il ne faudrait jamais en user sans les éplucher minutieusement, et sans les modifier par quelques préparations antérieures.

Bien que le sel ordinaire soit d'un emploi général et efficace pour modifier les foins et fourrages avariés, M. Bowick recommande comme meilleure et préférable pour rendre l'arôme et modifier la saveur, une poudre composée de fenugrec 50 parties, de piment et anis de chacune 2 parties, et de cumin 3 parties.

On intercale cette poudre dans les couches superposées des foins mis en meules; et avec trois francs de ces substances, on peut améliorer 4,000 kilogrammes de foins avariés.

Il faut encore que les foins ne soient pas salis et gâtés par les plumes, les crottes et urines de chats, de chiens, de rats ou de souris, et même par les boues ou fientes que les domestiques y déposent. Ces malpropretés provoquent le dégoût et produisent l'inappétence.

En grande partie, dans la Champagne, le foin artificiel est le plus favorable et le plus complet de nos aliments, car seul il leste suffisamment l'estomac, et pourrait, jusqu'à certain point, remplacer tous les autres. En effet, les herbes ou les racines seraient insuffisantes; les grains seuls ne remplissent pas assez l'estomac et détermineraient des pléthores; et les foins naturels ne seraient pas assez nourrissants. Les foins de trèfle, luzerne et sainfoin sont donc ceux qui conviennent le mieux dans nos contrées, et ceux qu'il faut plus spécialement cultiver, parce qu'ils servent à fabriquer et à faire mieux les meilleurs animaux.

Les pailles sont des tiges et des épis, avec quelques gousses plus ou moins dégarnies de graines à leur maturité.

Les pailles peuvent encore contenir quelques plantes étrangères à la principale, qui la rendraient plus fourragère, et pourraient, selon les espèces, en varier très sensiblement la valeur et les qualités.

Les pailles, comme les foins, ont plus ou moins de qualités selon le sol qui les a produites, selon la manière dont elles ont été récoltées, selon la quantité de grains restés dans les épis, selon les végétaux dont elles sont formées, et enfin, selon les soins qu'on a donnés au battage et à leur conservation.

Il est entendu que nous ne parlons pas des pailles comme engrais, ni pour emballage et le commerce.

Pour l'alimentation, de toutes les pailles données aux animaux, celle de froment, dans nos pays, est une des meilleures.

La paille de froment est saine, tendre et fine en Champagne ; et, bien que moins alibile et nourrissante que le foin, elle l'est assez pour que, dans certaines conditions, des chevaux, avec quelque peu d'avoine, puissent s'en nourrir et s'en contenter.

La paille de froment ne doit pas être dure, grosse ni ligneuse ; elle doit être nouvelle, bien battue, et avoir adhérente dans l'intérieur des chaumes, une espèce de poudre mielleuse, granulée et luisante, qui la rende sucrée et appétante ; ensuite ses qualités seront d'autant plus grandes, qu'il y aura quelques bonnes plantes fourragères à sa base, et qu'elle aura conservé une plus grande quantité de grains dans ses épis.

Les pailles d'avoine, dans nos pays, sont aussi très-tendres, et les animaux ruminants les mangent volontiers. Elles sont favorables à la production du lait et à l'engraissement ; mais, dans leur récolte, il faut prendre garde que de longs javelages ne les fassent pourrir, parce qu'alors elles ne doivent avoir d'autre destination que de faire des fumiers.

La paille d'orge contient des feuilles larges ; néanmoins elle est plus dure que la précédente, et il serait peut-être utile de l'arroser pour l'attendrir, avant de la distribuer. Elle est saine, nourrissante, et peut encore convenir aux animaux ruminants.

La paille de seigle est encore plus rustique que la précédente ; elle a peu de saveur et ne peut servir comme aliment. Mais, comme elle ne se détériore que difficilement, elle est employée en litière pour garantir les animaux de l'irrégularité et de la fraîcheur du sol. On l'emploie aussi pour faire des liens, pour faire des fonds de meules et des couvertures, et enfin, beaucoup dans le commerce, pour l'emballage des vins et autres marchandises.

M. Magne dit que ces trois dernières espèces de paille donnent quelquefois une saveur amère au beurre et au lait des vaches qui s'en nourrissent.

Le seigle est quelquefois atteint d'une maladie que l'on désigne sous le nom d'ergot (*sphacelium segedum*) ; alors, outre que cette paille peut provoquer l'avortement chez les femelles, elle peut aussi déterminer la gangrène et la mortification des extrémités. Mon ami, M. Descoste, a vu en 1854, de grands herbivores sphacélés au point que des parties des membres étaient tombées gangrenées après que les animaux avaient mangé des pailles de seigles ergotées.

Les pailles de légumineuses sont moins sèches que les précédentes; elles contiennent plus de principes alibiles, et elles constituent un bon aliment. Celles de vesces, de pois et lentilles, quoique ligneuses, sont bonnes et les seules employées dans nos pays. Si elles ne sont battues que légèrement, et qu'on les donne en abondance, il faut craindre qu'elles ne déterminent des pléthores, des four- bures et d'autres maladies inflammatoires.

Il faut être circonspect dans leur distribution. Hachées et mêlées avec un peu de son mouillé, ou des drèches, elles seront moins échauffantes et moins à redouter sous ce rapport.

Les pailles de sarazin, qui pourraient servir d'aliment en cas de récoltes peu abondantes, ne sont jamais données aux animaux en Champagne. Ces sortes de pailles sont assez communes, mais on n'en fait usage que pour brûler dans les cheminées, et pour faire ce qu'on appelle des régalées pendant les grands froids.

Elles fournissent des cendres excellentes, qui contiennent beaucoup de chaux, et sont très-bonnes comme engrais.

Des pailles moisies, rouillées et charbonnées, ont les mêmes inconvénients que les foins. Dans un pareil état, il y a toujours à redouter les cryptogames, dont les pro- priétés malfaisantes et toxiques ont été signalées précé- demment.

Les pailles, ayant moins de valeur alimentaire que les foins, reçoivent plus facilement leur destination dans les litières, lorsqu'elles sont avariées et mauvaises.

En général, les pailles ne peuvent pas exclusivement servir à l'alimentation des animaux: elles ne contiennent pas assez de matières nutritives, et ne peuvent suppléer que pour une petite partie aux autres aliments. Elles seront données pendant de longs séjours à l'écurie, et aux ani- maux qui ont promptement terminé leur travail, c'est-à- dire aux chevaux de luxe, de calèche, de carrosse, et à tous ceux qui courent et marchent lestement.

Les pailles conviennent encore parfaitement aux ruminants, et M. Coleman, du comté de Bebs, dit que si on
connaissait mieux la valeur des pailles, elles joueraient un
rôle plus important dans le nourrissage. Il ne faut pas les
prodiguer en les jetant en bottes dans le râtelier ; et pour
être données avec économie aux animaux, et surtout aux
ruminants, elles doivent être hachées et mêlées avec des
racines, des herbes, des sons, des drèches, et surtout des
grains cuits et des tourteaux, pour les pousser avec économie à l'allaitement et à l'engrais.

A ces mélanges, il faut ajouter un peu de sel et de l'eau,
si parmi les substances qui entrent dans leur composition
il ne s'en trouvait pas qui en fussent suffisamment pourvues.

Les pailles bien battues, lors même qu'elles ne contien-
draient que peu de matières azotées, sont essentielles dans
l'alimentation ; car les matières azotées, bien que seules
réellement réparatrices, ne pourraient suffire à l'entretien
et à l'existence des animaux, si elles ne trouvaient pas un
véhicule, et dans d'autres substances, un concours et une
espèce de lest pour les aider à remplir leur destination.
Ainsi, les grains et les farineux (matières fortement azotées),
trouvent toujours dans les pailles cet accessoire indispensable à leur destination et à leur constitution d'aliment
complet.

Les menues-pailles qui proviennent des portions d'épis
qui enveloppaient les graminées, ou encore de toutes sortes
de parties, de feuilles, de gousses, de graines ou de brins
qui se détachent des foins mis en bottelage, excepté celles
de seigle et d'orge, qui sont sans saveur et qui piquent et
irritent les lèvres, la langue et la bouche, toutes forment
encore, si elles ne sont ni sales, ni trop poudreuses, un
excellent appoint aux aliments précédents. Il faut dire
même que, mélangées avec des herbes, des racines ou des
résidus, elles forment l'alimentation la meilleure pour les
ruminants.

Quelques connaisseurs ont remarqué que les menues-
pailles, les pailles et les fourrages hachés, mélangés soit
avec des tourteaux, des racines, des grains, seigles, ou
haricots, lentilles et autres (écrasés en farine, ou cuits et
en mucilage), interposés par couches dans des tonnes ou des

citernes, vingt-quatre heures avant leur distribution, y acquéraient, par un commencement de fermentation, des qualités plus grandes et une valeur nutritive plus considérable.

A cet effet, pour procéder à ces mélanges et pour alterner, on a deux ou trois tonnes ou citernes (selon le nombre des animaux à nourrir, et aussi pour que l'hiver, époque où la fermentation se fait plus lentement, on puisse attendre qu'elle se produise), et on fait dans chacune d'elles un lit de 20 à 30 centimètres de menues ou pailles hachées; puis on place dessus une deuxième couche mince de pulpes ou de racines coupées, et quelques écuellées de tourteaux ou de grains écrasés et cuits; et on recommence à replacer les mêmes substances dans les mêmes proportions et de la même manière, jusqu'à ce que la citerne ou le vaisseau soit rempli. Puis on recouvre le tout, et on attend la fermentation (selon la température), pendant 24, 36 ou 48 heures; et enfin, pendant qu'on fera consommer et manger le premier mélange, les autres se prépareront de la même manière.

D'après M. Vigneral, ce système de fermentation permettrait, en favorisant la sécrétion du lait et l'engraissement, de nourrir le double d'animaux qu'avec les rations ordinaires.

D'après MM. Mac Cullocq, Lelliès et Coleman, en employant les pailles hachées avec quelques racines, tourteaux ou farineux cuits en mucilage, on économiserait un tiers de fourrages.

Ces préparations peuvent ne pas convenir autant aux animaux destinés à des travaux fatigants; cependant on pourrait encore en faire usage pour ceux qui travaillent peu rapidement, en y ajoutant de l'avoine dans la proportion des travaux qu'ils ont à exécuter.

Messieurs les éleveurs, pénétrez-vous donc bien que c'est moins avec les races qu'avec des soins qu'on fait de bons animaux, et que c'est dans l'étude et le choix économique des aliments que les anglais ont trouvé le secret de les faire si bien et de les engraisser si vite.

Nous sommes arrivés aux graminées, qui sont une des sources les plus riches de l'alimentation des herbivores;

et en Champagne, la meilleure pour les animaux, et surtout pour le cheval, c'est l'avoine.

L'avoine, non seulement vient facilement dans les moindres terres de nos pays, mais elle contient dans les plus parfaites proportions les principes alibiles, matières grasses et matières azotées, et substances inertes et aromatiques, stimulants indispensables pour toujours tirer bon parti des qualités nutritives.

L'avoine bien récoltée est un aliment fortifiant et essentiellement réparateur, qui stimule les animaux et leur donne de la force et de la gaîté; c'est un excellent diffusible qui répare promptement les pertes occasionnées par de grandes fatigues; cependant l'abus détermine les fourbures, des indigestions, le vertige, la contracture et les paraphlégies, fâcheuses conséquences des excès qu'en font les animaux.

L'avoine convient plus particulièrement aux chevaux de poste, de roulage et de camion; aux bœufs de trait, aux étalons et aux béliers servant à la reproduction.

L'avoine convient aussi aux femelles fatiguées par l'allaitement, et à tous les herbivores épuisés par le travail ou de longues maladies. Bien que le grain en soit très-serré et qu'il échappe facilement à la mastication, je crois l'avoine encore préférable aux autres grains pour les animaux en bonne santé et qui travaillent, et qu'elle conserve aussi mieux ses propriétés nutritives et fortifiantes lorsqu'elle est donnée dans son entier, que lorsqu'elle est administrée cuite, moulue, brisée ou concassée.

Il y a déjà quelques années, M. Leblanc, membre de l'Académie impériale de médecine, a fait observer que l'on retrouvait dans le crottin des chevaux nourris avec de l'avoine brute, un dixième entier des grains avalés, et un sixième seulement des grains d'orge, chez ceux nourris avec cette dernière substance.

Ceci a pu frapper quelques nourrisseurs, et il y en a plusieurs qui ont cherché les moyens d'économiser mieux ces aliments.

M. Eugène Renault, inspecteur des écoles vétérinaires et mon ami, a fait connaître, des premiers, que plusieurs administrations, en Angleterre, donnaient à leurs chevaux l'avoine, non pas concassée et moulue, mais simplement aplatie ou écrasée, et mêlée avec des fourrages hachés, et qu'on était largement dédommagé de l'application de ce système. Il a expliqué aussi que l'avoine, après cette préparation, n'échappe pas autant à la mastication et à l'insalivation que si elle était en farine, et qu'elle conserve presqu'en entier une valeur nutritive que l'autre, avalée trop vite et sans être imprégnée de salive, doit perdre en plus grande partie. De cela, il faut conclure que les animaux nourris avec la première, doivent conserver une force et une énergie qui doivent nécessairement faiblir chez ceux alimentés avec la deuxième.

En Angleterre, en donnant l'avoine ainsi préparée avec des fourrages hachés, mêlée de son et quelquefois d'un peu d'orge, on a économisé 25 cent. par jour, sur chaque cheval; et sur le nombre de 8,000, employés par la compagnie des omnibus de Londres, on a pu faire un bénéfice de 730,000 fr. pour l'année.

Cet exemple a été suivi par plusieurs administrations, par des maîtres de poste, des cultivateurs, des entrepreneurs de roulage, et plusieurs se sont félicités de l'application de ce système.

Cependant nous, tout en approuvant ces aplatissages, les moutures et les mélanges avec les fourrages hachés, pour les animaux d'étable et ceux qui travaillent tranquillement, nous pensons qu'ils affaiblissent et diminuent l'énergie, et que pour ceux qui courent et font des travaux fatigants, cela les expose à s'abattre, à faire des sueurs abondantes, à se refroidir, et à être plus tôt épuisés et malades.

L'orge, le seigle et le froment, quoique beaucoup plus riches en substances azotées que l'avoine, ne conviennent pas autant aux animaux qui travaillent. Ces substances, données sèches et en grains, font beaucoup de sang et disposent aux fourbures, aux paralysies, aux vertiges et à toutes sortes de maladies foudroyantes ; mais cuites, brisées ou concassées, elles sont les meilleures pour donner de l'embonpoint et de l'engraissement.

Dans ce pays, on a l'habitude de donner aux jeunes chevaux débilités et en gourmes, quelques poignées de ces grains, provenant de criblures, pour les faire jeter ou pour les remettre en état ; cela réussit bien et leur rend promptement un bon poil et leur santé ; cependant, il faut être circonspect, car une dose trop forte ou trop longtemps continuée, déterminerait des indigestions, des fourbures et d'autres maladies. Dans tous les cas, ces grains ou graines doivent être toujours propres et bien nettoyés.

Tous les grains brisés, cuits, moulus ou concassés, seront toujours un excellent aliment pour les ruminants et animaux d'étables, s'ils ne sont pas à des prix élevés, et s'ils sont mélangés avec des menues-pailles ou des pailles et fourrages hachés.

Il y a beaucoup de ces grains altérés par la moisissure, la carie, le charbon, l'ergot, etc., que l'on destine aux animaux ; mais alors, pour qu'ils ne soient pas nuisibles, il faut distraire les substances qui les détériorent, les bien éplucher, et encore, préférablement les soumettre à la cuisson, pour les modifier et les faire, sans danger, servir à l'alimentation.

On trouve encore dans les lentilles, les pois, les fèves, les vesces et autres graines, un aliment réparateur excellent, contenant le double de matières azotées et pouvant quelquefois remplacer l'avoine ; mais, communément, dans nos pays, on les emploie en vert, et on a raison, parce que ces grains, en Champagne, seraient un aliment trop échauffant, qui disposerait à la pléthore, tandis qu'en gerbes vertes elles rafraîchissent les animaux sans les relâcher et les affaiblir ; elles leur donnent du développement et les engraissent, ou, en les stimulant, leur fait produire un lait abondant et de bonne qualité.

Données sèches, elles peuvent resserrer les animaux qui sont tendres du corps et se vident facilement ; et dans ces conditions exceptionnelles, elles peuvent être employées avec avantage et plus utilement.

En 1844, j'ai vu à Clairmarais un troupeau de moutons auxquels on avait donné des gesses ou jarosses, changer à vue d'œil, et devenir excessivement gras en très-peu de temps ; mais comme on a trop abusé de l'usage de ces graines, on a perdu un grand nombre d'animaux de névroses et de paralysies.

Parmi les farines, celle d'orge est très-employée, surtout pour les animaux fatigués ou en convalescence ; mêlée à beaucoup d'eau, c'est-à-dire en barbotage, elle dilate la fibre et nourrit en rafraîchissant.

La farine faite avec de l'orge germée est encore préférable ; elle a plus de saveur et n'amollit pas autant les organes digestifs ; elle convient de même dans les convalescences et pour l'engraissement.

Le son est un produit de la mouture et la pellicule des grains brisés pour faire des farines. Il varie de qualité, selon qu'il sera plus chargé de farine, et aussi selon qu'il aura été bien ou mal conservé.

Le perfectionnement des blutoirs et le progrès·fait par la meunerie, ont fait perdre au son une partie des qualités qu'il avait autrefois ; cependant il contient encore du gluten et d'autres substances qui en font un bon aliment.

Le bon son doit être sec, assez blanc et sans odeur ni saveur.

Les sons aigres, odorants, humides et pelotés, sont en fermentation et mauvais.

Le son doit être rarement donné seul et sans assaisonnements, et il convient, dans beaucoup de circonstances, en barbotage et en mélange.

Les remoulages et les recoupettes conviennent mieux aux convalescents, aux animaux épuisés et à ceux d'allaitement, et ne doivent être donnés qu'avec ménagement et jamais à l'exclusion d'autres substances.

Le son qui a été conservé dans des lieux humides, qui est pelotonné, qui a une odeur de moisissure et une saveur âcre et acide, ne vaut jamais rien pour l'alimentation.

Le son donné seul, trop peu mouillé et sans assaisonnements, déterminerait des indigestions, et souvent des indigestions vertigineuses, qui sont encore plus dangereuses et presqu'infailliblement mortelles.

Le son, lorsqu'il est nouveau, qu'il est pur, sans odeur ni saveur, est excellent pour être donné de temps en temps, dans les saisons chaudes, aux animaux qui travaillent : en rafraîchissant le sang, il prévient les fourbures, les coups de chaleur et les apoplexies. Mêlé avec des drèches, des racines, des menues-pailles et des fourrages hachés, il convient plus spécialement aux ruminants, et surtout pour les vaches laitières et tous les animaux à l'engrais, chez lesquels il augmente ce produit.

Souvent, des champs de lentilles et seigle mélangés, sont coupés avant leur entière maturité, et les gerbées sèches sont données à nos animaux domestiques. Ceci forme un aliment un peu riche qu'il est prudent de distribuer avec précaution, pour éviter des maladies et des inflammations.

Il en est de même des mélanges de vesces, jarosses, pois, etc., qui font une excellente nourriture, et d'autant meilleure que, coupées en bonne saison, ces plantes ne sont que rarement mal récoltées. Cependant il est toujours très-important de faire attention à leur poids, car les gerbes trop pesantes deviendraient dangereuses par leur trop forte quantité de graines, et leur qualité trop nutritive.

Les feuilles ne sont que peu utilisées dans nos pays; néanmoins elles pourraient servir comme aliment.

M. Magne dit que, dans la Prusse, on coupe tous les quatre ans les branches de peuplier, et qu'on en donne les feuilles aux vaches et aux moutons, et que chaque année on réserve aux chevaux celles qui ont été ramassées et cueillies à la main; et qu'en Toscane, où la plupart des propriétés sont aussi bordées de peupliers, les feuilles en sont de même recueillies pour être, avec celles de vigne et des pailles hachées, données en nourriture aux bestiaux.

Les feuilles de vigne, aux environs de Lyon, sont ramassées en même temps qu'on vendange, et conservées pour servir aussi à la nourriture des bestiaux.

Dans nos contrées, on ne coupe que les pousses exubérantes, pour les donner aux vaches et aux baudets; mais ne pourrait-on pas en recueillir davantage, et avec les feuilles d'acacias qui bordent les routes et grand nombre de propriétés en Champagne, leur donner un emploi plus général et plus économique?

Je ne parlerai des feuilles de chêne, d'orme, d'érable, etc., que pour mémoire, et signaler qu'elles peuvent, au besoin, constituer un aliment; parce que, en général, nous ne sommes pas obligés d'avoir recours à ces chétives ressources, qui du reste, comme produits, profitent peut-être autant en amendant les terrains où ils se répandent, et en faisant des cendres après avoir servi à chauffer quelques familles malheureuses pendant l'hiver. Cependant, pour certains petits cultivateurs, ces sortes de denrées, après avoir servi d'aliments aux animaux, pourraient de même avoir une deuxième utilisation comme engrais et amendement.

Les glands de chêne et les marrons d'Inde, que l'on pourrait encore trouver en certaine quantité en Champagne, cuits, écrasés ou macérés, pourraient former, avec des substances aqueuses, un aliment convenable; et comme tonique, ces substances pourraient quelquefois prévenir la pourriture, l'hydropisie ou la cachexie chez les moutons qui y seraient prédisposés.

Les betteraves, les pommes de terre, les navets, les turneps, les carottes et autres racines, bien qu'elles contiennent beaucoup d'eau, sont des aliments riches et très-alibiles, que dans l'intérêt des agriculteurs on devrait plus cultiver dans nos pays. Ils seraient très-favorables à nos animaux ruminants, pour prévenir les échauffements souvent occasionnés par des nourritures sèches, prolongées pendant les stabulations d'hiver; ils produiraient une sécrétion plus abondante de lait; ils faciliteraient l'engraissement et augmenteraient le poids de la laine; enfin, ils feraient rendre aux animaux une masse plus considérable de fumier et d'engrais.

Les racines devront toujours être nettoyées ou coupées en petits morceaux, ou cuites, pour prévenir les accidents et les maladies; et souvent encore il faudra les mélanger avec des menus, des farineux et des sons, ou des fourrages hachés, pour l'amélioration de ces derniers.

On ne saurait trop recommander la culture des racines dans plusieurs de nos départements, car, sans donner toujours une récolte abondante, elles seraient de bonne qualité. Comme aliment, elles seraient favorables à la santé et à un développement plus grand des animaux; et leur propagation aurait, pour l'amélioration du sol et des animaux, les mêmes conséquences pour nos pays que celles obtenues par la culture des légumineuses et des foins artificiels (1).

(1) Malgré les préjugés de certaines localités, la betterave est une des plantes les plus indifférentes à la nature du sol, et en Cham-

Pendant plusieurs années, M. Thiérot, de Reims, avait fait un traité pour avoir tous les choux cultivés dans une propriété maraîchère de Muizon; et il n'a cessé l'emploi de ce légume comme aliment à ses bestiaux, que parce qu'il ne pouvait plus s'en procurer aux mêmes conditions.

C'est par la culture du choux branchu que dans le Poitou on engraisse si bien et si facilement aujourd'hui des bestiaux qu'on ne pouvait autrefois vendre que maigres, pour être engraissés dans les pâturages de Normandie.

Les sarclures de betteraves, de carottes, de choux, de raves, de navets, de topinambours, etc., sont un aliment encore très-avantageux; cependant il ne faut pas les donner à profusion, et il est urgent de savoir les mélanger à propos avec d'autres substances.

Assez souvent, le pavot rouge ou coquelicot est rapporté en grosses bottes des champs, pour être mangé tout d'un coup par les bestiaux; il faut prendre des précautions, et ne pas le donner en grande quantité, parce que, peu nourrissant, avec des propriétés narcotiques et stupéfiantes, il peut déterminer des indigestions et quelquefois l'empoisonnement. Les substances désignées précédemment sont toujours meilleures, et doivent être préférablement utilisées pour la nourriture.

Depuis quelques années, des sucreries et des distilleries

pagne, sans espérer de prodigieuses quantités comme en Alsace, où, selon le docteur Hoefer, on a déjà obtenu par la transplantation hâtive, 80,000 kilogrammes par hectare, on peut compter sur un rendement de 30 à 40,000 dans nos terrains ordinaires, et ensuite, bien que cette plante exige beaucoup d'engrais, il faut savoir qu'elle n'en dépense que très-peu, que les feuilles laissées sur place sont un équivalent d'un tiers d'amendement, et que nécessairement elle doit laisser la terre meilleure et plus riche après qu'avant la récolte.

La betterave a encore ceci d'avantageux, c'est que ses semis et ses récoltes peuvent être avancés ou retardés, selon le mode de culture qu'on veut adopter, qu'elle est moins exposée aux maladies et aux insectes, et qu'elle se conserve mieux que les autres plantes. Enfin, c'est que si on est près d'une fabrique de sucre, ou qu'on veuille établir chez soi une distillerie, on peut, après avoir alimenté ces industries, retenir les résidus qui ont encore une valeur nutritive égale à la betterave elle-même.

se sont installées en Champagne ; qu'elles se multiplient, elles amélioreront le sol et elles enrichiront les populations, parce qu'avec leurs résidus on nourrira plus de bestiaux et on aura plus de fumier pour les terres ; et que ces résidus peuvent être conservés et donnés à temps, et qu'ils conviennent parfaitement pour les vaches laitières et les animaux à l'engrais.

Il y a encore des résidus de pommes de terre, de raisins et d'amidon, qui peuvent au besoin offrir les mêmes ressources.

On donne aussi comme aliment, à la fin de l'engraissement et pour le perfectionner, des graines oléagineuses et des tourteaux provenant de substances qui ont servi à la fabrication des huiles. Concassées, râpées ou demenusées et mélangées à des sons ou à des farineux, ils servent parfaitement pour l'engrais des animaux. Cependant il faut en cesser l'emploi vers la fin de l'engraissement, pour que la viande ait le temps de perdre une saveur nauséeuse et désagréable qui lui est communiquée par ces substances.

En évitant des détails longs et inutiles, j'ai passé en revue à peu près tous les aliments qui peuvent être donnés aux animaux dans nos localités. Maintenant je ne parlerai que très-peu des condiments ou assaisonnements, parce que, indispensables pour varier les différences de saveur et pour stimuler les appétits et les digestions pour l'espèce humaine, ils n'ont plus la même importance pour les animaux.

Dans les substances même qui servent à leur nourriture, et aussi dans le travail, chez le plus grand nombre, il y a un stimulant assez puissant pour que les organes digèrent activement et puissent élaborer, sans ces accessoires, les substances destinées à leur entretien. Pour les animaux en bonne santé, si on possède de bons fourrages, de bons grains ou de bonnes racines, les condiments sont superflus et inutiles. Cependant, si chez quelques sujets les sécrétions gastro-intestinales étaient languissantes, ou que la membrane musculeuse fût dans un état de faiblesse ou d'atonie, ou bien encore que quelques aliments ligneux ou insipides engourdissent l'intestin et ralentissent l'action des exhalants et des sécrétions, alors on pourrait y avoir recours.

Selon nous, les condiments ne doivent jamais passer en habitude; mais, bien qu'il ne faille les accepter que comme exception dans l'alimentation, nous nous croyons néanmoins obligé de ne pas rester dans une abstention complète à ce sujet.

Pour l'homme, il y a des condiments salés; il y a des condiments acides, des condiments sucrés, des condiments gras et des condiments âcres et aromatiques.

Pour les animaux, le nombre des substances considérées comme condiment est très-restreint; car, excepté le sel de cuisine, on n'en emploie guère d'autres, et c'est dans les grandes exploitations le seul dont on fasse un usage habituel.

Le sulfate de soude est aussi bon et peut le remplacer avantageusement pour faciliter ou accélérer la digestion de certains aliments ligneux, inertes, farineux ou sans arôme. On pourrait trouver encore dans le vinaigre, l'ail, les gentianes, l'antimoine, le piment, la graine de moutarde, etc., des accessoires très-avantageux et très-utiles pour faciliter l'engraissement.

Lorsque les animaux *pluchotent* et *machillent* sans appétit, un petit bloc de sel gemme, ou un sac de sel ordinaire à leur portée, les excite à le lécher et à se remettre à manger.

Nous reviendrons à propos sur ce sujet.

Les boissons, pour les animaux, forment encore un aliment; et ici, l'eau se présente toujours avec la même importance par son influence et le rôle qu'elle remplit. L'eau, comme boisson, mérite un examen sévère et des plus minutieux; car tous les bestiaux s'en abreuvent exclusivement, et il serait impossible d'y suppléer et de la leur donner autrement qu'à l'état naturel.

Les qualités de l'eau sont ici peut-être, pour ce motif, plus précieuses que dans l'hygiène de l'homme, à qui on peut donner en boissons du vin, du cidre, de la bière, du thé, et enfin toutes sortes de boissons de toute nature, dans toutes les occasions et préparées de toutes manières.

L'eau est donc une boisson indispensable, dans laquelle

il faut rechercher toutes les qualités désirables, et de laquelle nous allons nous occuper de nouveau.

Pour que l'eau soit bonne, il faut qu'elle soit limpide et sans odeur, qu'elle ne soit ni trop chaude ni trop froide ; il faut qu'elle puisse bouillir sans former de dépôt ; qu'elle puisse dissoudre le savon sans tourner ni former de grumeaux ; il faut qu'on puisse faire cuire avec elle de la viande et des légumes sans les durcir ; enfin, il faut qu'elle ait une saveur fraîche, franche, et qu'elle ne soit ni fade ni salée ; car, excepté un peu de piquant que pourrait lui communiquer une légère proportion d'acide carbonique, toute autre saveur indique la présence de substances qui ne peuvent que la détériorer et altérer ses qualités.

Toutes les eaux qui ont seulement la plus petite nuance de coloration, doivent être examinées attentivement, parce qu'incontestablement elles contiennent des substances étrangères en suspension.

Les eaux sans odeur peuvent encore contenir des sulfates de chaux et des substances animales qui, sans en modifier la sapidité, peuvent en rendre l'emploi funeste et dangereux.

L'eau pure, l'eau distillée, qui semblerait devoir être la meilleure, n'est pas potable ; elle est fade, nauséeuse ; elle engourdit l'estomac et donnerait lieu à des indigestions. Il faut que l'eau, pour être agréable, soit aérée, qu'elle contienne un peu de carbonate de chaux et de l'acide carbonique.

L'eau de pluie est celle qui offre le plus de sécurité, et qui serait la meilleure si, après s'être imprégnée d'oxigène pendant sa chute, elle avait pu dissoudre dans les terrains qu'elle traverse quelques parcelles de substances gazeuses et alcalines qui la rendraient plus agréable et plus digeste.

Les eaux de pluie se chargent de substances qu'elles entraînent, soit dans l'atmosphère, soit sur les endroits où elles tombent, ou sur les terrains qu'elles traversent ; aussi est-il convenable, lorsque l'on veut en conserver, de ne les recueillir qu'après une deuxième ondée, parce qu'alors elles sont plus pures et ne se chargent plus des matières qui peuvent corrompre les premières tombées.

Dans les montagnes franches et dans beaucoup de métairies, en Suisse, les habitants conservent forcément toutes les eaux de pluie dans des citernes bien cimentées et bien recouvertes ; provenant des toits, elles sont conduites par des conges en bois parfaitement établies et conçues.

Cette eau, qui est la seule qui serve de boissons aux hommes et aux animaux, bien qu'elle ne soit pas bien diaphane ni d'une limpidité bien pure, est cependant très-bonne et ne cause jamais de maladies.

Dans les pays où l'eau est mauvaise, on pourrait construire de pareils réservoirs, et, en faisant des provisions semblables, on se mettrait à l'abri des dangers que l'on court en s'abreuvant des eaux de mauvaise qualité.

Les eaux de sources, qui sont aussi des eaux de pluie ou de neiges fondues, sont celles qui offrent le plus de variations dans leur composition et dans leurs qualités ; elles deviennent même quelquefois médicinales, selon la composition des terrains qu'elles ont traversés.

Aussi, dans un grand nombre de localités, on en voit sourdre qui sont chargées d'éléments divers et ont des propriétés très-variées. Elles peuvent être sulfureuses, salines, ferrugineuses, alcalines, et thermales ou gazeuses ; il y en a même qui, bien qu'animalisées comme celles de Plombières, peuvent être salutaires et bienfaisantes.

Les eaux de sources n'ont pas toujours les qualités que vulgairement on leur attribue, et il est bon de les connaître avant d'en faire usage. Les eaux de sources varient selon les endroits où elles ont passé ; et si elles n'ont pas couru exposées à l'air, et qu'elles aient traversé des terrains calcaires ou renfermant des substances métalliques, cuivreuses ou arsenicales, elles peuvent être mauvaises et même toxiques et mortelles.

Après les temps secs, souvent lorsque viennent les pluies, que les eaux s'élèvent et qu'elles traversent des couches qu'elles n'ont pas visitées depuis longtemps, elles entrainent des substances nuisibles, et dans les puits même elles deviennent mauvaises. C'est ainsi qu'on voit des animaux devenir malades, et très-souvent des chevaux avoir des coliques et des tranchées après s'en être abreuvées.

Quelquefois on est fort longtemps sans entendre parler

de coliques; survient-il quelques giboulées, on verra cinq à six chevaux en être atteints dans le même lieu et au même moment.

Ceci se conçoit du reste; car alors l'eau, en arrivant plus abondamment dans la terre, s'y fraye des passages qu'elle ne parcourait plus habituellement, et, en dissolvant des substances délétères qu'elle ne trouvait plus dans son trajet ordinaire, elle devient, comme boisson, mauvaise et malfaisante.

Les eaux de sources et celles des puits artésiens qui ont couru quelque temps au même niveau ou au contact de l'air, et qui, comme celles de rivières, ont eu le temps pendant leur trajet de déposer ou de laisser évaporer les substances malsaines, sont déjà meilleures; mais celles de fontaines alimentées par ces mêmes sources, doivent être encore préférables, parce que, ayant traversé profondément le sol dans des conduits de certaine étendue, elles sont plus fraîches et toujours d'une température régulière et convenable.

Les eaux de lacs et d'étangs, qui contiennent des poissons pour l'agiter et pour détruire les insectes et les substances végétales, sont bonnes de qualité; mais celles de marais et de tourbières dormantes, et qui ne possèdent rien pour les aviver, contiennent toujours des matières organiques en putréfaction, et sont les plus mauvaises et les plus dangereuses.

Les eaux de mares peuvent être quelquefois bonnes, si elles ne proviennent pas des rues, des fumiers ou des étables, si le fond ou les bords ne se dessèchent pas, et si, provenant des pluies, elles peuvent être assez fréquemment renouvelées; mais lorsqu'elles se dessèchent en été et en automne, elles peuvent déterminer, comme celles des marais, des affections graves, et souvent des endémies et des maladies contagieuses.

Je préférerais, dans des exploitations un peu importantes, des auges à côté des puits, des pompes ou des citernes, et ne conserver les mares que pour laver les jambes des animaux.

En Champagne, les eaux, en ne traversant le plus souvent que des terrains calcaires, y sont assez bonnes; mais, bien que par des analyses on ait démontré qu'elles ne sont que rarement sélénitcuses, c'est-à-dire chargées de sulfate de chaux, il y a néanmoins des circonstances où elles se trouvent altérées; et c'est dans ce cas que je conseille d'être prudent et d'agir en conséquence.

Il faut que l'eau renferme toujours des principes étrangers à sa composition; mais providentiellement, comme le dit Michel Lévy, toutes les eaux que l'on recueille facilement ne contiennent que des principes qui lui donnent les qualités essentielles à l'alimentation, qui sont l'oxygène, l'acide carbonique, du sel de cuisine et du carbonate de chaux.

Les substances étrangères à sa composition, qui sont nuisibles à ses qualités, et que l'on rencontre plutôt par exception, sont le sulfate de chaux et d'autres sels de même nature, qui rendent l'eau âpre, dure, mauvaise à boire, et incapable de cuire convenablement des légumes; et aussi des matières organiques et des substances métalliques, qui sont capables de produire l'empoisonnement.

Il faut encore se méfier du voisinage des eaux stagnantes qui ne seraient pas prises directement pour boissons, parce qu'elles peuvent pénétrer par des fissures et filtrer insensiblement dans le puits ou dans la source qui alimente les besoins d'une ferme ou d'une exploitation.

Les eaux peuvent encore être empoisonnées par leur séjour dans des vases de plomb, de zinc ou de cuivre, et par des infiltrations de celles provenant de tanneries, de teintureries, de boyauderies, etc. Enfin, il y a tant de causes qui peuvent altérer les eaux, et tant de maladies sur les animaux qui sont déterminées par leur altération, qu'on ne saurait recommander trop de précautions à ce sujet.

Messieurs les cultivateurs, ce n'est pas pour faire étalage de science que je me suis tant appesanti sur ce sujet; mais, dans ma longue carrière, j'ai vu tant de maladies, tant de pertes occasionnées par de mauvaises eaux, et surtout tant d'animaux languissants qui, malgré une bonne nourriture et peu de travail, ne pouvaient prospérer, et jamais rendre ce qu'on devait en attendre; et aussi que tout cela se passait à votre insu, et sans que vous ni personne n'en soupçonniez la cause, que j'ai voulu vous dessiller les yeux et vous rendre accessibles à la vérité.

En effet, combien ai-je vu de chevaux périr de coliques ou d'autres maladies, qui auraient vécu encore longtemps s'ils n'avaient pas eu de mauvaises eaux? Combien de poulains chétifs et de genisses grêles et scrofuleuses se seraient bien portés si l'on avait soigné ou modifié leurs boissons?

Pour moi, il est évident que les mauvaises eaux offrent de graves dangers; dans un instant j'indiquerai quelques moyens simples de les modifier.

Le besoin de boire est le résultat d'une diminution de la liquidité du sang par les sueurs et les sécrétions ou excrétions; et c'est avec l'eau pure ou mélangée qu'on peut satisfaire ce besoin et réparer l'état de plasticité du sang, et faciliter sa circulation en le rendant plus liquide et en lui servant de véhicule.

Lorsqu'on n'aura à sa disposition que des eaux chargées de matières organiques, il faut s'en passer et en chercher d'autres, ou remédier à la cause qui les altère et les rend mauvaises. Lorsqu'on n'aura que des eaux qui tournent ou séléniteuses, on pourra neutraliser leur effet en mettant 30 grammes de bicarbonate de chaux par seau, et après l'avoir laissée quelques moments reposer, elle sera devenue potable et incapable de faire mal.

Lorsqu'on n'aura à sa disposition que des eaux troubles et salies par des substances épaisses et des matières étrangères, il faudra les filtrer. A cet effet, il sera très-facile de leur faire traverser des claies, ou des planches percées de petits trous, ou des tamis, ou des treillages, sur lesquels on aura étalé préalablement une couche de charbon écrasé en poudre, pour les épurer, les éclaircir et les rendre potables.

Cette opération, qui peut se pratiquer partout, suffit presque toujours pour abriter contre les dangers signalés plus haut.

On peut encore se prémunir contre les conséquences des eaux qui ne seraient que de qualités inférieures, en y ajoutant quelques grammes de sel ou de vinaigre, et même quelques farineux, avant de la donner aux animaux.

L'eau introduite dans l'estomac a pour mission, comme

nous l'avons dit, d'augmenter la masse du sang, de le délayer et de lui rendre ses fonctions de réparation beaucoup plus promptes et plus faciles ; et la privation d'eau dans un repas, nécessitant une sécrétion plus abondante de liquide dans l'estomac, déterminerait un travail plus fatiguant de celui-ci, et aussi des digestions moins parfaites et plus laborieuses.

L'eau bue trop froide et en abondance saisit les organes digestifs et arrête la transpiration ; elle peut déterminer des indigestions, des coliques, des maladies de poitrine et cérébrales, des entérites et l'avortement.

On ne fait pas usage de l'eau chaude ; mais l'eau bue trop douce ou tiède débilite et engourdit l'estomac et l'intestin, et peut déterminer de mauvaises digestions ; en outre, elle répugne à boire, ne désaltère pas, et ne peut rafraîchir convenablement.

Pour être agréable et bonne, l'eau doit avoir environ 16 degrés de température, et ne pas être pure dans l'acception chimique : car, purifiée par la distillation, elle est comme l'eau tiède, fade, insipide, pesante et indigeste.

La soif est un des besoins les plus impérieux, et peut-être celui que l'homme et les animaux supportent le plus difficilement et satisfassent avec le plus d'avidité. On voit des animaux boire jusqu'à 20 litres d'eau en une seule fois, ce qui est dangereux ; et si on avait l'attention de leur en présenter plus souvent ou de leur laisser à boire à leur disposition, on n'en verrait pas périr souvent victimes d'un besoin exagéré, qu'ils ne savent satisfaire que brusquement et avec trop d'empressement et d'avidité.

Il ne suffit donc pas de choisir pour les animaux des boissons qui soient de bonne qualité, il faut encore faire attention de ne leur en laisser user qu'avec prudence et modération.

Bien que les préparations des aliments ne soient pas encore généralement mises en usage pour les animaux, et que peut-être, dans beaucoup de cas, cela serait embarrassant, il faut reconnaître qu'en agriculture, et dans l'industrie du nourrissage, c'est d'une importance majeure.

En effet, à l'aide de certaines préparations on peut, non seulement modifier avec avantage quelques aliments, mais de plus, on peut varier diversement et à l'infini, et la nature et la composition des rations.

Les préparations les plus usuelles dans l'alimentation des animaux, sont celles qui consistent à diviser les substances, pour les rendre plus accessibles à la mastication et à la digestion; à cet effet, on emploie le hache-paille, le concasseur, les moulins, les aplatisseurs, la cuisson et la fermentation.

Le hache-paille, en divisant les pailles et les fourrages en plus petites parcelles, rend l'appréhension plus facile et expose à moins de pertes; car tous les menus qui passent sous le râtelier, tout ce qui saute hors de la mangeoire, et ce qui s'échappe de la bouche et tombe dans la litière, étant perdu par le système d'alimentation ordinaire, se trouve économisé et peut profiter par son usage. L'emploi de cet instrument abrége la trituration et l'insalivation, et a de plus l'avantage de faciliter les mélanges, d'associer le vert avec le sec, les fourrages avec les pailles, et tous ceux-ci avec des racines, le son, les pulpes, les farineux, les résidus, etc.

En soumettant les fourrages au hache-paille, on a de plus la faculté d'écarter ce qui est mauvais, les parties moisies, rouillées ou gâtées de toutes sortes de manières, qui, lorsqu'elles sont prises par l'animal à la botte, s'il en éprouve du dégoût, se trouvent rejetées non seulement avec ce qui est bon et se trouve dans la bouche, mais souvent avec tout ce qui est dans le râtelier.

Ainsi le hache-paille a donc un très-grand avantage, puisqu'il met à même de trier facilement, d'abord les aliments mauvais, nuisibles et dangereux, mais qu'en même temps il permet de conserver les bons et il prévient les maladies.

Pour briser, moudre ou diviser les grains et les graines, on fait usage des moulins, du concasseur et des aplatisseurs; on peut moudre aussi les tourteaux.

Cette préparation, en aidant la mastication, prévient la perte des grains ou graines qui, non écrasés, sont susceptibles de traverser le tube digestif sans y être digérés. Précédemment (page 98, article avoine), j'ai donné des renseignements sur les avantages qu'il y a à user de cette préparation.

Les coupes-racines servent à diviser les aliments de ce nom ; leur utilité se comprend, puisque non seulement les racines ou les tubercules destinés à la nourriture des animaux, ont presque toujours un volume trop considérable pour être saisis facilement, mais encore c'est que, moins gros, si on les soustrait à cette opération, et si on n'a pas le soin de les couper par tranches fines, ils peuvent s'arrêter dans l'œsophage et déterminer la suffocation et de graves accidents.

La division des racines facilite aussi les mélanges avec lesquels il faut souvent les associer.

Il faut encore faire observer qu'avant de soumettre les racines à cette opération, il est nécessaire de leur faire subir un lavage, parce que, toujours chargées de terre, elles pourraient vite détériorer les instruments, et, ce qui est encore plus grave, elles pourraient nuire à la santé des animaux.

La cuisson pour certains aliments, et surtout pour les ligneux, a l'avantage de les désagréger, de les ramollir, et de les rendre plus accessibles à la digestion. Elle peut aussi sensiblement modifier leur saveur ; car telles substances qui sont immangeables parce que, crues, elles sont acides et âcres comme la pomme de terre, et qui, lorsqu'elles ont été soumises à la cuisson, deviennent alibiles et d'excellente qualité.

Un peu comme la cuisson, la fermentation ramollit les aliments ; elle leur donne assez souvent une odeur acidule ou alcoolique agréable, et les rend plus appétissants et plus nutritifs. La fermentation convient pour les aliments dures, ligneux et insipides.

On fait macérer dans de l'eau pure ou peu salée, froide ou chaude, des aliments durs et ligneux, pour les mieux utiliser et les rendre plus facilement mangeables.

On peut verser de l'eau bouillante sur des sarclures de jardin, des feuilles, des orties, et toutes sortes d'aliments de peu de valeur ; et avec quelques farineux et un peu de sel, en faire des barbotages, des soupes et buvées très-bonnes pour les vaches laitières et les animaux faibles ou en convalescence.

On peut encore préparer diverses espèces de pain, qui peuvent être employées avantageusement dans l'alimentation des animaux.

En général, les aliments qui ont subi toutes ces préparations doivent être administrés dans des conges d'assez grandes dimensions, divisées par des traverses, parce que dans des mangeoires une grande quantité tombe sur le sol ou le fumier, et se trouve perdue pour l'alimentation.

Pour les chevaux qui courent ou qui sont soumis à de très-rudes travaux, les préparations de ce genre ne conviennent pas, parce qu'elles amollissent les sujets ; mais pour ceux de labours et de charrois ordinaires, et pour l'immense quantité d'animaux ruminants, elles sont à prendre en grande considération ; car avec ce système on peut économiser facilement un cinquième sur la totalité des aliments employés.

Après avoir passé en revue la plupart des substances alimentaires, et les boissons en usage dans nos pays, et avoir indiqué les quelques préparations à leur faire subir, il nous semble nécessaire de faire quelques observations sur la manière de les distribuer, et sur les obstacles qui pourraient en empêcher une préhension aussi facile (1).

D'abord, il faut remarquer qu'il n'est pas prudent de donner à manger aux animaux à la sortie immédiate d'une course véhémente, ou d'un tirage extraordinaire, parce que dans ce moment la violence des battements du cœur, et la célérité des mouvements respiratoires, viennent troubler les fonctions de l'estomac, empêcher la digestion des substances qu'il contient, et exposer les animaux à en être malades.

Les mêmes phénomènes doivent se produire encore plus facilement si, aussitôt après un repas copieux, l'estomac plein, vous obligez les animaux à des travaux qui exigent que toutes leurs forces soient concentrées sur les organes

(1) Il y aura peut-être à ce sujet quelques répétitions, mais j'ai préféré cet inconvénient et plutôt redire les choses à point et à propos, que de ne me faire comprendre qu'incomplètement.

locomoteurs, parce qu'alors cette concentration des forces vitales sur ce point unique, laisse l'estomac sans ressources et sans énergie pour s'acquitter du travail digestif qu'il a à accomplir.

J'ai souvent vu l'estomac bourré d'aliments, se rompre et se déchirer pendant des efforts soutenus, pour gravir une montagne ou fournir une course véhémente.

Il faut bien se mettre en garde contre des accidents qui, sans avoir toujours autant de gravité, sont cependant généralement très-dangereux.

Quelquefois, les dents en mauvais état gênent les animaux pour manger, et les aliments, imparfaitement broyés et avalés en pelotes, sont mal élaborés dans l'estomac et déterminent des indigestions.

En parlant des organes des sens et du goût, nous avons déjà indiqué les moyens de parer à quelques-uns de ces inconvénients. Lorsque nous nous occuperons des harnais, nous démontrerons aussi qu'une muserolle trop serrée, et une sous-gorge et une longe trop courtes, de même que des busons trop serrés, peuvent gêner les animaux et les empêcher de manger tranquillement.

Il faut donc prendre des précautions de toutes sortes dans les soins et la distribution des aliments, parce qu'on ne mettra jamais trop d'attention et de zèle dans la surveillance que tout cela exige.

Avant de terminer ce chapitre, je crois utile de revenir sur la valeur nutritive particulière qu'on attribue à chacune des diverses substances alimentaires, à l'effet de poser des bases sur lesquelles, dans leur distribution, on pourra s'appuyer, tant pour la quantité qu'on devra donner, que dans le choix de chacune d'entre elles, selon les tempéraments et la destination que les animaux auront reçue.

Il a été établi précédemment, que les matières azotées, si elles sont mélangées, et qu'elles ne soient pas avariées, sont celles que l'on doit préférer pour réparer les pertes et fortifier les animaux qui travaillent; que les matières grasses et sucrées, les plus facilement combustibles, et pouvant sans excitations et sans mouvements, le mieux entretenir la chaleur animale, sont celles qui ont le plus de valeur s'il s'agit d'engraissement; et enfin que l'eau (en plus ou moins grandes proportions dans les aliments assez riches) peut, en facilitant le cours du sang, exciter les sécrétions et augmenter la production du lait.

Quant aux sels (phosphates ou autres), pour la formation et l'entretien des os, tous les aliments en contiennent et sont suffisamment aptes à en former.

Les substances alimentaires peuvent donc être divisées en trois classes, selon l'application qu'on voudrait en faire : les substances azotées, les substances grasses et les substances aqueuses. Les plus azotées sont les graines, les fleurs et les foins ; les plus grasses sont les graines oléagineuses ; et les plus aqueuses sont les boissons, les herbes et les racines tubercules.

La première classe sera appliquée pour le développement des muscles aux animaux de travail, et pour produire de la laine et de la viande ; la deuxième, pour faciliter l'acte respiratoire et l'engraissement ; et enfin la troisième, pour diminuer la plasticité du sang et augmenter les sécrétions et l'allaitement.

C'est avec des tableaux que nous allons établir la valeur comparative des substances alimentaires pour les animaux dans nos pays.

Dans les quatre premiers tableaux, nous indiquerons la proportion que chaque substance alimentaire contient d'azote ; dans le cinquième, celle des matières grasses ; dans le sixième, celle des matières grasses et des matières carbonnées ; et enfin dans le septième, le titre des matières nutritives résumées en toute nature.

Ainsi, selon que l'on voudra pousser les animaux, en énergie, en muscles, en viande, en laine, en graisse et en lait, on trouvera l'indication des substances qui conviendront le mieux dans l'une ou dans l'autre de ces prévisions.

J'ai choisi et copié ces tableaux parmi ceux qui m'ont paru les plus clairs et mériter le plus de confiance ; et je prie de ne pas oublier que ce sera presque toujours le foin naturel fané et bien récolté, qui contient 11 grammes 50 centigrammes d'azote par 100 décagrammes ou 1 kilogramme de son poids, qui servira de base pour indiquer ou apprécier la valeur des autres substances.

Il est bien entendu encore que, pour chaque substance,

nous indiquerons, dans la colonne des équivalents, le poids qu'il en faut pour représenter une valeur nutritive égale et traductive de cent de foin.

Ainsi, lorsqu'en tête, pour le foin naturel fané, nous indiquons dans la 1re colonne la proportion de 11 grammes 5 décigrammes d'azote, qu'on trouve dans 100 décagrammes de foin naturel fané, placés dans la seconde ou celle des équivalents, on pourra voir au-dessous, dans la 1re colonne, la valeur nutritive des autres substances, et dans la 2e, le poids qu'il faut de chacune d'elles pour représenter et valoir 100 décagrammes de foin.

Enfin, pour quelques autres substances, le type sera toujours en tête, et leur valeur nutritive et équivalente dessous.

Sans avoir une foi toujours aveugle et une confiance tout-à-fait religieuse dans ces calculs et ces principes, parce que les proportions doivent varier selon les sols, les années et les climats, on ne peut nier que la nature et l'économie ne peuvent puiser les éléments qui les composent qu'à leurs sources et dans les matières où ils se trouvent, et que par conséquent de pareils renseignements ne peuvent qu'être utiles pour nous aider et nous diriger convenablement dans l'alimentation et l'industrie des animaux.

1ᵉʳ TABLEAU.

Fourrages.

DÉSIGNATION DES SUBSTANCES.	Proportion d'azote par kilogr. de substances.		Équivalents.
	gr.	décig	décag.
Fourrages fanés.			
Foin ordinaire de pré naturel (bonne qualité) fané	11	5	100
Sainfoin, grande graine, 1ʳᵉ coupe	17	5	66
Id. récolté de bonne heure, 2ᵉ coupe....	14	5	79
Regain, presque toutes feuilles, 5ᵉ coupe......	36	9	31
Herbes fines, mêlées au regain précédent......	36	6	31
Sainfoin, petite graine.....................	18	"	64
Luzerne bonne qualité.....................	21	6	55
Regain tardif............................	25	"	50
Trèfle, 1ʳᵉ coupe........................	19	"	61
Fourrages verts (*).			
Luzerne (en vert) à la 1ʳᵉ fleur.............	5	4	215
Trèfle vert.............................	4	9	258
Sainfoin vert...........................	5	7	202
Herbes diverses, mêlées au regain...........	7	7	147
Vesces d'hiver, commençant à fleurir	5	2	221
Feuilles d'orme très-tendres................	10	1	111
Id. de vigne tendres	8	8	151
Id. de betteraves.....................	3	3	350
Pailles.			
Paille d'orge............................	2	5	460
Id. d'avoine...........................	5	7	511
id. de froment ou de sarazin	4	9	258

D'après ce tableau, on voit qu'il faut 213 kilogrammes

(1) Ici nous croyons devoir redire que toutes les plantes qui servent à la nourriture des animaux ne contiennent pas, dans chacune de leurs parties, la même proportion d'azote : les fleurs en contiennent plus que les feuilles ; les feuilles plus que les tiges dépouillées, et celles-ci, davantage encore à leur partie supérieure qu'inférieure. Ceci a trop d'importance pour ne pas être pris en très-grande considération.

de luzerne verte pour équivaloir 100 kilogrammes de foin
naturel, puisque la première substance ne contient que
5 grammes 40 par kilogramme, tandis que le foin en contient 11 grammes 50.

———

2e TABLEAU.

Grains et issues de moûtures (1).

DÉSIGNATION DES SUBSTANCES.	Proportion d'azote par kilogr de substances.		Équivalents.
	gr.	décig	décag.
Blé franc ou blé ordinaire....	21	6	100
Id. Chevalier.....................	17	6	123
Id. de Russie.....................	22	3	97
Seigle	16	5	131
Sarazin	18	4	118
Orge	18	4	118
Avoine blanche	15	16	160
Id. noire.....................	14	»	155
Graines de sainfoin.........................	59	1	55
Fèveroles	42	9	50
Pois des champs....................	59	4	55
Vesces.....................	43	»	50
Gros son ou petit de franc blé	24	9	87
Son grossier ne retenant que très-peu de farine.	5	7	379
Farine d'orge.....................	20	6	105
Id. d'avoine.....................	17	5	125
Id. de sarazin retenant un peu de son......	18	4	118

(1) Les grains ayant approximativement le double de la valeur nutritive des
fourrages secs, et formant dans l'alimentation une catégorie à part, nous avons
cru devoir en dresser un tableau qui indique la richesse comparative de chaque
nature ; et ici, en prenant le blé franc comme type, pour fixer la quantité équivalente des autres, on peut voir qu'il ne faut que 50 décagrammes de fèveroles
pour représenter la valeur de 100 de blé ordinaire ; qu'il en faut 125 de farine
d'avoine, 131 de seigle, et 379 de gros son presqu'entièrement dénudé.

3ᵉ TABLEAU.

Graines oléagineuses et tourteaux (1).

DÉSIGNATION DES SUBSTANCES.	Proportion d'azote par kilogr. de substances.	Équivalents.
	gr. décig	decag.
Tourteaux de graines de lin	50 »	100
Graines de lin	51 7	170
Tourteaux de chènevis....................	55 8	97
Graines de chènevis	26 6	203
Tourteaux de noix........................	50 3	107
Id. d'œillette.....................	63 »	86

4ᵉ TABLEAU.

Racines et tubercules (2).

DÉSIGNATION DES SUBSTANCES.	Proportion d'azote par kilogr. de substances.
	gr. décig
Carottes blanches........................	2 2
Navets ordinaires........................	1 5
Navets-turneps.	2 5
Rutabagas................................	1 3
Pommes de terre ou topinambours...........	5 6
Betteraves ordinaires et assez grosses........	2 8
Betteraves très-petites....................	4 4

(1) Nous prenons pour type le tourteau de graines de lin, pour fixer les équivalents en autres substances. Le tourteau a une valeur de 25 à 100 de foin.

(2) Ici, nous n'avons pas cru fixer des équivalents, parce que dans ces substances la quantité d'eau peut trop varier pour que le chiffre en soit exact, complet et régulier; les carottes ne valent au plus que le tiers du foin : il en faut 300 pour 100 de celui-ci.

5ᵉ TABLEAU.

DÉSIGNATION DES SUBSTANCES.	Matières grasses par kilogr. de substances.		Équivalents.
	gr	décig	décag.
Foin ordinaire de pré fané	35	"	100
Trèfle fané	40	"	87
Id. vert	13	"	262
Luzerne fanée	35	"	100
Id. verte	10	"	350
Sainfoin fané	31	"	115
Id. vert	11	"	318
Paille de blé	24	"	146
Id. d'avoine	51	"	69
Balles de froment ou menus	25	"	140
Avoine	48	"	75
Froment	25	"	139
Seigle	18	"	194
Fèveroles ou pois	20	»	175
Lentilles	25	"	159
Gros son de froment	52	"	68
Petit son ou remoulage	50	"	70
Betteraves	1	"	3500
Pulpes	6	3	556
Pommes de terre	"	9	3890
Carottes	1	8	1950
Topinambours	2	1	1630
Navets-turneps	4	8	725
Drèches de bière	1	3	2600
Graines de lin	350	»	10
Tourteaux de lin	80	"	43
Id. d'œillette	125	"	28
Id. de colza	120	"	29

Ainsi, dans ce tableau on voit encore que pour équivaloir 100 décagrammes, ou un kilogramme de foin qui fournit 35 grammes de matières grasses, il ne faut que 100 grammes ou 10 décagrammes de graines de lin, que 290 grammes de tourteaux de colza, que 680 grammes de gros son, que

690 grammes de paille d'avoine, et qu'il faut 3,500 grammes de trèfle vert, 35,000 de betteraves, et 38,900 de pommes de terre, etc.

Nous allons encore, dans un 6ᵉ tableau emprunté à un travail de M. Boussingault, indiquer les différentes proportions, en principes nutritifs généraux, azotés et gras ou carbonés que l'on rencontre dans les diverses substances; ce tableau, qui peut être pour le nourrisseur un régulateur utile à consulter, indiquera aussi, pour tous les aliments, leur équivalence à 100 parties de foin normal.

6ᵉ TABLEAU.

DÉSIGNATION DES SUBSTANCES.	Poids équivalents	
	D'après leur richesse en matières azotées.	D'après leur richesse en matières grasses.
	grammes.	grammes.
Foin normal fané.	100	100
Trèfle fané.	67	118
Luzerne fanée.	60	108
Paille de froment.	507	165
Paille d'avoine.	335	77
Balles de froment.	159	270
Avoine.	61	70
Orge.	54	136
Pois.	50	190
Son de blé.	61	95
Betteraves.	422	5800
Pommes de terre.	256	1900
Graines de lin.	55	10
Tourteau de lin et de colza.	22	63 / 38
Lait de vache.	189	90

On sait que la valeur nutritive consiste, outre la plus grande facilité qu'un aliment possède de s'assimiler aux tissus et aux organes, dans les quantités d'azote, de matières grasses et autres qu'il contient; mais comme quelques-uns ont en excès, sans être plus riches, ce que d'autres ont en moins, en ayant autant de valeur, par compensation, nous allons maintenant, pour compléter notre tâche, donner, d'après M. Magne, un tableau équilibrant la valeur entière et matérielle de chacun des aliments en usage dans nos pays.

La 1re colonne exprime toujours la valeur relative à 100 de foin, et la 2e indique le poids équivalent.

	Titre.		Équivalents.
Foin......................	100	—	100
Id. de luzerne................	111	—	90
Id. sainfoin............	117	—	85
Id. trèfle..............	105	—	95
Id. vesces.............	100	—	100
Pailles de lentilles	83	—	120
Id. froment	34	—	290
Id. seigle.............	28	—	350
Id. avoine.............	35	—	280
Id. orge	33	—	300
Id. sarrazin	16	—	600
Id. vesce.............	66	—	130
Id. pois..............	62	—	160
Id. trèfle.............	85	—	120
Id. fève.............	50	—	200
Id. haricots	41	—	240
Grains de blé.............	222	—	45
Id. seigle	208	—	48
Id. orge.............	200	—	50
Id. avoine.............	166	—	60
Id. sarazin	188	—	55
Son.......................de	166 à 66		de 60 à 150
Graines de lin.............	333	—	30
Id. chénevis...........	285	—	35
Id. lentilles	250	—	40
Id. fèverolles...........	250	—	40
Id. vesces.............	250	—	40
Id. haricots	227	—	44
Tourteaux de pavot...........	400	—	25

	Titre.		Équivalents.
Tourteaux de lin...............	400	—	25
Id. noix..............	312	—	32
Id. colza.............	285	—	35
Châtaignes.....................	125	—	80
Glands........................	166	—	60
Marrons d'Inde..................	166	—	60
Feuilles sèches de peuplier.......	100	—	100
Id. tilleul........	105	—	95
Id. orme..........	100	—	100
Id. acacia.........	100	—	100
Id. frène	100	—	100
Id. érable.........	100	—	100
Balles de céréales..............	83	—	120
Id. trèfle................	83	—	120
Pommes de terre..............	45	—	220
Betteraves.....................	35	—	280
Carottes......................	34	—	290
Panais........................	33	—	300
Navets........................	33	—	300
Choux........................	16	—	600
Fanes de betteraves............	22-7	—	440
Fanes de carottes..............	22-7	—	440
Fanes de pommes de terre.......	14	—	700
Herbes des prés...............	22-2	—	430

Ainsi, il doit être bien entendu que, comme valeur nutritive prise en général, 90 grammes de foin de luzerne, ou 85 de sainfoin, ou 95 de trèfle, valent 100 de foin ; ou que 100 de luzerne vaut 111 de foin, comme 100 de paille de froment ne vaut que 34 de foin, 100 de paille de seigle que 28, et que 100 de paille de sarazin n'en vaut que 16 ; c'est-à-dire que de ces dernières denrées, pour équivaloir 100 parties de foin, il en faut 290 de paille de froment, 350 de seigle, et 600 de sarrazin.

Nous l'avons déjà dit, on sait que les sels et phosphates servant à la formation et à l'entretien des os, se trouvent à peu près dans toutes ces substances, et surtout dans celles qui viennent dans les terrains calcaires comme les nôtres ; c'est pourquoi nous n'en parlerons pas ici.

Bien que la nature soit souvent impénétrable et qu'il soit

bien difficile à l'homme de fouiller dans ses mystères, on doit cependant accorder une grande confiance à toutes ces nouvelles recherches, car ce sont des études déjà mises en pratique, et dont plusieurs cultivateurs ont pu apprécier les avantages et l'économie des résultats.

Ainsi, dans l'application, on sait que les animaux occupés à de forts travaux, doivent dépenser en plus la moitié de matières azotées, et un quart de carbone pris sur les matières grasses pour la respiration, et que dans ces conditions ils devraient avoir trois quarts de portion en supplément de la ration, qui seule suffirait à réparer les pertes faites par le fonctionnement ordinaire des organes, si les animaux ne travaillaient pas; maintenant, comme ces animaux ont moins de temps pour manger pendant le jour, et qu'ils en ont plus besoin pour le repos pendant la nuit, il serait irrationnel et difficile de vouloir remédier à cela par une augmentation de ration qui fatiguerait l'estomac et n'aurait pas le temps ni d'être mangée ni digérée convenablement.

Pour suppléer à ces inconvénients, on devra donc diminuer le volume des substances alimentaires, et choisir parmi elles les plus riches en matières grasses et azotées, seul et unique moyen de ménager le temps et d'amoindrir la masse, en conservant la valeur nutritive suffisante.

Pour ces cas, par exemple, 2,000 grammes de blé, ou 2,200 d'orge, ou 2,400 d'avoine, qui se mangent vite et facilement, vaudront mieux que 4,000 grammes de foin, ou 5,800 de paille de froment, ou 7,000 de seigle, qui prendraient trop de temps sur le repos et ne se mangeraient que difficultueusement.

Si, pour les animaux qui travaillent, et n'ont qu'un temps court et restreint pour leur repos, il faut des aliments d'un pouvoir nutritif concentré, par contre, pour ceux qui se reposent et séjournent longtemps à l'écurie, afin qu'ils n'aient pas fini en un instant, il faut leur donner des substances moins riches, qu'ils puissent gaspiller et sans trop d'interruption, plucher sans craindre pour eux la pléthore et l'obésité.

C'est pour se rendre compte et pour se diriger dans toutes ces circonstances que les tableaux des équivalents nutritifs sont bons à consulter, mais toutefois, en se subordonnant à la nature et aux ressources du sol, de l'exploitation et du pays.

Ainsi, dans les pays où la végétation est luxuriante, et où les pâturages poussent vite et en abondance, avec raison il faut que l'industrie agricole se porte préférablement sur la production ou le développement précoce des animaux; mais en Champagne, où les graminées sont plus prospères, et où l'agriculture est cependant en progrès, il faut, selon ses ressources, chercher à donner à ses animaux une direction compatible avec ses intérêts et les besoins du travail, de l'alimentation et de l'industrie.

En Champagne, où, comme dans tous les sols calcaires, la fibre est sèche et les tissus des organes serrés, lorsqu'on voudra faire des animaux pour la boucherie, il faudra, puisqu'on manque de bons pâturages, d'abord amollir et détendre les tissus par des substances aqueuses, tels que barbotages, herbes, racines et résidus, puis donner des substances plus azotées, des farines d'orge et des grains cuits, pour finir par des pailles d'avoine, des féculents, des mucilages et des tourteaux.

Il y a des circonstances où il est utile de consulter la valeur générale des aliments, et d'autres où il vaut mieux recourir à ceux qui indiquent la quantité proportionnelle des matières dont on peut avoir le plus besoin.

La viande contient dans sa composition 3 1/2 pour 0/0 de son poids d'azote, et la laine en contient près de 16 : alors dans les pays humides on chercherait vainement à faire des fines laines, tandis qu'avec les excellents regains et les vesces, les lentilles et les jarosses de nos pays, qui contiennent de fortes proportions d'azote, on peut faire des moutons qui donnent abondamment de bonnes laines, et qui encore, soumis à l'engraissement, fournissent de la viande d'excellente qualité.

Enfin, pour les animaux destinés à produire du lait, il faut encore, dans nos pays, une alimentation délayante et riche en fécule ou en matières grasses ou sucrées, parce qu'avec des substances de ce genre on obtient en abondance la crème et le beurre, qui sont tout le profit dans ce genre d'industrie.

C'est en jetant les yeux sur les tableaux ci-dessus qu'on pourra toujours, en consultant ses ressources, faire le choix le plus compatible avec ses intérêts.

Il existe aussi dans quelques aliments, certains principes insaisissables qui donnent au lait des qualités qui coïncident avec la consommation des herbes de printemps et les regains d'automne; car, non seulement 30 kilogrammes de ces herbes, trèfle ou luzerne en vert (qui n'équivalent qu'à 5 de ces mêmes fourrages secs) donnés à des animaux, leur feront produire autant que 12 en foin, mais le lait sera encore plus abondant et de meilleur goût.

Il n'y a point dans l'économie un organe spécial destiné à tenir en réserve des substances pour réparer les dépenses nécessaires à l'entretien des fonctions animales; mais il se trouve dans la texture, les interstices et le corps même de tous les organes des animaux en santé, un surcroît de principes nourriciers qui peut, au moins pour quelque temps, entretenir l'existence et suppléer à l'alimentation qui viendrait à manquer ou serait insuffisante

Sous l'influence d'une nourriture abondante, d'un travail qui n'épuise pas, ou d'un repos absolu, on voit les tissus se remplir, les formes s'arrondir et les animaux prendre de l'embonpoint.

Pendant des travaux surabondants, des diettes prolongées, et à la suite des saignées ou après des maladies et de grandes souffrances, on voit, au contraire, les formes s'effiler et les animaux maigrir et s'atrophier; c'est que, dans le premier cas, les tissus s'approprient par avance et anticipation les substances ou le nutriment nécessaires, au moins pour un temps, à l'entretien de la vie, et que, dans le second, l'économie puise tant qu'elle peut dans les organes ou dans leurs tissus, l'élément indispensable à leur entretien et à leur fonctionnement.

Aussi, bien que les aliments soient indispensables à l'entretien de la vie, comme les animaux peuvent puiser dans leurs organes mêmes les éléments capables d'y suppléer pour un temps, on peut momentanément les restreindre ou les supprimer; de même qu'on peut dépasser la ration normale pour remplir au besoin le déficit, et ramener l'équilibre entre les recettes et les dépenses faites par l'économie.

C'est après l'état des animaux, et la destination ou la direction qu'on veut leur donner, qu'il faut régler le régime.

Le régime est la règle à suivre dans le choix, la quantité et la distribution des aliments.

Le régime peut être hygiénique, préservatif, curatif et spéculatif.

Le régime est hygiénique lorsque l'animal, étant dans un état convenable de santé, les aliments sont donnés dans des proportions capables de remplacer régulièrement les pertes qu'il est susceptible de faire, soit par les sécrétions, les excrétions, et l'exercice. ordinaire et simple du corps.

Le régime est préservatif quand l'animal, étant disposé à devenir malade, *soit par pléthore*, lorsqu'on diminue la quantité des aliments ou qu'on les supprimera entièrement, *soit par appauvrissement du sang*, quand on augmentera sa ration et qu'on la choisira de meilleure qualité, ou qu'on la compliquera de condiments qui la rendront plus appétissante et d'une digestion plus parfaite.

Le régime est curatif lorsque l'*animal, étant affecté d'une maladie inflammatoire*, on diminue sa ration, ou, lorsqu'*étant atteint de débilité et d'atonie*, on lui donne une alimentation tonique et fortifiante.

Nous avons encore le régime spéculatif, applicable, les animaux étant destinés à la vente, à la lactation et à l'engraissement, lorsqu'on leur choisit des aliments azotés, amilacés et gras, avec lesquels ils se développeront plus vite et on réalisera des bénéfices plus prompts.

Enfin, il y a en outre le régime diététique, qui est l'abstinence plus ou moins complète d'aliments, et qui concerne plus spécialement la médecine, et rentre dans la troisième catégorie.

Pour régler le régime des animaux, il faut pouvoir apprécier la valeur des rations.

La ration est la quantité journalière d'aliments qu'il convient de donner aux aninaux.

Les rations sont de deux sortes : les rations d'entretien, et les rations de spéculation ou de production.

La ration d'entretien est essentielle, indispensable, et suffit à l'existence, si l'animal ne travaille pas et ne produit rien ; mais si les animaux doivent travailler, ou produire du lait, de la viande, de la laine, ils maigriront et pourraient succomber s'ils ne reçoivent rien en plus.

La deuxième est celle qui comprend tout ce que les animaux peuvent consommer en plus de la première, pour donner des produits à proportion de sa quantité et de sa qualité.

Pour mieux traduire notre opinion à ce sujet, nous ne pouvons pas mieux faire que d'emprunter un paragraphe de l'excellent ouvrage de M. Gossin, de l'Oise.

« Supposé que la ration d'entretien d'une vache coûte par jour 50 centimes, et que sa nourriture de production puisse s'élever aussi à 50 centimes, et qu'elle procure par 5 centimes de la nourriture donnée en plus un litre de lait du prix de 15 centimes, nous aurons 1 fr. de dépense, et de recettes 10 litres de lait valant 1 fr. 50 ; mais si l'animal ne reçoit que pour 25 centimes de nourriture de production, nous aurons pour 75 centimes de dépenses seulement, 5 litres de lait valant la même somme 75 centimes, et nous serons sans aucun bénéfice. Enfin, si aux 50 centimes de la ration d'entretien, nous ajoutons seulement pour 10 centimes de nourriture de production, il ne se trouve plus, pour 60 centimes de dépenses, que deux litres de lait valant 30 centimes, et par conséquent nous sommes en perte. »

Il est démontré ainsi, qu'un petit troupeau, ou un petit nombre d'animaux bien nourris, produisent des bénéfices ; et qu'un nombreux troupeau, ou de trop grands animaux mal nourris, souffrent de la faim, végètent et ruinent leurs propriétaires. Et encore, que quand on a peu d'animaux, en les nourrissant bien on économise des rations d'entretien, on a moins de frais de domestiques, de harnais et d'étables, et aussi moins de chances de maladies.

Pour arriver à combiner convenablement les rations, il faut les comparer à la valeur du foin naturel, pour la quantité et pour l'emploi économique des autres denrées.

Si la ration dépasse quatre ou six kilogrammes de foin ou leur équivalent en autres substances, dans le cheval ou dans le bœuf, ces animaux peuvent travailler ou prendre de la graisse.

Comme la plupart des animaux sont destinés au travail ou à produire, et que la ration d'entretien ne s'applique guère qu'aux chevaux de bourgeois, qui ne sont soumis qu'à un exercice de promenade et de salubrité, nous allons donner quelques exemples de rations en d'usage pour les premiers.

Pour un fort cheval soumis à de rudes travaux, voici, selon M. Magne, ce qu'on donne dans les attelages de Paris :

		Grammes.			Gr.	Prix.
Foin...	7 k. 500;	soit azote,	85 25;	corps gras,	285;	1 f. 17
Avoine.	9 »	—	123 »	—	495	1 92
Son....	1 »	—	19 40	—	40 »	115
17 500		258 65			820 3	205

La ration équivalente peut se formuler ainsi :

		Grammes.			Gr.	Prix.
Luzerne	4 k. »;	soit azote,	85 25;	corps gras,	140 »;	» f. 61
Avoine.	5 500	—	95 50	—	302 50	1 17
Maïs...	2 »	—	39 40	—	198 »	» 22
Paille..	4 500	—	18 »	—	103 50	» 34
Son....	1 »	—	19 40	—	40 »	» 115
17 »		247 10			784 » 2	455

Avec cette dernière on pourrait économiser 75 centimes par jour.

En Champagne, on pourrait, selon les localités, remplacer le maïs par des menus grains, des lentilles ou des féveroles.

Il est certain qu'une semblable ration serait généralement trop forte pour nos chevaux, et surtout pour ceux de culture; et il doit être bien entendu que les rations ne sont pas immuables, qu'il faut les augmenter ou les diminuer selon le poids des animaux et la somme de travaux qu'ils ont à supporter, et aussi selon leurs aptitudes à en profiter et à prendre de l'embonpoint.

On pourra donc diminuer cette ration d'un quart, d'un

tiers, de la moitié et même plus, mais toujours en cher-
chant dans la valeur nutritive des substances alimentaires,
et dans leurs prix, les moyens d'économie et de bénéfices.

J'ai parlé plus haut des économies que l'on peut faire
par l'emploi des fourrages hachés et des avoines aplaties
ou concassées ; je dois faire observer que ce système, qui
est avantageux pour les chevaux qui travaillent au pas et
tranquillement, serait nuisible et diminuerait les forces et
l'énergie de ceux qui sont soumis à des travaux rudes et
fatigants; de même qu'en amollissant les animaux, il com-
promettrait assurément la rapidité et le succès des chevaux
qui doivent courir.

Pour les grands animaux ruminants, la ration que l'on
peut donner assez facilement aux vaches donnant lait, est
fixée ainsi, sauf toujours la taille des sujets, leurs aptitudes
et leur rendement.

			Grammes.		Grammes.
Regains......	5 k.	»; soit azote, 90	»; corps gras, 175	»
Paille d'avoine 10	»	— 30	»	— 510	»
Betteraves ... 15	»	— 42	»	— 15	»
Tourteaux ... 1	500	— 78 75	— 180 75
Farine d'orge. 1	»	— 18 40	— 23	»
Son......... 1	»	— 19	»	— 40	»
	33 500	287 15	943 75

Dans cette ration on remarque la grande proportion de
corps gras et la richesse de la paille d'avoine, dont les
effets doivent être sensibles sur la production du lait.

Pour les animaux de cette espèce qui travaillent, les
betteraves et les tourteaux peuvent être remplacés par
l'avoine et le regain, et la paille d'avoine par d'autres fourrages.

Pour les animaux à l'engrais, plus tard nous donnerons
les recettes les plus commodes et les plus en usage.

Pour le mouton, la ration peut se traduire selon sa taille,
et à peu près selon la saison et sa destination, de la manière
suivante :

Foin fané........ 2 kil., contenant azote, 23 grammes.
Paille de froment. 2   —   7   —
en ayant soin, pour ceux destinés à l'engraissement, de

préférer les aliments qui contiennent plus spécialement des matières grasses.

Il ne faut donner aussi à ces animaux, presque toujours que la représentation de cette ration par les différentes denrées disponibles dans la ferme, qui sont souvent plus propres à ces animaux, et n'auraient pas leur emploi aussi commode ou aussi économique pour les autres.

Maintenant, pour qu'on soit encore plus facilement et plus promptement en mesure de se guider dans l'application journalière des rations par rapport aux ressources des aliments dont on dispose, et à la taille et au volume de ses animaux, je dirai qu'il est admis, que pour l'entretien simple et normal d'un animal quelconque, il lui faut, par jour, 1,700 grammes de foin naturel fané (ou un équivalent donnant environ 20 grammes d'azote) pour 100 kilogrammes de poids de ce même animal vivant ; c'est-à-dire, que pour une bête qui pèse 300 kilogrammes, il faudra trois fois 1,700 grammes, ou 5,001 grammes de foin pour la soutenir et son entretien.

Mais si cette bête travaille, ou qu'elle doive croître ou se développer, ou encore, comme il a été dit plus haut, qu'elle doive produire du lait, ou soit destinée à la boucherie et à l'engraissement, cette ration d'entretien recevra en addition celle de production, parce que sans cet accessoire on la verrait perdre, maigrir et se ruiner.

Alors, comme un kilogramme de foin (ou son équivalent) doit fournir ou faire produire à une vache un litre de lait, pour récolter et ne pas la voir dépérir, on distribuera en plus autant de kilogrammes de foin qu'on pourra obtenir et qu'elle pourra donner de litres de lait.

Pour les vaches laitières, il faut donc ajouter à la ration ordinaire de nourriture d'entretien, un supplément qui puisse équivaloir à la quantité qu'on croit qu'elle produira de lait.

Pour les veaux et les poulains, il en faut un qui puisse permettre leur développement et leur croissance ; et pour les animaux de travail, il en faut un aussi pour suffire à leurs dépenses de force et d'énergie.

Enfin, pour les animaux d'engraissement et de boucherie,

ce supplément est indispensable pour le hâter, avec la quantité et la qualité des aliments qui le constitueront.

Il est encore bon de faire remarquer que dans les différents aliments donnés aux animaux, il y en a qui, bien qu'ils contiennent une grande proportion d'azote et de matières nutritives, ne sont cependant pas aussi nourrissants que d'autres qui en contiennent moins. Ce sont ceux, qui, plus tendres et plus mous, ne sont pas mastiqués assez longtemps, et ne s'imprègnent pas assez de salives et de sucs gastriques, et qui, en passant trop rapidement dans les premières voies lorsque les animaux travaillent, ne peuvent pas y être assez bien digérés pour que les principes nutritifs soient absorbés par les vaisseaux circulatoires, et soient assimilés et fassent partie intégrante de l'économie.

Tels sont les racines, les herbes, les sons et farines, les menues-pailles, les fourrages hachés et les grains triturés, qui conviennent parfaitement aux animaux ruminants, tranquilles et soumis à la lactation et à l'engraissement, mais qui, prodigués, seraient mauvais et souvent dangereux à ceux qui courent et travaillent durement.

Bien que cela soit déjà bien connu, passé en routine chez quelques-uns, et généralement mis en pratique dans plusieurs localités, j'ai cru devoir en signaler l'importance, parce qu'on fait toujours plus volontiers une chose dont on s'explique le mérite et la valeur.

CHAPITRE VIII.

DES EXCRÉTIONS.

Nécessité de rapport entre la nutrition et les excrétions ; — séparation des humeurs superflues et inutiles ; — transpirations cutanée et pulmonaire, et sécrétions urinaires et intestinales ; — excrétions anormales, les sétons, les cautères et les saignées ; — les poils, le pansage, les bains et les ablutions ; — la sécrétion de la corne et l'entretien des pieds ; — les couvertures, le cache-oreilles, les filets et le chasse-mouches ; — les crins et le tondage, l'amputation de la queue et l'ablation des testicules et des ovaires.

Bien que mon intention ne soit pas de faire un cours de physiologie, ni d'entrer par conséquent dans des détails minutieux sur toutes les fonctions de chaque organe, néanmoins il me paraît indispensable de dire un mot sur celles qui ont pour mission de maintenir le corps à son état normal, ou à peu près à son même volume.

Si à côté des recettes quotidiennes que font chaque jour les individus en aliments et en boissons, nous ne plaçions pas les dépenses, nous n'aurions fait qu'un travail tronqué et incomplet, et la tâche que nous nous sommes imposée ne serait pas remplie. Il faut donc parler des fonctions qui procèdent à l'exclusion des substances inutiles, fonctions qui rejettent au dehors les détritus de l'économie animale , car celles-là sont essentielles à surveiller, et doivent nécessairement aussi ressortir de l'hygiène des animaux. On les désigne sous le nom de *fonctions d'excrétion*.

Les observations rapportées par Haller établissent un équilibre presque parfait entre les substances ingérées dans l'économie, et celles qui sont excrétées; et même, d'après Sanctorius, Boissier et Hermann, excepté quelques fluctuations qui sont inévitables, ces chiffres se balanceraient par un équilibre complet.

Toutes les 24 heures, pour un homme, selon Sanctorius, il y aurait :

SUBSTANCES INGÉRÉES.	SUBSTANCES EXCRÉTÉES.
Aliments et boissons.	onces.
onces.	Transpiration... 32 ⎫
Ensemble..... 60	Urines........ 24 ⎬ 60
	Matières fécales. 4 ⎭

D'après Boissier :

SUBSTANCES INGÉRÉES.	SUBSTANCES EXCRÉTÉES.
Aliments et boissons.	onces.
onces	Transpiration... 31 ⎫
Ensemble..... 60	Urines........ 24 ⎬ 60
	Matières fécales. 5 ⎭

Selon Hermann :

SUBSTANCES INGÉRÉES.	SUBSTANCES EXCRÉTÉES.
Aliments et boissons.	onces.
onces.	Transpiration... 47 ⎫
Ensemble..... 80	Urines........ 28 ⎬ 80
	Matières fécales. 5 ⎭

Ceci donne une idée de l'équilibre qui doit exister entre la qualité d'aliments ingérés et les substances excrétées; cependant ces expériences ne me paraissent pas d'une exactitude rigoureuse et parfaite, car il y a encore des déperditions dont ces expérimentateurs n'ont tenu aucun compte, et qui en peu de temps mettraient l'économie en déficit, si elle ne trouvait pas de compensation. Ainsi l'économie fait encore une dépense incessante de carbone pour la respiration, laquelle, pour l'homme, n'est pas estimée à moins de 300 grammes par jour (ou 9 onces) et à 1,800 grammes (ou 54 onces) pour les grands animaux.

Il y a encore la sécrétion des larmes, celle du mucus nazal, celle des oreilles et des organes de la génération. Enfin, il y a les cheveux, la laine, les poils, la corne, les ongles, etc., pour lesquels la réparation est indipensable, à moins de voir les sujets perdre, dépérir et se ruiner.

Les excrétions ont donc une importance très-grande, puisqu'elles doivent fixer les doses de la réparation ; et, bien qu'elles puissent un peu varier chaque jour selon la nature des aliments ingérés, selon l'exercice du corps et selon aussi la température de l'atmosphère, elles doivent être observées et prises en grande considération pour établir la quantité et la qualité d'aliments qu'il convient de donner aux animaux.

Qu'un cheval, par exemple, reste toute la journée dans son écurie sans exercice, il dépensera moins que celui qui fera un trajet en courant, ou en traînant un fardeau considérable. Dans ce dernier, la transpiration cutanée, le mouvement respiratoire et de fréquentes déjections viendront nécessairement absorber, et au delà, les bénéfices d'une alimentation plus abondante.

Maintenant, si à l'inverse, des animaux qui restent à l'écurie ou à l'étable, sont nourris au delà que ne le réclameraient strictement les fonctions d'excrétions ordinaires, alors il se produira le contraire, et on pourra obtenir un excédent d'excrétions, soit sur le lait dans la vache laitière, soit sur la laine pour le mouton, soit enfin sur la viande ou sur le gras pour les animaux de boucherie.

Ce sont là des principes d'hygiène ou d'économie agricole très-intéressants, sur lesquels nous reviendrons plus tard, lorsque nous parlerons de la destination des animaux.

Les sécrétions sont le résultat de fonctions par lesquelles certains organes fabriquent des humeurs qui n'existaient pas dans l'économie, et qui doivent, ou être expulsées au dehors, ou aider à l'accomplissement d'autres fonctions qu'elle a constamment à remplir.

Il faut bien prendre garde de laisser entraver ou supprimer les sécrétions ; il ne faut pas arrêter les sueurs ni la transpiration pulmonaire, et non plus qu'il y ait d'obstacle à l'évacuation de l'urine et à celle des autres humeurs excrémentitielles.

Les suppressions de transpirations déterminent des maux de gorges, des rhumes, des .corysas, des fluxions de poitrine et des gastro-entérites (tranchées rouges), et elles sont aussi souvent la cause de morve, du farcin, des hydropisies, etc.

Il faut prévenir les arrêts subits de transpirations, c'est-à-dire les effets de transition brusque, d'une température élevée à celle d'un froid trop sensible, par des couvertures, par des frictions, le bouchonnement et l'exercice.

Pendant de longs séjours à l'écurie et à l'étable, le poil devient sale et crasseux, et la peau se couvre d'une poussière qui l'irrite, gène ses fonctions et détermine souvent des démangeaisons et des maladies : alors le travail, l'étrille ou l'exercice sont nécessaires pour stimuler les excrétions de la peau et pour la nettoyer, la purger et l'entretenir souple et en bon état.

Cependant il y a des circonstances où ces excrétions, activées par le travail et trop d'exercice, ne sont plus autant favorables que lorsqu'elles sont entretenues par une bonne température d'étable; c'est lorsqu'on veut augmenter la sécrétion du lait, ou qu'on veut obtenir plus de suint et de laine pour le mouton, ou de la viande et de la graisse plus vite et en plus grande quantité.

Les sécrétions et excrétions du tube digestif, c'est-à-dire de l'estomac et de l'intestin, ont aussi besoin d'être surveillées ; et, bien que nous ayons déjà fixé l'attention du lecteur sur ce sujet, en nous occupant des aliments et de la digestion, nous devons faire remarquer que la peau saisie par le froid, comme l'eau introduite trop froide dans l'estomac, peuvent avoir action sur les sécrétions intestinales, et déterminer des maladies de ventre et des gastro-entérites.

Un trop long séjour à l'écurie ou à l'étable peut avoir des inconvénients, en ralentissant les sécrétions intestinales; et j'ai souvent vu des coliques stercorales graves se développer sur des chevaux forcés par des blessures de rester trop longtemps immobiles au râtelier.

Si pour quelques motifs on est obligé de laisser les animaux longtemps sans les sortir, il est nécessaire, non-seulement de donner une alimentation délayante, qui est souvent insuffisante, mais en plus quelques breuvages avec de la crême de tartre ou d'autres sels (60 à 100 grammes) pour activer les sécrétions et le cours des aliments.

Il serait donc même souvent utile de donner quelques lavements rendus purgatifs avec un peu de sel ou une poignée de cendres, à l'effet de prévenir plus sûrement les conséquences funestes que ce ralentissement des excrétions intestinales, par un long repos, peut avoir sur les animaux.

Un air sec ou froid, ou chargé de poussières ou de certains gaz, trouble l'expectoration des humeurs sécrétées dans les bronches et l'intérieur de la poitrine; des précautions doivent être prises à ce sujet.

Les excrétions urinaires ont aussi leur importance; et si pendant de longues marches on n'a pas le soin de laisser aux animaux le temps de satisfaire le besoin d'expulser leurs urines, celles-ci distendent démesurément la vessie, et peuvent produire des déchirures et des rétentions d'urine; ou, si elles sont en partie résorbées, les sels, dans ce qui reste, seront concentrés, et elles deviendront âcres, brunes et irritantes, et détermineront des coliques, des calculs et des inflammations de la vessie.

Signaler le danger dans ce cas, c'est presqu'indiquer ce qu'il faut faire pour le prévenir; et si pendant les travaux de longue durée et pendant les fortes chaleurs, on donne plus souvent à boire et qu'on permette d'uriner, on n'aura pas à craindre ces redoutables et très-dangereux accidents.

Il faut craindre d'arrêter l'excrétion du lait par les courants d'air près des portes, et encore, par des grumillots qu'il ne faut pas laisser séjourner dans les mamelons.

Il y a encore les excrétions du nez, de la bouche, des yeux, des oreilles et de la corne, qu'il suffit d'indiquer pour qu'on puisse comprendre les quelques précautions qu'elles réclament. Du reste, nous reviendrons sur cela à l'occasion.

En dehors des excrétions naturelles, il n'est pas inutile de fixer un moment notre attention sur les excrétions anormales, qui jouent aussi un rôle assez intéressant dans l'hygiène des campagnes. Effectivement, malgré que pour ma part, autant que je l'ai pu, je me sois souvent récrié contre l'abus que nos cultivateurs font des sétons et des saignées, c'est une habitude enracinée dont on aura beaucoup de peine à les séparer entièrement.

Les saignées et les sétons peuvent être bons quand on en use à propos, et qu'on sait bien en régler l'emploi, mais, en général, on en abuse plus qu'on ne les utilise convenablement.

Les cautères et les sétons ne sont ordinairement utiles que dans le cas de maladie, et encore, non dans ceux de démangeaisons ou de maladies de peau.

Lorsque, pour une cause quelconque, on se trouvera obligé de faire poser des sétons, il sera toujours préférable d'en placer deux petits qu'un grand seul, parce qu'on pourra les supprimer l'un après l'autre, et que la sécrétion purulente qu'ils produisent ne tarira que partiellement et en deux fois, tandis qu'il est plus dangereux de l'arrêter brusquement et en une seule.

Il y a des personnes qui font saigner leurs chevaux et leurs bestiaux une ou deux fois par année; ceci est mauvais. On peut faire saigner un animal qui est passé brusquement d'une alimentation pauvre à un aliment riche, ou un animal qui a été malade et qui revient trop promptement en état; mais il ne vaut rien de saigner sans un motif plausible et bien déterminé : d'abord, c'est qu'on peut atteindre le même but en restreignant les aliments, et que ce moyen est plus économique; ensuite, c'est parce que la saignée est souvent une opération qui, si bien pratiquée qu'elle soit, peut déterminer des trombus graves et entraîner quelquefois la perte des sujets.

On ne doit donc faire usage des exutoires et de la saignée qu'avec prudence et discernement.

Ici je crois utile de franchir un peu les limites de ce qui concerne les excrétions proprement dites, en m'occupant des organes de la surface du corps qui sont en rapport avec elles; j'ai cru devoir parler du pansage et des quelques mesures d'hygiène à observer dans son application.

Les poils, qui sont aussi chez nos grands animaux le produit de la sécrétion de la peau, remplacent pour eux, pour ainsi dire, les vêtements, et ils deviennent, contre les vicissitudes de l'atmosphère, un agent protecteur naturel qui les garantit et les met souvent à l'abri des excès et des changements de température.

Ils entretiennent la transpiration et mettent la peau à l'abri de l'action des corps extérieurs.

La propreté des poils est entretenue par la brosse, l'éponge, l'étrille et les bains; elle est une des choses les plus indispensables aux fonctions de la peau, et sa négligence devient la cause de plusieurs maladies.

Il faut, pour la peau et les poils, que l'écurie soit toujours bien tenue, parce que les poussières et les insectes peuvent se détacher, et en tombant sur la surface du corps, gêner l'animal, l'exciter à se frotter et l'exposer à s'arracher et à se blesser.

En 1843, le premier j'ai signalé les dangers qu'il y avait à avoir des pigeonniers et des poulaillers près des écuries et des étables, et j'ai établi et prouvé que cela déterminait des maladies de peau, de la gale et d'affreuses démangeaisons.

La sueur et la transpiration, en se vaporisant, laissent aussi en dépôt sur la surface de la peau, des sels qui l'irritent et la dessèchent : l'étrille et le pansage, en lui enlevant tous ces corps étrangers, la nettoient, la stimulent et la purgent en activant ses fonctions.

Le pansement de la main ou le pansage est donc utile pour tous les animaux, et encore plus spécialement pour ceux qui sont obligés de travailler.

On doit étriller les chevaux au moins une fois par jour, secouer la poussière et les essuyer avec l'époussette, et ensuite brosser le poil, ou peigner les crins, et avec l'éponge mouillée, laver la bouche, les nazeaux, les yeux et l'anus.

On emploie aussi fréquemment les frictions sur la peau, ou avec des substances médicinales et stimulantes si l'animal n'est pas en bonne santé, ou avec une brosse de chiendent ou un simple bouchon de paille, comme mesure d'hygiène, pour nettoyer le poil sur les animaux bien portants.

Outre leur action comme propreté, le bouchonnement et les frictions sèchent la peau, la stimulent, rétablissent la chaleur et la circulation à l'extérieur, et par ce moyen, peuvent prévenir les pleurésies, les péritonites et d'autres phlegmasies ou inflammations internes prêtes à se déclarer.

Le bouchonnement est donc très-utile, surtout pour les chevaux qui ont couru, lorsque l'on craint de voir la sueur se refroidir sur le poil.

Des soins pour les crins du toupet, de la crinière, de la queue et du bas des jambes, sont indispensables et aussi nécessaires pour les animaux que ceux des poils et de la peau; la malpropreté des crins engendre des démangeaisons, de la gale, des roux-vieux qui dégradent les animaux et empêchent de les vendre, mais qui peuvent aussi se compliquer du mal de taupe, d'abcès, de maux de garrot et de javarts.

C'est avec un peigne qu'on démêle et qu'on nettoie les crins de la crinière et de la queue. On les finit et on les lisse avec une éponge. C'est aussi avec une éponge qu'on entretient propres ceux de l'extrémité des membres.

Il est malheureux que pour les gros ruminants, dans nos contrées, il soit passé en habitude de ne jamais les étriller ni les nettoyer. On les néglige complètement; on ne les lave et on ne les baigne pas plus qu'on ne les bouchonne et ne les étrille.

Les bains, en nettoyant la peau, lui rendent le ton et la souplesse qu'elle peut avoir perdue par des sueurs abondantes; ils conviennent aux animaux soumis à des travaux fatigants, à ceux qui séjournent dans des écuries restreintes ou trop peu aérées, et aussi à ceux exposés longtemps à l'ardeur du soleil pendant les chaleurs d'été.

Souvent l'hiver, lorsque les chevaux sont couverts de boue, on les passe à l'eau ou à l'abreuvoir pour les nettoyer plus promptement; cela a paru dangereux et a été énergiquement blâmé par plusieurs personnes. Cependant, je ne vois pas ici une cause de grave danger en prenant quelques précautions, car autant vaut l'eau que la boue au ventre et aux jambes.

Si on a le soin de bouchonner, de ressuyer et de ne pas laisser les animaux se refroidir à l'air ou dans une écurie trop grande, des bains incomplets et seulement jusqu'au ventre, auront l'avantage (l'hiver comme l'été), d'entretenir les animaux plus propres, sans avoir l'inconvénient des poussières très-abondantes qui se produisent lors-

qu'on enlève les boues séchées avec l'étrille ou le bouchonnement.

Il ne faut pas cependant abuser des abreuvoirs, et y
mener les animaux trop fréquemment lorsqu'ils sont à leur
portée.

J'ai vu à la poste de Silleri, qui était placée sur le bord
de la rivière, et plus tard à celle de Reims, rapprochée de
l'abreuvoir, apparaître sur un grand nombre de chevaux,
à la suite de bains de rivières trop fréquents, des peignes,
des ulcères à la fourchette, des eaux aux jambes et le crapaud.

Pour les chevaux fatigués par de longues courses ou
d'autres travaux, des ablutions ou des douches d'eau froide
sur les extrémités inférieures, pourraient souvent prévenir
les engorgements de boulets et de tendons, ainsi que la
fourbure et ses complications.

Lorsque les animaux sont longtemps exposés à l'insolation
pendant les moissons, ou d'autres travaux, des aspersions
d'eau froide sur la tête pourraient encore prévenir le vertige et des fièvres cérébrales.

On pourrait de même prévenir les asphyxies ou les coups
de chaleur, si pendant les courses on arrêtait un instant
les chevaux pour leur laisser reprendre haleine et pour
rafraîchir la bouche et les nazeaux avec de l'eau froide, ou
de l'eau vinaigrée.

Comme il a été dit pour le pansage, avec une éponge on
nettoie les yeux, les oreilles, les nazeaux, la bouche, le
toupet, la crinière, la queue, de même que les jambes et
les pâturons pour prévenir les crevasses, les peignes et
souvent les javarts.

La corne, comme les poils, est le produit d'une sécrétion
continuelle qui se renouvelle au fur et à mesure de son
usure. La partie cornée la plus importante chez les animaux, est celle qui constitue les pieds, qui réclament des
soins d'entretien et de conservation.

Pour le cheval, après le pansage, il faut gratter, du moins
de temps en temps, la sissure des fourchettes, pour en retirer les vieux crottins et l'humidité qui échauffent et peuvent produire le crapaud, des peignes et des ulcérations.

On préviendrait aussi les bleimes, les seimes et l'encastelure chez les animaux qui y sont disposés, en faisant de temps en temps une onction d'onguent de pied ou de suif tout à l'entour de la partie supérieure des sabots.

Une application de fiente de vache ou de farine de lin, faite comme du mortier sous toute la face inférieure des pieds de devant, lorsqu'ils sont naturellement serrés ou étroits, peut aussi prévenir la boiterie ou l'encastelure.

Pour les bêtes à cornes et le mouton, en surveillant les pieds et en les tenant proprement, on préviendra le fourchet, le piétin et d'autres affections.

Souvent chez les bêtes à cornes, lorsqu'elles sont atteintes de la cocotte ou d'érésypèle aux jambes, il est utile de nettoyer les onglons et de les laver avec de l'eau salée, pour en prévenir le décollement par suppuration.

Enfin nous reviendrons encore sur les soins à donner à la corne et aux pieds, à propos de leur préservation et du ferrage.

Les couvertures plus ou moins épaisses, selon les saisons, préservent les animaux de la poussière, des piqûres d'insectes, et les mettent à l'abri des oscillations de la température. Pour ceux qui ne travaillent que peu, elles stimulent la peau après un bon pansage, et lui facilitent, par la transpiration, à se débarrasser des corps et des substances qui la gênent et la salissent.

Les couvertures donnent au poil une nuance franche et un brillant qui ornent les animaux et les rendent plus beaux et plus marchands.

Dans les convalescences surtout, les couvertures ont une importance bien grande pour abriter les animaux contre la mobilité de leur pouvoir calorifique, et les préserver des impressions plus sensibles qu'ils ressentent des variations du dehors.

Le cache-oreilles, lorsqu'on a coupé les poils à l'intérieur, comme il arrive souvent pour les chevaux de luxe, empêche la poussière, les insectes et les corps étrangers de pénétrer avant dans l'intérieur de cet organe, et il prévient les maladies qui peuvent et doivent en résulter.

Les œillères à la bride, en même temps qu'elles sont pour les yeux un préservatif, ont pour effet de s'opposer à ce que les animaux susceptibles s'effraient de beaucoup d'objets qu'ils ne voient qu'imparfaitement et par le côté.

Il y a différents insectes qui ont sur la peau une action qui peut être gênante et quelquefois funeste et dangereuse. Dans nos pays, parmi ces animaux il n'y a guère que les mouches, les guêpes, le bourdon, l'abeille, le cousin et l'araignée qui peuvent avoir cette action malfaisante ; encore de cette dernière, il n'y a que celle de cave, qui par sa piqûre peut déterminer une légère enflure, sans qu'il y ait jamais plus de danger.

J'ai vu en 1834, un cheval à M. Grimpril du Goulot, près Jonchery, poursuivi par un essaim d'abeilles, périr en trois heures des suites de leurs piqûres.

Le duc de Raguse a rapporté que dans la vallée du Danube, de nombreux animaux avaient péri pour avoir été en butte aux attaques des cousins.

Sans que ces accidents soient souvent graves dans nos pays, cependant tout le monde connaît les douleurs cuisantes et insupportables que produisent les morsures ou les piqûres de ces divers insectes, et il est bon, d'abord pour en garantir les animaux irritables, de les garnir de filets et de chasse-mouches ; et s'ils en ont été atteints, de faire aussitôt des lotions de vinaigre ou d'ammoniaque étendues d'eau, sur les parties endommagées.

Ils y a aussi à redouter, dans la saison des mouches et des insectes, que les animaux au travail ne tirent démesurément et ne se fatiguent beaucoup ; ou encore, que plus susceptibles, il ne s'emportent et n'exposent ceux qui les conduisent, à des sinistres ou à des accidents.

Les animaux à l'écurie ou à l'étable, peuvent aussi souffrir des insectes, et, tourmentés par eux, ils se nourrissent mal, maigrissent et ne peuvent plus rendre les mêmes services.

Ils perdent de leur valeur, les bêtes de travail ne sont plus aussi fortes, et celles des laiteries ou d'engraissement ne donnent plus autant de produit et perdent leur embonpoint.

Il faut éloigner toutes les causes qui peuvent produire des insectes dans les étables, ou au moins, avec des couvertures légères ou des filets et des chasse-mouches, en garantir les animaux ou en atténuer les effets.

7

Dans les villes, beaucoup de propriétaires ont l'habitude de faire faire les crins aux chevaux. Cette opération consiste à couper très-ras les poils qui sont au-dessus du sabot jusqu'aux boulets, aux genoux et aux jarrets, selon leurs dispositions et la quantité qui s'y trouve.

Il y a ici un avantage et des inconvénients : d'abord les chevaux de race et tout-à-fait fins, n'ont pas besoin de cette opération, parce que chez eux le poil n'a juste que la longueur nécessaire.

Lorsque les chevaux sont destinés à des services légers, de cabriolet, de selle et de carrosse, et qu'ils ne sont pas assez distingués et ne paraissent pas avoir un peu de sang, on coupe les crins aux jambes pour les parer davantage et pour pouvoir en même temps nettoyer plus facilement le bas des jambes. Cette opération donne aux animaux plus d'élégance, et elle rend les soins de propreté plus prompts et plus faciles.

Pour les gros chevaux, les chevaux communs de roulage, de charrois ou de labours, l'opération n'a plus la même valeur, et elle est de mauvais goût. Les poils coupés court dans ce cas, restent rudes, ils irritent la peau, déterminent des crevasses, gênent les animaux et les déprécient.

Je recommande de ne pas faire les crins aux chevaux pendant l'hiver, et plus particulièrement pendant les glaces, les neiges et les gelées; et si on est obligé de les rafraîchir ou de les recouper lorsqu'ils sont trop grands, il ne faut jamais le faire à fond, car c'est une cause d'érésypèle et de javarts souvent graves et quelquefois mortels pour les chevaux.

On doit toujours faire les crins sur la nuque, entre le toupet, les deux oreilles et le commencement de l'encolure, parce qu'à cet endroit on pose la têtière du licol et de la bride; le frottement avec la chaleur et la malpropreté détermineraient des démangeaisons et la taupe.

Il ne faut faire les crins dans les oreilles qu'avec précaution, et je l'ai déjà recommandé, ne pas les couper trop courts, parce que dans l'intérieur de cet organe ils servent à l'abriter contre les poussières ou autres corps étrangers qui peuvent, en pénétrant trop avant, gêner et être nuisibles et dangereux pour les animaux.

Dans beaucoup de maisons on a l'habitude d'arracher une partie de la crinière et du toupet : ceci, en diminuant le touffu des crins, est encore sans inconvénients, et a l'avantage de rendre les soins de propreté plus faciles et plus complets.

Enfin, on pratique encore une autre opération sur les animaux : c'est la tonte. Je ne parlerai de celle du mouton que plus tard. Je vais m'occuper de celle du cheval.

Les chevaux hongres et ceux qui sont d'un âge avancé et d'une constitution molle, débile et lymphatique, ont un poil sec qui devient toujours très-long et très-épais pendant l'hiver. Dans ce cas, les vapeurs des sueurs et de la transpiration se condensent dedans et dessus, et forment, avec les poussières, la boue et même les crottins, une crasse sale et humide que l'étrille souvent ne peut entièrement faire disparaître et détruire.

Cet état constant d'humidité crasseuse sur la surface du corps, non seulement est malpropre, mais c'est une cause de ces nombreuses maladies de refroidissement et de répercussion.

En enlevant ces longs poils par la tondaison, on facilite les fonctions cutanées, et généralement on rend aux animaux plus d'appétit et plus d'énergie.

Comme ce n'est que l'hiver qu'on pratique la tonte, elle ne doit se faire qu'avant les trop grands froids.

Les chevaux de pur sang ou de race noble ont naturellement le poil ras, et n'ont jamais besoin d'être tondus. Cette opération ne doit se pratiquer que sur les animaux déjà assez distingués et à même de recevoir les soins que je viens de signaler. Si quelquefois, dans le Midi, les rouillers tondent leurs chevaux et leurs mulets, et qu'ils s'en trouvent bien, plus généralement chez les animaux qui travaillent et qui sont bien nourris, cette opération devient inutile. Une forte nourriture et un travail soutenu, surtout pour les jeunes chevaux, suffisent pour exciter la peau, la stimuler, la purger et la débarrasser des substances qui pourraient lui être nuisibles.

Lorsque le tronçon de la queue n'a qu'une longueur limitée, les crins retroussés ne se chargent plus des boues et des malpropretés qui s'attachent après les harnais et s'éclaboussent sur toutes les surfaces du corps.

L'opération de la queue à l'anglaise est ridicule; elle défigure les chevaux qui ont le tronçon bien planté, et elle est absurde sur ceux qui ont la queue mal attachée.

Les marchands, en traînant dans les foires les chevaux nictés avec leur botillon sur la croupe, n'ont pas d'autre but que de cacher les défectuosités de celle-ci, pour ne les laisser reconnaître que lorsqu'on est propriétaire de l'animal, et quand le botillon est enlevé.

L'amputation de la queue ou d'une portion de la queue, est une opération généralement pratiquée sur les chevaux, et nécessaire ou utile sous plusieurs rapports.

On coupe le bout de la queue aux jeunes poulains vers l'âge de trois ans, parce que c'est l'époque de l'éruption des grosses dents, et que par l'hémorragie et la deptition des vaisseaux souvent fluxionnés à cet âge, cette opération prévient les dangers que provoque la dentition.

La cautérisation, qui arrête l'effusion du sang par la douleur qu'elle détermine et la dérivation qu'elle établit, peut aussi conjurer les ophthalmies ou autres maladies dont les animaux sont menacés à cet âge.

L'amputation de la queue rend aussi le tronçon plus agile, et par la souplesse et la flexibilité plus grandes qu'elle donne aux crins, elle permet aux animaux de se débarrasser plus facilement des mouches et des insectes.

Lorsque l'on achète un cheval demi fin nicté, il est toujours très-important de voir comment il porte la queue naturellement, car il n'y a pas de plus grande déception que d'avoir un cheval anglaisé, qui a la croupe orvalée, et qui porte la queue relevée du bout et en trompette. On dit que ces chevaux portent la queue en queue de cochon.

Avant de terminer ce chapitre, je ne puis m'abstenir de dire un mot de la castration, de cette opération qui enlève aux animaux les organes sécréteurs de la liqueur prolifique, et qui les rend impuissants.

La castration, en privant les animaux de la faculté de se régénérer, modifie sensiblement leur constitution, leur énergie et leur caractère.

Les animaux destinés à la propagation, les étalons ne doivent nécessairement pas subir cette opération, pas plus que ceux dont le service exige l'emploi concentré, et en un moment, de toutes leurs forces. les chevaux de poste, ceux de relais et de roulage ne devraient jamais être châtrés.

Mais la castration peut calmer les animaux méchants et les rendre plus souples et plus dociles; elle peut tempérer une ardeur trop épuisante, et faciliter l'engraissement; enfin elle peut, par son influence sur l'économie, contribuer à augmenter les produits de l'alimentation et les bénéfices des propriétaires.

La castration sur les mâles doit toujours être faite le plus tôt possible, c'est-à-dire que, dès le moment où les testicules apparaissent, et qu'on peut les saisir, il faut en faire l'ablation.

L'opération alors, sur les animaux tout jeunes, est plus facile et beaucoup moins dangereuse, c'est déjà un motif assez considérable; mais elle est encore préférable à cette époque, parce que les sujets châtrés tardivement restent toujours avec une encolure chargée et disgracieuse, parce que les fesses et la croupe restent trop développées, et parce que les formes extérieures traduisent encore, après l'opération, le sexe qui ne leur appartient plus.

Si, chez un cheval hongre, les formes caractérisent un cheval entier, comme si, chez un cheval entier, elles caractérisent un cheval hongre, ces animaux perdent de leur mérite, ils ont moins de valeur et se vendront plus difficilement.

Néanmoins, si les poulains sont d'une conformation un peu grêle, et que la charpente et les os n'aient pas beaucoup de développement, la castration, qui lui impose un temps d'arrêt, devra être retardée et n'être faite que dans un âge un peu plus avancé.

Selon Cailleux, d'après des expériences suivies pendant dix années, les poulains châtrés en Normandie à l'âge de deux ans, ont toujours été les plus vite d'allures et les meilleurs.

Il a été aussi question de la castration des femelles bovines, pour les stériliser, entretenir plus longtemps la sécrétion du lait, et pour faciliter leur engraissement.

Cette opération sur nos grandes femelles bovines était déjà connue chez les anciens; elle a été depuis pratiquée, a-t-on dit, avec fruit et avantage, par des vétérinaires en Amérique, et enfin par des vétérinaires allemands, suisses et français, mais sans cependant avoir pu jusqu'alors passer dans une pratique soutenue et régulière.

Depuis quelque temps, un vétérinaire rémois, rempli de zèle et de persévérance, s'en est occupé avec une constance infatigable. M. Charlier est parvenu à améliorer sensiblement le manuel opératoire, et à le rendre plus facile et moins dangereux; néanmoins, la crainte que l'on continue à éprouver en exposant des animaux pleins de valeur et de santé, pour obtenir des résultats qui ne sont encore ni certains ni considérables, fera sans doute que l'on hésitera encore longtemps à faire subir bénévolement à des animaux une mutilation qui n'est qu'exceptionnellement avantageuse sur quelques vaches malades ou taurellières.

Les vaches qui donnent de bons veaux, et qui rendent beaucoup de lait à la traite, ne doivent pas être opérées, puisqu'en les châtrant on ne pourrait plus les faire renouveler, et qu'on se priverait de produits qui peuvent avoir une longue durée.

En résumé, la castration des vaches, dont le manuel opératoire n'était ni assez connu ni propagé dans les écoles vétérinaires, grâce à l'étude particulière qu'en ont faite quelques personnes, et particulièrement notre compatriote M. Charlier, est une opération qui peut être bonne et très-utile sur des sujets qui sont malades, et sur les vaches taurellières qui maigrissent et tourmentent les autres.

Mais dans d'autres circonstances, en ralentissant pour quelque temps la marche des fonctions nutritives, elle compromet le revenu, la santé et souvent l'existence des animaux, et par conséquent ce ne doit être que dans des circonstances exceptionnelles et maladives qu'on doit y avoir recours.

Avant de passer à un autre chapitre, je dois faire remarquer que tous les accessoires dont je me suis cru obligé de m'occuper dans celui-ci, ont des rapports tout directs avec les fonctions d'excrétions qui en font la base.

CHAPITRE IX.

DU MOUVEMENT CHEZ LES ANIMAUX.

Les mouvements, l'exercice et le travail ; — le repos et le sommeil ; — influences du travail et des mouvements sur la santé des animaux ; influences de la température, de la consistance, et de la régularité du sol sur le travail, et la manière de les diriger et de les conduire.

Le mouvement est un phénomène mécanique à l'aide duquel les corps et les organes changent de place et de situation.

Le mouvement, dans les animaux, exige trois choses indispensables : l'incitation du cerveau, c'est-à-dire l'idée ou la volonté ; la contraction des muscles et leur relâchement.

Le mouvement ou l'exercice est d'une influence considérable dans l'hygiène des animaux ; le repos a aussi de même son importance.

Le mouvement ou l'exercice est indispensable aux fonctions vitales, et en les stimulant il facilite le renouvellement, il fortifie les organes, il active la circulation et augmente la chaleur. Mais si le mouvement ou l'exercice est trop longtemps continué, en activant trop les sécrétions, il détermine un sentiment pénible et douloureux, et il lasse les individus et les fatigue.

L'exercice et le travail font éprouver des pertes qu'il faut réparer par le repos. Si on a marché ou travaillé beaucoup, on mange davantage et on se repose volontiers; mais, si le travail a été porté a l'excès, il fait souffrir, il use les indidus et peut les rendre malades.

L'exercice et le travail mesurés, avec une bonne alimentation, sont en partie la seule question de la qualité et de l'énergie des animaux : achèterait-on le meilleur cheval du monde, si on n'a rien à lui faire faire, ses qualités s'éteignent et disparaissent. Et aussi quelquefois, mécontent d'un cheval qui ne faisait rien, on le vend; souvent c'est pour le retrouver excellent dans les mains de ceux qui le font travailler.

En général tous les animaux de travail sont bons, si on sait les choisir d'une constitution en rapport avec les travaux qu'on a à leur donner, et si on sait faire un emploi raisonné de leur force et de leur capacité.

Par exemple, si vous voulez faire trois ou quatre myriamètres en un jour avec un cheval, il faudra, lorsque vous aurez d'abord parcouru un espace de quatre à six kilomètres, selon la régularité du sol, la charge qu'il aura à porter ou à traîner, et selon ses forces et la puissance de sa respiration, le mettre au pas, ralentir quelquefois sa marche ou faire cesser pour quelques instants un exercice trop violent, pour qu'il prenne du repos et puisse, dans ces quelques moments, réparer les pertes qu'il vient de faire, et reconquérir assez de forces pour recommencer; ainsi vous acheverez, partie par partie, le trajet qu'il a à faire et à parcourir dans sa journée; et avec ces précautions, non seulement vous lui ferez faire ce que vous désirez ce jour-là, mais il pourra encore recommencer le lendemain, parce qu'il n'aura pas été fatigué ni épuisé la veille. Si vous voulez, au contraire, toujours marcher vite et sans interruption, vous briserez les forces du sujet, vous le fatiguerez et vous n'arriverez pas.

C'est en mesurant les forces qu'il faut toujours commencer, et c'est en augmentant progressivement l'exercice qu'on peut habituer les animaux à devenir robustes et à faire de forts travaux. Si, pour faire habituer des animaux, vous les brusquez par un exercice violent et mal calculé, vous les userez en un instant et vous n'en obtiendrez rien.

Je ne suis pas de ceux qui répètent sans cesse que l'on fait toujours travailler trop jeunes les animaux ; je pense, au contraire, qu'un travail quelconque modéré, est très-favorable pour les jeunes chevaux ; que généralement, en Champagne, on s'y entend très-bien pour les gouverner, et qu'ici, c'est dans l'emploi judicieux de leurs forces et de leurs moyens que nos cultivateurs trouvent la rémunération des soins qu'ils leur donnent et des précautions qu'ils y mettent.

De deux à trois ans, les jeunes chevaux peuvent travailler s'ils sont bien menés, et que les travaux n'excèdent pas leurs facultés, parce que le travail fait développer les organes et procure la force et la santé ; tandis que l'oisiveté et trop de repos énervent, affaiblissent ou disposent à la rétiveté et peuvent rendre les animaux indomptables et méchants.

Le repos, indispensable aux individus, ne consiste pas seulement dans l'inactivé du corps ; il faut aussi, pour un certain temps et par périodes, l'interruption de relations des organes des sens avec les objets extérieurs, pour que les sujets puissent se remettre et se raffermir : ceci est le sommeil, et le sommeil comme le repos, est indispensable à la santé et à la conservation des animaux.

Il y a des animaux qui dorment parfaitement sur leurs membres, et qu'on ne voit jamais se coucher ; mais il ne faut pas profiter de ces dispositions, parce qu'il faut toujours que les animaux aient un espace nécessaire et convenable, ainsi qu'une bonne litière pour se reposer s'ils en ont besoin.

La position debout brise les jambes ; elle est douloureuse, elle fatigue les animaux et peut retarder l'engraissement.

Le repos et le sommeil sont donc une nécessité pour réparer les pertes occasionnées par le travail ; néanmoins l'un est l'autre, trop prolongés, énervent les sujets et engourdissent leurs organes. M. Magne dit, que si les chevaux restent en repos seulement quelques jours, *les membres deviennent gras et empâtés, les articulations se raidissent, la circulation languit et les humeurs séjournent dans les parties les plus déclives ; des œdèmes se forment, le ventre, les jambes et le fourreau s'engorgent, et les animaux deviennent lourds, paresseux et incapables de travail.*

Chez les animaux qui travaillent et se reposent dans des proportions convenables et qui sont bien nourris, la circulation active la transpiration cutanée, la respiration plus fréquente et plus accélérée, dilate le poumon, le rend plus perméable à l'air, et donne au sang les qualités indispensables à sa destinée de réparation.

L'exercice, par le balancement qu'il imprime au tube intestinal, active ses fonctions et rend la nutrition plus heureuse et plus complète; les muscles se développent sans exagération, les chairs s'affermissent et les sujets se fortifient. Enfin, en travaillant convenablement et en se reposant à propos, les animaux deviendront toujours plus forts, plus vigoureux, et pourront rendre de plus grands et de plus durables services.

Comme je viens de le dire, le travail fortifie et améliore lorsqu'il n'est pas exagéré, et que les pertes occasionnées par les fatigues sont convenablement réparées; mais il faut encore que pendant le travail les animaux soient incessamment surveillés, parce que des efforts trop violents et trop peu modérés détermineraient des extensions, des ruptures de tendons, et toutes sortes d'accidents qui rendront les animaux boiteux, et les empêcheront de continuer leurs services.

Il est donc essentiel, en faisant travailler les animaux, de les ménager pour ne pas détruire leur santé, pour ne pas les rendre boiteux et pour les conserver plus longtemps.

Il y a aussi chez les animaux, en dehors des mouvements de locomotion et de travail, des mouvements partiels qui s'exécutent sur place : tels sont ceux de la tête et de l'encolure pour chercher des aliments, et ceux des membres, des muscles peauciers, des lèvres, de la queue et des oreilles, pour chasser les mouches ou pour se débarrasser des corps étrangers.

Tous ces mouvements ne doivent être ni gênés ni empêchés; ils sont nécessaires pour éviter l'irritation des animaux et les dangers qui pourraient en résulter.

Il ne faut pas non plus que les animaux soient tant resserrés dans leurs stalles, ou qu'ils soient attachés trop court au râtelier ou à la mangeoire : il faut de l'espace et donner assez de longueur à la longe pour la liberté des mouvements, parce que le sang qui pourrait stagner dans les membres leur ferait perdre leur souplesse, et que la corne et les sabots perdraient aussi leur élasticité.

En hygiène vétérinaire, si par exception la stabulation complète convient à l'engraissement, elle amollit les animaux et ne peut que nuire à la santé et à la valeur de ceux qui doivent travailler.

En considération des fardeaux que les animaux des grandes espèces ont à traîner, et de la vitesse que l'on peut exiger dans leur allure, il ne me paraît pas indifférent d'arrêter une deuxième fois notre attention sur les dispositions et la consistance de la surface du sol.

Le sol, par sa direction et la consistance de sa surface, influe sensiblement sur les animaux dans leurs mouvements. Dans les montées ou les descentes, la progression offre plus de difficultés que sur un sol ferme et horizontal ; il faut, en montant, soulever et entraîner le poids du corps, et en descendant, il faut s'opposer à l'impulsion imposée par la pesanteur ; et si les animaux sont chargés, cela, pour eux, augmente encore d'autant les difficultés.

Lorsqu'ils montent, les efforts et la fatigue sont concentrés dans les jarrets, dans les boulets des membres postérieurs, dans les fesses et dans la croupe ; et lorsqu'ils descendent, c'est le dos, les bras, les épaules, les boulets et les tendons des membres antérieurs qui sont le siége de la concentration de toutes les forces musculaires, et qui doivent en être le plus fatigués.

En montant, si le terrain est dur, ferme et solide, sans être glissant, le point d'appui sera fixe, et les animaux pourront s'enlever, même avec un fardeau raisonnable ; mais si, au contraire, le sol est mou et qu'il cède facilement sous les pieds postérieurs, il amoindrira les effets des efforts musculaires, et les rendra beaucoup plus pénibles ; et si alors on pousse les animaux, qu'on les excite, ou que, par des ménagements raisonnés, on ne sache pas adoucir les difficultés et rendre le travail moins rude et moins énervant, on les mettra à bout et on les épuisera en un instant.

Un terrain sablonneux ou mouvant offre les mêmes difficultés, en augmentant le frottement pour le véhicule ; mais il peut diminuer l'impulsion ou la chasse donnée aux animaux dans les descentes.

Ceci est à prendre en considération, parce que, pour monter, on devra choisir dans le chemin qu'on aura à parcourir, la partie la plus ferme et la plus sèche ; pour descendre, celle un peu poudreuse et moins résistante ; en plat chemin, la partie la plus unie et la moins raboteuse ; et enfin, dans tous les cas, éviter les endroits glissants, où les animaux ne peuvent jamais prendre de point d'appui, et où ils ne sont capables d'aucun effort soutenu et fructueux.

Après nous être occupé des agents extérieurs qui ont une action physiologique sur le fonctionnement des organes et l'existence des animaux, nous allons dire quelques mots sur les objets matériels en usage pour les contenir, les diriger, et utiliser leurs forces et leur puissance.

CHAPITRE X.

DU HARNACHEMENT.

Les harnais et leurs diverses destinations; — le licol, le colleron, la bride et les mors; — la selle et la sellette, la croupière et le culeron; — les colliers, la bricole, les traits et les ventrelles; l'avaloire et le reculement; — des soins du harnachement, et de l'entretien des harnais; — des voitures, des traineaux et des charrues; — du ferrage et des soins qu'il faut y donner.

Pour diriger les animaux, pour les contenir et pour les aider à accomplir les travaux dont ils sont chargés, on a recours à des instruments auxiliaires que l'on désigne sous le nom de harnais.

Les harnais ont de l'importance non seulement sur la santé, sur les mouvements et les allures des animaux, mais ils en ont encore sur leur caractère et sur les succès à obtenir pour les bien dresser, et pour tirer bon parti de leurs forces et de leurs capacités.

Les licols qui servent à attacher les animaux, et principalement les chevaux, doivent être en cuir doux, bien entretenus, et ne pas être trop serrés ni trop justes de têtière et de muserolle, pour laisser libres les mouvements de la mâchoire et ne pas les blesser. Ils peuvent être aussi faits avec des tissus assez denses pour résister aux fatigues qu'ils doivent supporter, et assez souples pour ne pas éroser la peau et y faire des écorchures.

Souvent des chevaux gênés par le licol ne mangent pas, et en peu de temps maigrissent au point de ne pas être reconnaissables, parce que la muserolle d'un licol, trop serrée, les empêche d'ouvrir la bouche et de saisir les aliments.

Aussitôt qu'on élargit cette partie du harnais, sans autres soins, les animaux que leur propriétaire peut croire malades, remangent immédiatement et reprennent leur état ordinaire et leur embonpoint.

Le dessous de la têtière doit être surveillé, parce que des fenasses et des poussières s'attachent à la base du toupet, qu'elles y adhèrent, provoquent des démangeaisons, et peuvent déterminer des plaies, des phlegmons et la taupe.

Si le poids mis à l'extrémité de la longe pour la tendre et prévenir l'enchevêtrement, ou prise de longe, est trop lourd, et que la têtière du licol soit dure et étroite, cela déterminera des blessures à la nuque, la supuration, et quelquefois la taupe que je viens d'indiquer.

La longe ou la chaîne placée autour des cornes des ruminants, peut avoir des résultats du même genre, et réclame de même l'attention des propriétaires.

J'ai déjà signalé plus haut les inconvénients que peuvent avoir pour les organes de la vision, un colleron trop large et une sous-gorge trop peu serrée; ils s'abattent et se prennent sur l'orbite, et déterminent des foulures et des ophthalmies.

Si la têtière ou le frontal, ainsi que toutes les parties qui forment la monture de la bride, dont l'ensemble est à peu près pareil à la capsure du licol ordinaire, sont trop serrés ou trop justes, il y aurait encore à redouter les mêmes inconvénients que pour ce dernier.

Si le porte-mors est trop court, il blesse et fend la bouche à ses commissures.

L'œillère, qui a pour but de garantir les yeux des corps extérieurs, en même temps qu'elle met les animaux à l'abri de la peur et de la distraction par certains objets, est maintenue tout près du frontal, à l'extrémité supérieure du porte-mors; trop serrée, elle frotte le miroir de l'œil; trop lâche ou trop peu maintenue, elle le frappe violemment, et des deux manières elle peut déterminer des taies et des conjonctivites.

Il faut que les œillères soient bien maintenues, et qu'on vérifie leur application pour qu'elles ne gênent ni ne blessent les animaux.

Le mors est une traverse en bois ou en fer, que l'on place dans la bouche des animaux, et dont les effets, pour les conduire, sont plus ou moins sensibles ou douloureux, selon sa conformation et la manière dont on s'en sert et dont il est monté.

Le mors simple est terminé à ses extrémités par un anneau qui le fixe au porte-mors de chaque côté, et auquel on attache directement les rênes ou les cordeaux.

Employés dans les campagnes, les mors simples, en bois ou en fer, ménagent la bouche des animaux, et ils ont l'avantage de produire une action plus directe et plus douce.

Le bridon est monté de la même manière; il est toujours en fer, et se trouve brisé par une maille dans son milieu.

Le filet a absolument la même conformation; seulement il est plus mince, n'est qu'un accessoire à la bride, et il la supplée pour ménager la bouche des animaux.

En dehors du mors simple et primitif que nous venons de décrire, il y en a un grand nombre d'autres qui varient tellement de dimension, de forme, de direction, de grosseur et de longueur, qu'on n'en finirait pas si l'on voulait en donner une description complète; il nous suffira de savoir ici que le mors habituellement en usage, et que tout le monde connaît, se compose du canon, partie qui traverse la bouche, et de deux branches entre lesquelles le canon est fixé par ses extrémités. L'extrémité supérieure des branches, que l'on nomme banquet, doit être maintenue à la monture de la bride par une boucle, et l'extrémité inférieure, qui est le porte-rênes, est destinée, comme son nom l'indique, à recevoir les rênes, qui servent à imprimer aux animaux la direction que l'on veut leur donner.

Il y a aussi au mors une petite chaîne que l'on appelle la gourmette, laquelle est arrêtée par une de ses extrémités au côté de l'un des banquets, et qui par l'autre, en passant au-dessous du menton, et en la serrant plus ou moins fort, selon l'intention du conducteur, doit se fixer sur le banquet de l'autre branche, lorsque la bride est en place.

De la longueur des branches inférieures du mors, du peu de grosseur des canons, et de la manière dont la gourmette est serrée, ainsi que de l'irrégularité et de la grosseur de ses mailles, doit dépendre l'énergie ou la force de l'action de la bride. C'est dans la conformation et l'emploi raisonné de la bride qu'il faut en partie trouver le moyen de bien conduire et dresser les animaux, et celui de les rendre dociles et de leur conserver la bouche modérément sensible et en bon état.

Si on brusque les chevaux de la bride, on peut couper la langue, entailler les lèvres dans leur commissure, et blesser les barres; on les irrite, on les échauffe, on les taquine, et on peut les rendre rétifs et le plus souvent indomptables.

Les rênes sont des lanières en cuir que l'on fixe au mors par leurs deux extrémités, et qui, tenues dans le milieu par le cavalier, mettent celui-ci en rapport avec l'animal pour le conduire et le diriger. Mais pour les chevaux de trait et de voitures, les extrémités sont attachées tout près ou au-dessus du canon du mors, et la partie médiane arrêtée au crochet de la sellette ou du mantelet.

On ne doit diriger les chevaux de selle qu'avec les rênes du filet, et n'employer la bride qu'au manége ou dans les manœuvres compliquées.

Les chevaux de calèche ou de cabriolet doivent avoir les deuxièmes rênes, ou guides, fixées à l'anneau le plus rapproché du canon du mors, et ce ne doit être que pour ceux difficiles ou trop ardents qu'on se servira, mais au besoin seulement, des troisièmes rênes attachées au bas de la branche inférieure.

Pour les chevaux de roulage, qui marchent librement, et chez lesquels on ne se sert que par intermittence de la bride, les mêmes recommandations sont sans importance et n'ont plus la même signification. Cependant, dans tous les cas, il est bon de ménager la bouche pour lui conserver la fraîcheur, le tact et la santé.

Les guides, appliquées seulement aux animaux de tirage et de voiture, comme les rênes, s'étendent du mors aux mains de la personne qui dirige l'animal. Elles peuvent être en corde ou en cuir, souples, bonnes, assez solides et résistantes, pour ne pas craindre qu'elles se brisent et vous mettent dans l'embarras.

Il ne faut jamais attacher les animaux avec cette partie du harnais, en arrière de l'anneau des attelles du collier, ni non plus les nouer au garde-crotte, à des crochets, et aux ridelles des voitures, parce que rien n'est plus dangereux, en ce que si un animal éprouve la moindre traction sur la bouche, de suite il reculera, et que dans ce premier mouvement il sera de plus en plus entraîné en arrière, jusqu'à ce qu'il s'abatte, tombe et se blesse. Dans cette circonstance et dans cette position, il n'y a pas à hésiter : de suite on coupe les rênes pour prévenir de plus fâcheuses conséquences.

Les animaux portent des charges ou traînent des fardeaux : ceux qui portent sont des chevaux de selle, des limoniers ou des bêtes de somme; les autres sont des animaux de trait.

En général, il faut un intermédiaire entre le sujet qui porte et l'objet qui est porté, et ces intermédiaires sont la selle, la sellette et le bât.

On nomme aussi mantelet une toute petite sellette destinée aux animaux de carrosse ou d'attelage.

Tous les harnais de cette classe, que l'on place près du garrot, doivent être confectionnés avec soin, et de manière à ne pas blesser les animaux. Il faut surtout faire attention qu'ils ne basculent pas sur le dos, qu'ils ne tombent pas sur le garrot, qu'ils soient bien garnis de crins à l'endroit où ils sont en contact avec la peau, qu'ils soient creux et bien évidés dans le milieu, en dessous, pour ne pas frotter ou poser sur l'épine dorsale, et enfin il faut encore, chaque fois qu'on les place ou qu'on les retire, bien examiner s'ils n'ont pas laissé des traces de frottement, d'érosion et de foulure.

Je recommande à ce sujet les soins les plus minutieux, car il faut savoir que la plus légère écorchure, et que la plaie en apparence la plus bénigne, s'aggravent sourdement et dégénèrent en maux de garrot et de rognons, et en carie des os, qui durent des mois, des années, et deviennent fort souvent incurables.

La croupière est une courroie qui tient par une extrémité à la selle ou à la sellette, et qui se termine de l'autre par une espèce d'œillet que l'on appelle le culeron.

Il ne faut pas trop compter sur la croupière pour empêcher les dossières de tomber sur le garrot; cet inconvénient doit être prévenu par la conformation et une disposition convenable de la garniture de la sellette, parce que une croupière serrée gêne les allures et blesserait en outre les animaux sous la queue.

Le culeron, dans lequel passe le tronçon de la queue, et qui, avec la croupière, maintient la selle ou la sellette, pour les empêcher de trop revenir sur le devant, doit être en cuir souple, bien bourré, assez gros et bien arrondi. On en fait aussi en caoutchouc, et ils sont préférables pour éviter les blessures et les accidents.

Placé dessous et à la base de la queue, le culeron exerce une certaine pression; et à l'époque des mouches, à cause des mouvements incessants de cet organe, si ce harnais est trop mince et en mauvais état, il entame la peau ou la mortifie, et peut déterminer des plaies larges, béantes et assez profondes pour mettre les os à découvert.

On fait souvent les culerons de croupières trop grêles et trop menus : plus épais, ils préviendraient les accidents que je viens de signaler, et auraient l'avantage de faire mieux porter la queue aux animaux.

La boucle qui maintient la croupière à la selle ou à la sellette se retourne quelquefois et blesse les animaux; c'est encore une chose qu'il faut surveiller scrupuleusement, pour prévenir les maux de rognons, toujours très-graves et très-rebelles.

Les boucles de porte-manteaux doivent être l'objet de la même surveillance.

Le collier exige aussi la plus sérieuse attention : il faut le choisir dans les mêmes dimensions que l'encolure, d'une élévation en rapport avec la hauteur du garrot, et qu'il s'applique bien sur toute l'étendue de l'épaule, parce que, s'il est trop court, il comprime la veine de la saignée de bas en haut, il empêche le sang de circuler, et que celui-ci, en stationnant et en s'accumulant dans le cerveau, peut congestionner et faire tomber les animaux.

Souvent j'ai vu des chevaux brusquement renversés dans les traits et dans les limons, par de pareilles imprévoyances, qui sans avoir la gravité d'une apoplexie, peuvent cependant donner des embarras et déterminer des accidents assez graves, pour qu'il faille les prévenir par une surveillance attentive des dimensions des colliers, en rapport avec celle de l'encolure.

Un collier trop étroit ou trop court blesse aussi les animaux à la base de l'encolure, use les crins, entame la peau et détermine des cors; les cors, en vieillissant, prennent des racines profondes qui déterminent d'abondantes suppurations qui atteignent les vertèbres, le ligament cervical, le sommet de l'épaule, et entraînent des caries et des maux de garrot rebelles et souvent impossibles à guérir.

Si un collier est trop large, et s'il descend trop bas, il ne pose que sur un point du poitrail, sur l'angle de l'articulation scapulo-humérale, et gêne les mouvements; il blesse les animaux et les rend rétifs. Effectivement, si au moment où l'animal se porte en avant, il éprouve une vive douleur par la pression de la peau sur les os de l'angle de l'épaule, il devra chercher à s'y soustraire comme il doit se soustraire à des coups de fouet, il reculera; et si on le fouette encore pour le forcer de nouveau à avancer, il se lancera et éprouvera une pression encore plus violente et plus douloureuse. Alors, c'est en se dressant et en faisant toutes sortes de mouvements désordonnés, que lui et ceux qui le conduisent sont exposés aux plus graves et plus dangereux accidents.

On comprend donc toute l'importance et tous les soins qu'il faut donner à la confection et à l'application de ce harnais qui, mal conçu et mal raisonné, peut occasionner des blessures aux personnes et vicier le caractère des animaux.

Les colliers trop longs, prenant un point d'appui et reposant supérieurement sur la base de l'encolure, exposent encore les animaux à avoir des cors, comme ceux qui ont le défaut opposé.

Il faut que les coussins des colliers soient tenus proprement, et refaits aussitôt que la transpiration, mêlée avec la poussière, les auront durcis et desséchés.

Autrefois, pour les animaux de tirage, on faisait des colliers avec des oreilles d'une largeur ridicule et d'un poids accablant. Maintenant les lourds colliers sont beaucoup plus rares. Néanmoins, ils sont encore trop pesants, et on a la malheureuse habitude d'y joindre des accessoires assez souvent inutiles, tels que housse en grosse peau de mouton, qu'on pourrait parfaitement supprimer, car elles ont l'inconvénient d'exciter la transpiration, d'échauffer la peau, de l'attendrir, et par conséquent de prédisposer les animaux aux blessures de col et de garrot, toujours très-graves et très-difficiles à guérir.

J'ai vu, en Allemagne, des colliers beaucoup plus légers et plus en rapport avec le poids du tirage ; c'est un cercle de fer garni d'une coussinure qui remplit bien l'épaule, mais qui ne remonte pas en pyramide, n'échauffe pas la peau et ne froisse pas autant l'encolure que ceux de nos pays.

Pour les limoniers, il faut toujours des attelles en bois, afin d'éloigner les brancarts, d'éviter leurs battements et de donner plus de forces aux animaux pour diriger leur véhicule selon les intentions du conducteur.

Les colliers flamands, qui sont légers, simples et sans housse, sont ceux qui conviendraient le mieux pour les chevaux de gros trait en Champagne.

Ceux dits anglais sont légers, peu échauffants, et conviennent aussi parfaitement pour les travaux légers aux chevaux de carrosse, de cabriolet et de tilbury.

La bricole est un mauvais harnachement ; elle froisse la pointe de l'épaule, remonte trop facilement et comprime la veine jugulaire.

Dans les postes aux chevaux, où on se servait beaucoup de la bricole, je l'ai vue très-fréquemment être la cause de trombus sur des animaux nouvellement saignés.

Les traits sont en cuir, ou en cuir pour une extrémité et en fer pour l'autre, ou bien en corde et en fer. Ces derniers doivent être garnis par une espèce d'étui dans les endroits où ils sont en contact avec la peau, parce que, sans cette précaution, ils peuvent gêner les animaux, les faire souffrir et les blesser.

Les traits ne doivent pas être extensibles ; il faut qu'ils soient résistants et solides. Il ne faut pas qu'ils soient non plus obliquement fixés à la voiture : dirigés en haut, ils feraient remonter le collier, qui comprimerait les veines du col et amènerait la suffocation ou des coups de sang ; s'ils vont trop sur le bas, le collier appuierait sur la partie supérieure de l'encolure et déterminerait des cors ou des maux de garrot.

Si les traits ne sont pas maintenus dans la courroie de reculement, ou par un surdos, à une certaine hauteur, vers le milieu du corps, en s'émouchant les animaux peuvent s'empêtrer des pieds de derrière, s'abattre et se blesser dangereusement.

Les mêmes accidents se voient encore fréquemment lorsque la ventrelle des traits ou la sous-ventrière sont trop lâches et pendent trop bas.

L'avaloire qui sert à retenir la voiture dans les descentes, est composée, d'abord d'une large bande de cuir doublée, terminée par un anneau à chaque extrémité, que l'on nomme fessière ou reculement ; ensuite, de deux plus petites courroies désignées sous le nom de bras-dessus, attachées de chaque côté dans des anneaux et se réunissant à la croupière ou au crochet de derrière de la sellette ; puis encore d'une ou deux autres, à peu près pareilles, qui sont les barres de fesses, qui servent à soutenir le reculement et à le maintenir à une hauteur déterminée ; et enfin des deux anneaux précités, qui réunissent le reculement avec le bras-dessus, et auxquels sont encore fixées, par une des extrémités, deux courroies flottantes qui se tourneront après les brancarts pour atteler les chevaux.

Lorsque l'avaloire est trop lâche, dans les descentes c'est sur la sellette et le garrot que se trouve la résistance ; alors, outre que les animaux peuvent se blesser et se garrotter, ils sont plus exposés à broncher et à s'abattre.

Si l'avaloire est trop serrée, elle gêne la marche, elle use les poils et blesse les animaux.

Si elle est trop élevée, le reculement glissant entre la pointe des fesses et le tronçon de la queue, gêne encore les animaux, détermine des érosions plus ou moins fortes à la peau et empêche les fonctions excrémentitielles.

Enfin, si le reculement n'est pas bien sur le plein de la fesse et qu'il tombe trop bas, dans les descendes il peut soulever les pieds de derrière, les faire couler sur le sol, faire abattre les animaux et les blesser.

Ici, il n'est pas sans intérêt de faire observer que, lorsque les chevaux s'abattent, ce qui arrive encore assez souvent, on est très-embarrassé, et que dans cette mauvaise position on ne pense pas toujours aux moyens les plus simples et les meilleurs pour se tirer d'embarras ; eh bien, la première chose à faire lorsqu'un cheval est tombé dans les brancarts et en limon, c'est de suite de détacher ou de couper les traits, si cela est praticable, car vous aurez beau faire lever les brancarts ou faire appuyer une vingtaine de personnes sur la queue de la voiture, si les traits ne sont pas décrochés ou coupés, il est excessivement rare et presque impossible que l'animal puisse se relever. Ainsi donc, un cheval abattu et accablé par le poids quelquefois énorme d'un brancart, peut périr ou se blesser gravement, si vous n'avez pas un instrument pour trancher à l'instant même les traits, ou, s'ils sont en fer, pour couper de même le mancion ou agraffe en cuir qui les réunit au collier.

Aussitôt que ces obstacles auront été brisés, en élevant alors la dossière, l'animal sera libre et pourra se relever sans difficultés.

Il est encore essentiel de tenir tous les harnais bien proprement : les cuirs, pour qu'ils restent souples et soient moins durs et moins cassants ; les coussinages, pour qu'ils ne s'imprègnent pas de matières salées et animales, qu'ils restent doux et ne pourrissent pas ; et enfin les fers et les cuivres, pour qu'ils ne s'oxydent point, qu'ils ne se chargent pas de substances corrosives ou toxiques, et qu'ils ne puissent devenir sales ou dangereux pour les animaux.

Je ne m'arrêterai pas spécialement au harnachement des animaux accouplés et devant marcher deux ensemble, ni à celui des chevaux de halage, parce que s'il y a quelques différences, ceci n'importe que très-peu pour l'hygiène, et que les recommandations que j'ai faites précédemment s'appliquent, dans les deux cas, de la même manière.

Je recommanderai encore à tous ceux qui conduisent des animaux, d'avoir sur eux toujours des petites cordes, des fausses-mailles, et aussi un bon couteau, pour pouvoir plus facilement parer aux accidents de harnais, et délivrer plus promptement, dans les cas de chutes ou d'autres événements, les animaux exposés à être blessés ou à périr.

Je ne puis m'occuper des harnais sans parler des instruments intermédiaires entre les forces de puissance des animaux, et celles de résistance des objets qu'ils traitent, des voitures ou autres véhicules, et objets de culture et d'industrie.

Les premiers de ces instruments sont les voitures, dans la construction desquelles la dimension et la hauteur des roues ont une importance majeure pour faciliter les transports.

Plus les roues seront élevées, et plus le bras de levier sera long, moins sera grande la résistance et plus l'animal pourra la vaincre aisément.

Plus le diamètre des roues sera petit, plus le poids sera concentré et moins le roulement sera facile.

D'après ce que je viens de dire, il semblerait que les roues devraient avoir toujours le plus de hauteur possible. Cependant si les roues étaient très-hautes, l'équilibre serait plus difficile, et les voitures seraient trop susceptibles de verser ; par conséquent il faut que la hauteur soit modérée et, autant que possible, en rapport avec la taille du sujet chargé du tirage.

Avec des roues trop hautes, les forces seraient en partie employées à appuyer et à comprimer le sol ; avec des roues trop basses, elles serviraient inutilement à soulever le véhicule, et dans les deux cas, il y en aurait toujours une portion perdue pour la traction.

Il faut donc donner aux roues une hauteur en rapport avec les sujets que l'on emploie et avec les travaux qu'on devra exécuter ; et la hauteur la plus ordinaire et la plus commode des roues est d'environ 1ᵐ 80ᶜ.

Bien que la largeur de la jante des roues augmente la surface de leur frottement sur le sol, ici, comme celui-ci est de roulement, une plus grande largeur ne peut qu'aider à franchir, à atténuer les secousses que produisent les interstices et les irrégularités de certains chemins, et à pénétrer moins dans les terrains mous, à vaincre plus facilement les obstacles qu'ils peuvent opposer, et nécessairement à rendre les efforts des animaux plus sûrs et plus fructueux. Néanmoins, il faut que cette largeur ne donne pas trop de poids et qu'elle concorde avec celui du véhicule.

Les voitures sont à deux ou à quatre roues : les premières sont plus légères et plus faciles à mener, mais elles concentrent davantage la charge et donnent des secousses plus sensibles et plus violentes aux animaux; et en plus, si les brancarts, étant posés sur la dossière, ne se trouvent pas dans une position horizontale, ou encore, que l'on place trop fort sur le devant ou sur le derrière les matériaux ou autres objets qu'on veut transporter sur la voiture, ceux-ci enlèveront ou pèseront sur le limonier, et ils deviendront une cause de fatigue et d'usure plus prompte pour les animaux.

Les voitures à quatre roues, quoique plus difficiles à diriger, n'ont pas les mêmes inconvénients et pourraient, dans un grand nombre de circonstances, avantageusement remplacer les premières. Elles sont moins brusques, ne secouent pas autant et exposent moins les animaux dans les chutes qu'ils sont susceptibles de faire.

Pour les personnes, elles offrent plus de sécurité; et si elles sont un peu plus pesantes dans les montées, elles permettent d'aller plus vite et de regagner au-delà le temps dans les descentes.

Dans les cas où on a à transporter des corps lourds et difficiles à charger, il faut des voitures avec des essieux courbés, et organisés de manière à ce que le moyeu soit toujours plus élevé que le fond du véhicule.

J'ai déjà vu à Reims et dans d'autres grandes villes, des voitures très-bien construites d'après ce système, pour conduire des bœufs vivants à l'abattoir; elles peuvent également servir pour des marchandises ou certaines matières encombrantes.

Pour les voitures à quatre roues, il faut observer les mêmes principes que pour celles à deux roues, et faire en sorte que la tige d'union des deux trains soit toujours dirigée horizontalement.

La force de chaque animal profite plus seule et isolément dans la traction d'un véhicule, que si on les fait agir en bloc et réunis, parce que les efforts de plusieurs se contrarient, et qu'ils n'ont pas assez d'ensemble.

Dans des calculs faits à ce sujet, on a remarqué qu'un seul cheval peut traîner 1,440 kil., tandis que huit n'en traînent que 5,500, et par conséquent alors, pour les derniers, ce ne serait que 690 par cheval.

Il y a donc plus d'avantage à avoir des voitures moyennes de deux ou trois chevaux, que de se servir de gros équipages et d'attelages aussi nombreux.

On ne se sert que peu de traîneaux en agriculture dans la Marne et en Champagne; on a raison, car dans l'emploi de ceux-ci la collision ou le frottement étant par raclement, ils offrent beaucoup plus de résistance que s'ils étaient par roulement.

Cependant si on croyait bon d'en faire usage pour le transport des fumiers dans les cours, ce qui est assez commode, il faudrait avoir soin que les extrémités fussent mousses et bien relevées, pour éviter des accidents.

J'ai vu un traîneau, arrêté brusque à l'angle d'un pavé de ruisseau, donner une secousse si violente au cheval qui le traînait, que l'artère sous-capulaire en fut rompue et que l'animal en est mort en moins de deux heures.

Quant à l'emploi de l'araire et de la charrue, Mathieu de Dombasle disait que le deuxième instrument réclamait plus de force et produisait moins de travail, qu'il est plus compliqué et qu'il coûte davantage.

En effet, dans la charrue le poids de l'avant-train et la résistance supplémentaire que celui-ci éprouve dans les terrains mous et inégaux, la dépense plus considérable qu'il impose pour le confectionner et l'entretenir, et le tiers de force qu'il exige en plus pour le faire fonctionner, paraissent évidemment des raisons plausibles pour ne pas s'en servir.

Néanmoins, dans nos pays les sols sont trop commodes, les ouvriers trop habitués à la charrue, et le transport de celle-ci trop facile, pour ne pas lui donner la préférence et la conserver.

Dans la Marne et en Champagne, excepté dans les vallées, les terres fortes et les montagnes, il faut préférer les charrues à l'araire.

Je ne parlerai des autres instruments que pour dire que dans leur emploi il faut encore beaucoup de soins pour éviter les accidents ou les prévenir.

Le ferrage est d'une utilité absolue pour les animaux de travail, et il réclame des soins qui ne sont pas assez appréciés et qui sont trop généralement méconnus.

Une ferrure négligée ou mal exécutée peut être la cause d'une foule d'accidents très-graves : non-seulement on perd des chevaux, on en estropie pour une mauvaise ferrure, mais cela souvent entraîne dans des dépenses qui dépassent la valeur des animaux qu'on désire conserver.

En Belgique, on a bien su apprécier l'intérêt et l'importance des bonnes ferrures, car le ministre de l'agriculture vient de créer des cours de maréchalerie, auxquels tous les ouvriers maréchaux sont admis et transportés gratuitement aux lieux où ils doivent être faits.

Dans les premiers temps, les peuples ne ferraient pas leurs chevaux; et dans un ouvrage publié par Xénophon, quatre cents ans avant Jésus-Christ, l'auteur ne parle pas encore de cette opération. Il paraîtrait que c'est seulement sous les Romains qu'on pratiqua d'abord la ferrure, car Suétone dit que le luxe était tel sous Néron, que cet empereur faisait ferrer ses mules avec des fers d'argent, et que celles de Poppia en portaient qui étaient en or.

En arrivant à un état plus avancé de civilisation, et en imposant des points déterminés à la circulation sur le sol, il a fallu nécessairement le garantir d'un détérioration produite par un passage incessant d'hommes, d'animaux et d'instruments de toutes espèces.

A cet effet, il y a eu obligation de recouvrir ces différents points de substances dures et résistantes, pour qu'ils ne soient pas sitôt détériorés, et qu'ils puissent plus longtemps soutenir tous ces chocs et tous ces frottements; il a fallu faire et confectionner ce que l'on appelle des routes.

A l'état sauvage, les animaux peuvent ne pas être ferrés; mais dans les lieux habités, il a fallu dépasser les prévoyances de la nature, et par la présence d'un corps intermédiaire, entre le pied et le sol modifié par un empierrement, chercher à prévenir l'action trop violente de ce dernier.

Pour les animaux des espèces chevaline et bovine, on a voulu prévenir les conséquences d'un frottement trop dur et d'une usure trop précipitée du pied, par l'application d'un fer sur cet organe. Ce sont là les motifs qui ont suscité l'idée, et ont provoqué le besoin d'appliquer sous les pieds des animaux cette sorte de préservatif.

Je ne veux pas faire ici un cours de maréchalerie, mais j'engage très-sérieusement les propriétaires à prendre en grande considération les quelques conseils que je vais donner; ils sont dans leur intérêt, et ils feront très-bien d'en profiter.

En s'occupant de la ferrure, il faut parler du pied des animaux.

Les animaux ruminants n'étant jamais soumis à des allures rapides, et n'exigeant que peu de soins pour le ferrage, je ne m'occuperai plus spécialement que des chevaux et des poulains.

D'abord, lorsqu'on élève des poulains, il serait très-bon et très-nécessaire d'avoir des boxes, ou des prés, ou des vergers, parce que l'immobilité ou le séjour complet à l'écurie empêche l'élasticité du pied et le développement de la corne.

Un bon pied ne doit pas être étroit ou trop petit; il ne doit pas non plus être large ou trop grand.

Le pied, rogné trop court, fait pousser le boulet en avant et rend la sole sensible; la corne trop longue pousse le boulet en arrière, distend le tendon, le fatigue et détermine des bleimes.

Tous les chevaux qu'on achète, dont la corne est longue, et qui n'ont pas été ferrés depuis longtemps, méritent un examen attentif. Ces animaux paraissent toujours parfaitement d'aplomb et droits sur leurs membres, tandis que souvent, après avoir eu la corne coupée et le pied raccourci, on est tout étonné de voir le boulet pousser en avant. Cette opération dévoile un défaut que la longueur du sabot masquait, et que son amoindrissement et le nouveau ferrage devaient faire découvrir.

Beaucoup, ou plutôt tous les marchands, savent très-bien

ceci, et ne mènent que rarement les chevaux en ferrage avant de les vendre. Il faut s'en méfier, parce qu'un cheval long ferré devra toujours se montrer et paraître avec de meilleurs aplombs. Ainsi, comme je viens de le signaler, outre le but de conserver la corne, le ferrage peut modifier la forme du sabot, rétablir et améliorer les aplombs et, dans beaucoup de circonstances, suppléer à des défauts de conformation, et prévenir des accidents consécutifs à des allures pénibles et défectueuses.

Le sabot étroit est ordinairement pourvu d'une corne dure et résistante; il conserve parfaitement le fer bien attaché, mais il gêne souvent l'intérieur et détermine des bleimes par compression latérale; et ensuite, comme le point d'appui se fait sur une surface moins étendue, l'irrégularité du sol et les interstices des pavés donnent facilement lieu à des vacillations du pied et à des secousses fréquentes qui tiraillent les ligaments des articulations, ruinent les jambes et usent très-promptement les animaux. Aussi est-il remarquable, bien que je sois peut-être le premier qui en fasse l'observation, que les chevaux à pieds petits et serrés ont toujours la corne bonne et les jambes fort mauvaises.

Pour le ferrage de ces sortes de pieds, il faudra rogner largement le tour et le bas de la muraille, ne toucher que le moins possible à la sole et à la fourchette, et ensuite enlever encore du talon tout ce que raisonnablement on pourra.

D'un autre côté, par le ferrage il faut, le plus possible, élargir le dessous du pied, c'est-à-dire que, comme on le fait pour les mulets en Provence, il faut des fers qui garnissent ou dépassent la corne, et laisser en dehors un bord ou une petite galerie dans presque la moitié du pied, pour élargir le plus possible la base de soutien, et pour rendre les aplombs moins pénibles et plus sûrs.

Il faudra encore faire attention que les fers destinés aux pieds étroits soient étampés le plus loin possible de l'extrémité des éponges, afin de ménager l'élasticité du sabot, et en les attachant, de ne pas en piquer les parties vives.

Enfin, l'application fréquente de bouse de vache sous la sole, celle de corps gras sur toute la surface de la muraille, des bains de rivière souvent renouvelés, et des exercices fréquents, conviendront parfaitement aux pieds étroits et serrés; tandis qu'une litière sèche et l'immobilité de la stalle seraient fatales, augmenteraient cette défectuosité, détermineraient l'encastelure, useraient les jambes et les perdraient beaucoup plus vite.

Chez les chevaux qui ont les pieds larges, la corne est mauvaise; mais, par compensation, les jambes sont bonnes, et en général ces chevaux durent beaucoup plus que ceux dont la corne est bonne et les pieds sont étroits. Cependant ce n'est pas une qualité, et ces sortes de pieds réclament peut-être plus de soins et de précautions que les premiers pour le ferrage.

Le sabot large étant moins creux dessous, la sole est plus rapprochée de terre, et par conséquent plus sujette à être foulée et meurtrie; la paroi, ou ce qu'on appelle la muraille, étant plus oblique, offre moins de résistance et cède plus facilement sous le poids de l'animal; et aussi les fers, y tenant moins solidement, peuvent hocher et se détacher beaucoup plus vite.

Les pieds larges sont donc sans cesse menacés de pincements et de compressions, et exposés aux bleimes sur plat, à ce qu'on nomme des oignons, à leurs complications et à d'autres maladies.

A ces sortes de pieds, il faut sans cesse ménager la corne, ne la rogner que très-peu, et prendre garde que les arcs-boutants ne s'impriment dans les portions charnues et n'y déterminent des bleimes. Il ne faut pas perdre de vue que si un fer se détachait des pieds de cette nature, les animaux seraient incapables de travailler.

Aux pieds larges et plats, et surtout aux pieds combles, il faut des fers à bandes larges et couvertes, sans dépasser en dehors, et exclusivement dans le but de garantir la face inférieure du pied des irrégularités et des exubérances du sol.

Dans l'opération du ferrage, les pieds larges sont moins exposés à être piqués par le maréchal; mais il ne faut pas omettre de recommander à celui-ci de ne poser son fer que très-peu de temps et très-peu chaud, pour ne pas brûler la sole, qui est toujours mince et fort impressionnable, et aussi de mettre la plus scrupuleuse attention pour que celle-ci ne soit pas en contact avec le fer, qui dans la marche la foulerait, la comprimerait, et déterminerait des pincements et des bleimes.

Il faut aussi faire fréquemment resserrer les rivets des clous, parce que ceux-ci, en hochant dans leurs trous, les élargiront et rendront la corne friable et cassante, et que le fer n'étant plus bien maintenu par la muraille, il pourra encore comprimer et fouler la sole. Enfin il faut prendre les plus grandes précautions pour que les chevaux ne marchent jamais nu-pieds; il faut toujours faire une litière bien sèche à l'écurie, et de plus, garnir le tour de la muraille de goudron ou de térébenthine, pour la fortifier, la mettre à l'abri de l'humidité et lui donner plus de résistance.

Je ne parlerai pas du ferrage pour les pieds encastelés, les pieds décollés, les pieds à oignons, les pieds cerclés, les pieds à talons faibles. etc.; cela n'est souvent qu'une exagération de l'un ou de l'autre des défauts précédents, et devra se trouver mieux à sa place dans un ouvrage de maréchalerie ou de thérapeutique; et du reste, ces défauts exagérés ressortent de la médecine, et par conséquent regardent les vétérinaires.

Lorsqu'un pied est de travers, et que l'un des côtés est moins élevé que l'autre, on y remédie au moyen de bosses, ménagées au fer, pour rétablir les aplombs.

Si un cheval se coupe, on a soin de laisser la corne plutôt déborder le fer et de ne pas la diminuer en dedans du côté coupant : ce ferrage se nomme à la turque.

Quelquefois les chevaux panards se coupent avec l'angle externe de l'extrémité de la branche interne du fer : alors il faut arrondir cette partie en la tronquant légèrement, et ensuite l'incruster un peu dans la corne, en évitant de gêner ou de blesser les animaux.

Lorsque des chevaux forgent, il faudra, pour dans la marche hâter la levée des pieds antérieurs, sur lesquels le choc a lieu, enlever le plus possible de corne aux talons et en diminuer la hauteur, puis placer dans ce but, sur le pied, un fer court et aminci en biseau à ses extrémités.

Dans ces conditions, à cause du tiraillement que ces nouvelles dispositions du pied exercent sur les tendons, l'animal éprouve une espèce de douleur qui le force à précipiter et à lever plus vite les pieds antérieurs; et alors le pied postérieur ne venant plus prendre la place de celui de devant que lorsque celui-ci est avancé, le bruit cesse, et l'animal ne forge plus. Si cela ne suffisait pas, il faudrait dans un autre sens, pour retarder la levée des pieds postérieurs, n'abattre à ceux-ci que peu ou point de corne aux talons, et tronquer le plus possible celle-ci en pince; appliquer un fer avec de hauts crampons, et puis couper carrément celui-ci à sa partie antérieure. Par ces dispositions, la levée des pieds postérieurs devant être retardée comme celle de ceux de devant a déjà été avancée ou plutôt précipitée, des rencontres ne seront guère possibles entre les sabots du devant et ceux du derrière, et par conséquent les chevaux ne pourront plus produire le bruit désagréable et ennuyant qu'on désigne sous le nom de forger.

Souvent il s'introduit entre le fer et la sole ou la fourchette, des clous, des pierres, des éclats de bois, de verre ou autres choses qui compriment le pied, le foulent, le piquent ou le blessent; il faut toujours avoir sur soi, lorsque l'on conduit des chevaux, un crochet pour, à l'occasion, extraire ces corps étrangers et en débarrasser les animaux.

Le pied du bœuf, élastique et plus flexible par sa division en deux parties, réclame moins de soins pour le ferrage que celui du cheval et de l'espèce asine.

Les bœufs ne sont ferrés que dans les pays où ils travaillent, et alors, c'est tout simplement une petite plaque de fer mince, étampée, que l'on maintient avec des petits clous sur l'onglon du dehors, qui constitue le ferrage.

Toutefois, on prendra la précaution de ne piquer ni de comprimer les portions charnues, et aussi, comme pour le cheval, on prendra garde, lorsque le fer sera ajusté et qu'on voudra le présenter pour le faire joindre sur la corne, qu'il ne soit trop chaud et qu'il ne reste trop longtemps, parce qu'il brûlerait l'animal et le rendrait boiteux.

En général, les propriétaires doivent toujours faire accompagner leurs animaux chez le maréchal, parce que fréquemment des ouvriers impatients les brutalisent, les

frappent avec le brochoir, et peuvent les blesser dangereusement.

A la forge, pendant l'hiver, les chevaux longtemps immobiles devraient toujours avoir sur le corps une couverture, pour éviter le froid et ses conséquences.

Il y aurait encore bien des choses à dire sur le ferrage,
mais cela serait trop long et dépasserait nos limites et notre
but; seulement, avant de terminer, je veux bien recommander aux propriétaires, aux cochers et aux conducteurs,
que toutes les fois qu'ils auront des animaux boiteux, ils
fassent faire toutes les recherches possibles dans le pied,
et que celui-ci soit toujours bien paré et bien exploré à
fond, et même plusieurs fois, avant de se décider à l'application d'un traitement sur un autre point.

J'ai vu tant de fois, pendant qu'on passait son temps à
traiter les genoux, les jarrets, les épaules, les boulets et
autres régions pour certaines maladies, idéales ou imaginaires, que le vrai mal, dans les pieds, faisait de si graves
et si grands ravages à l'insu des propriétaires, que je considère comme un devoir de bien fixer l'attention de mes
lecteurs sur ce point et à ce sujet.

CHAPITRE XI.

DES ESPÈCES ET DES RACES.

Origine des espèces, formation des races ; — influences extérieures et moyens de reproduction ; — entretien et amélioration
des races par la multiplication ; — les vétérinaires, la zootechnie
et les divers systèmes de reproduction ; — *la consanguinité* et
son influence sur les générations ; — *la sélection* (Breed and in
des Anglais) et ses avantages sur l'industrie des animaux ; — *le
croisement* ou le système le plus large par le choix des reproducteurs ; — conclusion que chacun de ces systèmes ne peut
se compléter qu'avec le secours de l'alimentation.

Les animaux de toutes les espèces doivent nécessairement remonter à la création, et la race n'est qu'une variété
plus ou moins caractérisée d'individus d'une espèce quelconque.

La race a une existence plus ou moins ancienne ; elle
peut être pure ou mélangée par la fusion de deux ou plusieurs entre elles ; mais, toujours, l'individu appartient à
une ou plusieurs races par quelques caractères souvent
sensibles, et quelquefois confondus par la diversité de celles
d'où il provient.

Chaque espèce d'animaux a des caractères tranchés et
généraux qui appartiennent à toute la classe ; mais chaque

race dans chaque espèce a des caractères particuliers qui servent à la distinguer, caractères qui, primitivement lui ont été imprimés par les agents extérieurs, et qui peuvent être conservés par son sang propre ou par elle-même.

La race peut se perpétuer telle qu'elle est et avec ses propres caractères; mais puisque ceux-ci se sont formés avec des agents extérieurs, c'est-à-dire sous l'influence des lieux où elle vivait, des soins qu'on lui a donnés et de l'alimentation qu'elle a reçue, elle ne pourra rester elle et ce qu'elle est (avec ses qualités et ses défauts) qu'avec le secours des éléments du dehors, et ne pourra s'entretenir que par elle-même et qu'avec eux ou par des analogues.

Il y a encore quelques pays où la race reste immuable, parce que, stationnaire comme les populations, elle trouve dans la localité où elle vit, sans cesse et toujours les mêmes principes d'existence.

La race peut encore s'entretenir et conserver ses caractères avec quelques modifications dans les éléments qui l'entourent, mais, selon leur valeur, perdre ou acquérir des qualités plus ou moins grandes et plus ou moins développées.

Les races seulement s'éteignent avec les individus, et elles se conservent plus ou moins pures en se perpétuant par elles-mêmes; mais encore les caractères particuliers de chacune d'elles dépendent toujours des choses ambiantes, c'est-à-dire du climat et de l'alimentation.

Nous nous sommes occupé déjà de ces agents extérieurs (de l'hygiène); seulement, nous avons voulu noter qu'ils jouent le premier rôle et le rôle indispensable et principal dans la constitution ou dans la création, et dans l'entretien et l'amélioration des races.

On peut aussi améliorer les races par la génération ou la manière de les perpétuer; et, pour les améliorer en les perpétuant, il y a trois moyens reconnus et prônés depuis longtemps par les vétérinaires : l'*amélioration* d'une race par elle-même, l'*amélioration* par le choix des animaux ou l'apparcillement, et l'*amélioration* par le croisement des races différentes.

Il existe depuis longtemps, pour les vétérinaires comme pour les médecins, une science que l'on nomme la *physio-*

logie, science qui a pour objet la connaissance des fonctions et de tous les phénomènes que présentent les êtres organisés ; mais, dans ces derniers temps, on a vu surgir des hommes qui se sont occupés avec un redoublement de zèle, de la science des animaux, et qui ont pris le titre de zootechniciens, comme si quelques savants qui se seraient occupés de physiologie humaine, se posaient à côté de nos médecins avec la prétention de fonder et instituer une science homotechnique.

La zootechnie, comme la physiologie, n'est pas une science nouvelle ; depuis longtemps les vétérinaires la pratiquent en grand et ont constamment étudié les fonctions organiques, et dans leur état de santé et dans leur état de maladie sur les animaux.

Effectivement, comme distraction à d'autres occupations, des chimistes, des savants de plusieurs classes, de riches propriétaires, et encore plus des cultivateurs intelligents, ont fait faire de grands progrès et ont rendu de grands services à l'industrie agricole ; nous devons en être reconnaissants et en remercier bien cordialement les auteurs ; mais que ces nouveaux venus croient créer la science qu'ils appellent zootechnique, et qu'ils veuillent la substituer à la science vétérinaire, qui avait déjà beaucoup plus fait avant eux, et qu'ils remplacent les expressions assez claires de celle-ci par un nouvel idiome qui n'était pas indispensable, voilà ce qui n'était pas nécessaire.

Je me demande même ce que deviendront les zootechniciens après l'écoulement de ces hors-d'œuvre et que ces moments de distraction seront passés. Je pense qu'il ne restera alors plus que les vétérinaires, qu'on aura un instant oubliés ou méconnus, mais qui seront là avec la science que toujours leur profession commande, et qui, dans une position plus assurée, pourront toujours plus facilement s'en servir et sauront mieux aider les autres à en faire l'application.

Cependant, comme tout ce qui se publie doit être compris, et qu'à ce sujet il y a un intérêt majeur pour nos cultivateurs à ce qu'ils puissent le comprendre, c'est ce que je viens entreprendre dans cet article, à propos de la manière de multiplier les animaux.

Voilà les mots qu'on emploie pour exprimer aujourd'hui les différentes manières dont on pratique la multiplication :

La *consanguinité*, la *sélection* (ou le *breed in and in* des Anglais) et enfin le *croisement* (expression qu'on a conservée) ; et comme on ne s'entend pas encore parfaitement sur leur valeur, je dois tâcher de donner la signification exacte de chacun d'eux.

La *consanguinité* est l'application rigide d'un système qui consisterait dans la reproduction des animaux par la même famille, et par elle seule, c'est-à-dire du père avec la fille, de la mère avec le fils, du frère avec la sœur, et enfin, des oncles et tantes et cousins entre eux.

C'est la génération avec le même sang.

La *sélection* est l'application d'une méthode par laquelle on fait un choix calculé et bien concis d'animaux reproducteurs de chaque sexe, mais parents plus ou moins éloignés, ou seulement de la même race, qui ensemble doivent donner des produits tels qu'on les désire : c'est un appareillement dans la race.

Enfin, le *croisement* est le système qui consiste à introduire dans une race quelconque un nouvel élément, et à contrecarrer, par des qualités d'une autre race, les défauts de la race primitive.

Pour apprécier mieux les avantages de chacun de ces systèmes d'amélioration par la génération, il faudrait avoir quelques notions physiologiques pour, avec la connaissance de la nature des autres moyens disponibles, pouvoir diriger les améliorations dans le sens de ses goûts ou de ses intérêts ; aussi, en passant en revue ces divers systèmes de propagation, nous nous occuperons un peu des choses accessoires les plus importantes qui doivent les accompagner pour qu'ils puissent être rationnels et lucratifs.

Voyons d'abord le système de la consanguinité.

L'individu qui nait de deux êtres vivants, doit en répéter les traits et les conditions intimes de santé ou de maladie : c'est la loi de l'hérédité ; mais le climat, l'alimentation, le régime et les travaux peuvent modifier dans un sens ou dans l'autre les premiers caractères, ou les qualités et les défauts de la famille primitive ou de ses ancêtres.

La consanguinité est donc le premier moyen pour perpétuer dans une race les caractères qui la distinguent, et par conséquent l'expression la plus complète des moyens de sa conservation.

A l'appui de cette théorie, M. Baudoin a communiqué dernièrement à l'Académie des sciences une note de laquelle il résulte que, depuis vingt-deux années consécutives, il a conservé un troupeau de brebis mérinos de Saxe, constamment reproduit par lui-même, non sans dégénérescence, mais avec une amélioration sensible à partir du point de départ. Il faut dire aussi que ces animaux ont été *constamment soumis à un régime coïncidant avec les besoins de cette race*, et que ces unions consanguines se sont toujours opérées *par un large choix parmi les meilleurs reproducteurs*.

On pourrait conclure de cela que le système de la consanguinité pour reproduire, non seulement n'est pas à dédaigner, mais qu'il serait le plus sûr moyen pour entretenir une race, *si on sait et on peut en faire bien l'application*, et qu'on soit en possession de *tout ce qu'il faut* (*climat et régime*) pour la maintenir dans ses caractères ou sa conservation.

Cependant, il ne faut pas abandonner cette opération au hasard, car les produits, en pouvant prendre les qualités de leurs parents, en héritent encore plus facilement les vices et les défauts; et cela est tellement vrai, que pour l'espèce humaine, afin d'en éviter les funestes conséquences, les unions consanguines sont considérées comme immorales, et qu'elles sont proscrites et défendues par les lois et la religion.

Tout le monde sait que les unions consanguines sont une cause de dégénérescence et d'abâtardissement. M. Brochard cite qu'à Nogent-le-Rotrou, il y a eu 16 sourds et muets sur 55 enfants nés de cousins-germains; 4 sur une seule famille de 8 enfants dont le père et la mère étaient parents au même degré; et enfin M. Boudin en a compté à Paris 25 pour 100, à Lyon, 28, et à Bordeaux, 30, sur le même nombre des enfants issus de mariages consanguins.

Maintenant, si la consanguinité pour les animaux peut se pratiquer pour entretenir le type et conserver la race quand on a un large choix à faire parmi les reproducteurs, elle ne doit toujours être qu'une restriction, et laisser la place à d'autres systèmes plus extensibles et plus sûrement améliorateurs.

Pour l'industrie agricole, et particulièrement pour l'industrie des animaux, généralement on sait aussi aujourd'hui que ce ne sont pas uniquement les qualités physiques que l'on recherche, mais, que même les défauts de constitution qui donnent aux animaux certaines aptitudes à produire des bénéfices, sont souvent ce que l'on veut faire naître et ce qu'on veut conquérir. C'est pourquoi la consanguinité, qui est une cause de dégénérescence pour l'espèce humaine qu'elle affaiblit, et dans laquelle la graisse qu'elle provoque est le symbole de la crépitude et de la vieillesse, est devenue dans quelques-unes de nos espèces animales une cause de progrès et d'amélioration; et en effet, on ne peut nier que l'application suivie avec persévérance de la multiplication des animaux par la consanguinité, soit une conquête des plus heureuses pour l'industrie agricole, et qu'elle a été un des moyens les plus puissants, pour les Anglais, de constituer leurs belles races en les rendant, comme je viens de le dire, beaucoup plus précoces et plus aptes à l'engraissement.

La consanguinité, comme l'a pratiqué M. Baudoin, est déjà une sélection restreinte; mais la sélection, telle que l'entendent les zootechniciens d'aujourd'hui, est plus large et prend plus d'extension.

Sélection veut dire, selon la langue française : choix ou triage avec examen (Boiste); et selon le langage zootechnique : choix et moyen d'améliorer les animaux dans la race et par la race qu'on veut perpétuer (1).

Ce moyen, en étendant la sphère dans laquelle seule on veut opérer dans le premier, en augmente les avantages et en restreint les inconvénients, puisque, comme lui, il donne plus de précocité aux produits, qu'il les vieillit plus vite et les rend plus aptes à l'engraissement, et qu'en

(1) On ne doit nécessairement pas confondre la sélection d'après sa signification, avec la consanguinité, puisque dans ce dernier système on n'a pas la latitude du choix, et qu'on est restreint à la famille.

même temps il permet de puiser dans les lignes collatérales et dans des parentés éloignées, et même simplement dans la même race, les animaux les plus amples et d'un plus grand développement.

Cependant, en zootechnie ou plutôt en physiologie, il ne faut pas toujours compter sur la sélection, ou se borner et se restreindre à l'application rigoureuse et simple de ces deux systèmes; car ils peuvent être avantageux ou funestes, selon le but qu'on se propose et selon les positions dans lesquelles on se trouve de pouvoir les appliquer.

Un de nos plus intelligents publicistes, M. Sanson, l'a très-bien compris, lorsqu'il dit : « La sélection, considérée dans ses rapports avec l'amélioration, est une méthode complexe, qui ne consiste pas seulement dans le choix des reproducteurs qu'on veut propager, mais qui doit aussi s'occuper des procédés, en dehors desquels l'amélioration résultante des agents hygiéniques ne peut être produite ou transmise par génération. »

Cela veut dire, évidemment, qu'il faut souvent avoir recours à d'autres moyens et à d'autres procédés pour obtenir assurément l'action amélioratrice qu'on veut donner aux animaux; mais comme ceci est en dehors de notre sujet et rentre dans les questions plus générales d'hygiène, nous sommes obligé de nous restreindre et de n'en pas parler dans ce chapitre.

Ce qu'il faut chercher en économie rurale, ce ne sont pas les animaux de telle ou telle race, si belle et si agréable qu'elle soit : ce sont des animaux qui puissent bien s'entretenir avec ce qu'on a à leur donner, et d'une conformation et avec des aptitudes qui coïncident avec les besoins et les ressources de sa position; et ce doit toujours être dans des transformations qui, en diminuant les frais, doivent augmenter ou les revenus ou les services, que l'on trouve de véritables améliorations, dussent-elles s'obtenir aux dépens de la santé parfaite et même d'une partie de l'existence des animaux.

La spéculation en zootechnie passe avant l'hygiène, et mieux avant la durée plus ou moins longue de la vie des animaux. Mais comme la *multiplication des familles par elles-mêmes* peut être une cause de dégénérescence des

espèces, si on n'y prend garde, et qu'elle a pour conséquences fréquentes de débiliter et d'engourdir la descendance, il faut y faire attention et bien se pénétrer que, si
c'est une chose bonne et convenable pour fixer une race,
elle ne l'est déjà plus que temporairement pour les chevaux
de courses et de travaux fatigants, dont il faut renouveler
le sang et retremper la vigueur; et encore, comme rien
n'est immuable et que le progrès amène le progrès, et
qu'en réalité si nous avons une race déjà bonne, il ne faut
pas désespérer de l'améliorer et de la rendre meilleure, il
ne faudra jamais se cramponner obstinément à ces deux
systèmes, à croire que c'est le dernier mot de la science et
qu'on n'a rien de mieux à faire. A cet effet, dans beaucoup
d'occasions et dans des cas communs, la zootechnie, ou
plutôt la science vétérinaire, a mis en pratique un troisième
système de multiplication pour les animaux, qui est le
croisement.

Le système du croisement est, aujourd'hui que les avantages des deux premiers sont connus, des trois celui peut-
être qui peut rendre les plus grands services.

Le croisement est dans l'ordre et la nature actuelle des
choses, car maintenant partout les races s'éteignent ou se
confondent, et il y a une tendance marquée à une fusion
générale des races et de la société.

Les animaux doivent être coulés dans un moule dont la
forme doit convenir aux usages pour lesquels ils sont destinés; et si un propriétaire n'a pas un bon moule, ce sera
souvent avec le croisement qu'il pourra parvenir à le fabriquer. C'est ainsi que les Collings et les Bakewell ont
trouvé l'empreinte des belles races qu'ils ont propagées par
la consanguinité et la sélection.

Le croisement est l'accouplement de deux sujets de race
différente, et le produit du croisement est un métis. Mais
le métis peut être une tête et une souche, et créer une
race qui aurait ses caractères et pourrait se perpétuer par
elle-même ou par sélection.

C'est comme cela que se sont faits le cheval anglais, le
bœuf durham et le mérinos français (1), qui ne sont plus

(1) Dans aucun document en Angleterre, on ne trouve traces

des métis, mais qui sont bien des races constituées d'abord par le croisement et faites par le métissage.

Le croisement peut être le moyen de créer une race toujours intermédiaire, mais qui pourra être supérieure aux deux races primitives, si ce croisement a été fait à propos et avec discernement.

Le croisement est donc le moyen le plus large d'amélioration, puisqu'il autorise à sortir de la famille et de la race, et qu'il permet de s'adresser à tous les animaux de la même espèce.

Le croisement qui se fait pour avoir des races intermédiaires, se fera à part égale avec chacun des deux types, ou bien il se fera plus ou moins multiplié avec celui des deux dont on veut la domination des qualités ou des caractères dans les produits. Ainsi, on croise l'étalon anglais avec la jument normande pour avoir l'intermédiaire entre les qualités de vitesse du premier et celle de charpente de la seconde; et on croise le mérinos avec le dishley pour avoir les qualités de laine du premier avec la production de viande du dernier; mais comme chacune des deux races reproductives ne peut donner que sa part et une moitié amélioratrice au produit, celui-ci, en participant des deux, ne peut offrir que des caractères intermédiaires à ceux de chacune d'elles.

Ceci est le croisement régulier, et celui duquel résulte le demi-sang, qui, s'il a acquis toutes les qualités que l'on désire, peut faire souche et donner une race améliorée.

Mais si de ce premier croisement on n'a encore acquis qu'un degré de l'amélioration qu'on veut obtenir, on croise encore le produit de ce premier croisement avec celui des deux types qui est plus en possession des qualités que l'on désire, et c'est en forçant ainsi les croisements qu'on trouve en eux des ressources infinies pour améliorer les animaux dans le sens le plus favorable à ses goûts ou à ses intérêts.

Le croisement peut se faire, non seulement pour créer et améliorer une race; il peut être aussi mis en pratique

d'importations de cavales étrangères; tandis que dans *General Stub Book*, à différentes époques, souvent il est fait mention qu'on y a introduit des étalons barbes, turcs, persans et arabes.

8*

pour produire toujours des métis avec des qualités spéculatives et qu'on ne voudrait qu'éphèmères, et lorsqu'on pourra vendre facilement des produits, sans avoir l'intention de changer une race; c'est alors qu'on pourra encore en faire l'application.

Enfin le croisement est certainement l'opération principale et la plus importante pour l'amélioration des races; mais il ne faut pas qu'il soit pratiqué avec légèreté et sans discernement, parce qu'il pourrait les détériorer au lieu de les rendre meilleures et de les perfectionner.

S'il ne s'agissait, pour la reproduction, que de prendre un étalon arabe, un taureau Durham ou un mouton Dishley, et de les croiser avec des femelles communes et ordinaires pour avoir des produits améliorés, il y a longtemps que nous serions arrivés au degré de perfectionnement que nous désirons; mais pour que les croisements réussissent bien, il n'en est pas ainsi : il faut toujours qu'ils soient faits de manière à pouvoir donner aux animaux croisés les qualités qui leur manquent, et que surtout ces qualités coïncident avec les ressources du propriétaire et avec l'écoulement facile et lucratif des produits qu'il doit en retirer.

Voici donc les avantages et les inconvénients des trois systèmes de multiplication admis aujourd'hui par les vétérinaires et les zootechniciens pour le perfectionnement de nos races et l'amélioration de nos animaux :

1° La consanguinité, qui est vicieuse en principe et dangereuse pour le maintien d'une race perfectionnée, si pour la conjonction des animaux on n'a pas un choix nombreux de reproducteurs dans lesquels on puisse prendre seulement les plus forts et évincer les plus faibles.

C'est à ce système, mis en pratique d'abord par les Anglais, que l'on doit la conquête des races de produits; mais leurs auteurs ont senti eux-mêmes les effets fâcheux que la persévérance dans son emploi pourrait avoir, et, les premiers, ils se sont hâtés de former des branches nouvelles pour prévenir la décadence et la dégénérescence de leur race primitive.

Il ne faut donc jamais pratiquer d'une manière absolue

la consanguinité, ou ne la mettre en vigueur que pour la création d'une nouvelle race;

2° La sélection, qui est l'extension du premier système, de la famille à des parents éloignés et à la race, n'est plus incestueuse et n'a plus les mêmes dangers, car, en donnant un choix plus grand parmi les reproducteurs, elle permet une amélioration plus prompte et plus certaine;

3° Enfin, le croisement est le système le plus vaste pour améliorer une race par la génération, puisqu'il peut lui imprimer d'un seul jet des caractères et des qualités conformes à nos goûts et à nos besoins.

Maintenant encore, après l'examen de ces trois systèmes de régénération, je ne veux pas terminer sans le redire, c'est qu'en zootechnie, chacun d'eux mal appliqué peut être une cause de ruine et de déception, et de plus, que dans leur application il est impossible de ne pas compter avec les ressources et l'alimentation locales, les travaux, les soins et le régime du pays; c'est ainsi que l'ont compris depuis longtemps les vétérinaires et les physiologistes; et aussi Mathieu de Dombasle, lorsqu'il disait dans ses écrits : « La race *est le patron* qui prépare, abrége et facilite le travail de l'amélioration, mais le régime sera toujours l'*étoffe* dans laquelle on taille la race que l'on veut établir et former. »

CHAPITRE XII.

DE L'ESPÉCE CHEVALINE.

Choix des animaux et des races, production et élevage; — prix comparatif d'achat et de production à l'âge de trois ans; — examen d'acquisition et direction des chevaux nouvellement achetés; — les chevaux d'attelage allemands et anglais, les chevaux belges et les chevaux de pays; — examen des chevaux de pur-sang et de courses, et de ceux qui conviennent réellement à l'agriculture, à l'industrie, au commerce et à l'armée; — vices rédhibitoires et instructions utiles dans le commerce des chevaux.

Après avoir fait connaître ce qu'il faut rechercher, choisir ou éviter pour la conservation et l'entretien des animaux, nous allons indiquer pour chaque espèce, spécialement le choix qu'il faut en faire selon sa position, et aussi les soins qu'il faut leur donner pour en obtenir tous les avantages que l'on doit en retirer.

Il est entendu que nous ne nous occuperons pas de l'espèce porcine et des volailles qui, bien que d'une grande importance en agriculture, n'étant que d'un ordre secondaire, n'auront pas leur place ici.

Les espèces, comme les races, ne peuvent et ne doivent traduire dans chaque localité que le climat et la qualité des aliments que le sol peut produire; c'est-à-dire, que les animaux doivent être subordonnés aux dispositions topographiques de la contrée où ils doivent vivre, à la nature du sol, à la valeur de ses produits, aux exigences des travaux et au genre d'industrie que l'on peut exercer.

Ainsi dans la Champagne, l'élevage ou l'alimentation des animaux ne peut pas se pratiquer dans les vallées fertiles et aux bords des rivières, comme sur le haut des montagnes, dans les bois et sur des terrains arides. On ne peut pas nourrir dans les environs de Troyes, de Reims et de Châlons, comme dans le Vallage et le Bassigny, ni dans la Brie, Meaux, Château-Thiéry et Provins, comme dans le Rethelois, l'Argonne, Mézières et Charleville; et ni même dans des espaces plus restreints, dans l'arrondissement de Reims. On ne doit pas pratiquer l'industrie des animaux dans le canton d'Ay comme on la pratique dans celui de Bourgogne, pas plus qu'on ne peut opérer dans le canton de Beine comme il faut le faire dans ceux de Fismes et de Chatillon.

Dans l'industrie des animaux, il ne faut jamais chercher les choses à contre-temps, ni oublier que l'amélioration et le progrès véritable ne peuvent marcher qu'en accord parfait avec les éléments et les produits de chaque contrée.

Cela ne veut pas dire qu'il faille fermer les yeux, abandonner tout à la nature, et qu'il n'y a rien à faire; au contraire, dans chaque contrée il y a toujours à faire, et ce qu'il faut principalement rechercher, ce sont chez tous les animaux des aptitudes prononcées à largement profiter des éléments et des ressources du pays, et c'est en agissant persévéramment dans ce sens qu'on améliorera réellement ses animaux et qu'on bonifiera sa position.

Il faut donc dans le choix, l'élevage ou l'introduction des animaux, se demander, avant tout, si le climat, le sol et les aliments dont on dispose, peuvent leur convenir et leur être favorables.

Pour le cheval, il faut examiner s'il est avantageux de produire cette espèce, ou s'il y a plus d'avantages ou moins d'inconvénients à en acheter de tout élevés.

Pour faire des poulains, il est généralement convenable d'avoir des prés et de pouvoir établir des paddocks, ou espèces d'enclos dans lesquels les animaux soient en liberté. Il faut la liberté aux poulains, et malheureusement dans la plupart des maisons de culture, et surtout dans celles de la Marne et de l'arrondissement de Reims, les jeunes chevaux en liberté peuvent, à chaque instant, se prendre dans des traits, des roues, des herses, des charrues, ou tout instrument que l'on voit constamment dans les cours, sous les chartils ou sous les hangars, et sont trop exposés à se tarer, à perdre leur valeur et à ce que l'on n'en puisse rien faire.

S'ils restaient tenus à l'écurie ou attachés derrière leurs mères, les membres resteraient grêles et sans développement. Les animaux ne prendraient ni force ni ampleur; ils auraient de mauvais aplombs, et, quoiqu'assez nerveux, ils resteraient petits et ne vaudraient jamais ce qu'ils auraient coûté.

En 1843, dans un ouvrage que j'ai publié sur l'industrie chevaline de l'arrondissement de Reims, j'ai peut-être conseillé avec trop de témérité la production du cheval dans ce pays. Aujourd'hui, je crois que pour produire des jeunes chevaux, il faut faire attention si on est dans une position qui puisse le permettre avec avantage : il faut prendre en considération l'espace dont on dispose, les grands soins que cette industrie réclame, et aussi, si toutes les chances qu'il faut courir ne donneront pas des résultats plutôt onéreux que profitables; en un mot, il faut calculer si le mal qu'il faut prendre et les dépenses qu'il faut faire seront compensés par les produits que l'on peut retirer.

En général, la production n'est pas avantageuse lorsqu'il faut faire le compte des aliments que coûtent à nourrir des animaux jusqu'à trois ans, sans qu'ils rapportent rien, car pour produire il faut que la nourriture se compose en partie d'aliments dont on n'aurait pu tirer parti d'une autre manière, qu'elle soit prise au fur et à mesure qu'elle pousse, sans qu'on ait eu la peine de la semer et de la moissonner, c'est-à-dire que les jeunes animaux, et souvent leurs mères, doivent en partie se nourrir dans des pâturages qu'on ne ramasse pas, et qu'après avoir mangé cette partie de leur alimentation, quelques jours plus tard ils en retrouvent sans frais et sans manutention une pareille ration à la place où la première avait déjà été prise ; sans cela, la production peut être onéreuse, et il faut lui préférer une industrie plus sûrement et plus raisonnablement lucrative.

Quelques propriétaires néanmoins font des poulains, et dans les moments surtout où les chevaux sont chers, ils peuvent effectivement trouver un certain bénéfice à en produire. Alors je les engage à améliorer leurs races, non dans un sens fin, gracieux et délicat, mais en évitant le lourd et le lymphatique : dans celui d'une utilisation précoce et certaine.

On fera travailler et on vendra facilement des chevaux qui ne seront que demi-légers et pourront, dans tous les cas, servir à des charrois ; tandis qu'en prenant de grandes précautions et en faisant beaucoup de frais, le moindre défaut ou la tare la plus légère empêchera de tirer parti des élèves et des chevaux de pur-sang.

Dans nos pays, les Ardennes, le Bassigny, le Vallage et le Perthois, pour les juments qui ne sont pas très-fortes, en évinçant complètement les mauvaises et en ne choisissant que les meilleures, il sera toujours plus avantageux de leur donner un étalon double et bien étoffé, parce que si son produit est manqué, il pourra quand même nous aider et servir à nos travaux.

En agriculture, il ne faut pas commettre d'écarts ni avoir de distractions inutiles et onéreuses ; par conséquent il ne faut pas chercher à produire des chevaux trop fins, nerveux et irritables, parce qu'avec de légers accidents ou de petites tares ils ne peuvent être vendus ni rien faire.

En Champagne, il faut craindre l'élevage de poulains qui ont trop de sang, parce qu'ils auront les os minces, les canons menus, les sabots étroits et les jambes trop hautes et trop fines, et qu'ils seront grêles, décousus, mauvais et sans valeur.

Il ne faut pas non plus des chevaux empâtés et de grosse humeur ; mais comme ici la fibre a toujours une tendance à se resserrer plutôt qu'à s'étendre et à s'élargir, il y a rarement à redouter que les jeunes poulains, même issus de parents assez forts, y prennent trop de volume et de développement.

Lorsqu'on sera décidé à faire des élèves, on ne doit pas faire. saillir toutes les juments et les prendre au hasard, parce que si on n'a pas bien raisonné sa position, les produits pourraient être mauvais et onéreux pour l'éleveur.

Les juments doivent être larges de bassin, un peu longues, avoir les membres bien développés, les pieds un peu larges et de beaux aplombs; pour le reste, il faudra rechercher l'harmonie dans les formes et la constitution, que nous conseillerons pour les étalons.

Les bêtes tarées, borgnes ou boiteuses, si c'est par accident, peuvent encore faire des poulains lorsqu'elles sont bien conformées; mais si cela tient à une usure prématurée, ou à des vices héréditaires, elles devront être réformées. Il ne faut pas non plus des bêtes trop vieilles ni trop jeunes, parce que chez les premières la nutrition se fait mal, que le poulain doit en souffrir, et que chez les deuxièmes l'état de gestation doit nuire à leur développement et à celui du petit sujet. Enfin, pour les juments, il faut toujours préférer celles qui ont le plus de qualités, et dont la taille, les formes et la corpulence sont en rapport avec les produits qu'on peut utiliser et qu'on veut obtenir.

Pour l'étalon, il faut aussi qu'il puisse bonifier l'espèce, et donner le genre auquel on est arrêté.

Dans les pays de rivières et de pâturages aqueux et abondants, pour ne pas trop grossir la race, pour raffermir la fibre, pour ne pas s'exposer à avoir des animaux lymphatiques et trop volumineux, et pour relever et retremper plus vigoureusement les espèces, il faut rechercher des étalons avec un sang plus énergique; mais en Champagne, il faut se méfier de ceux qui seraient trop fins, car, comme les juments trop fines, la plupart du temps ils ne donneront que des produits trop grêles et défectueux.

Dans nos pays, il faut un étalon d'une construction solide et qui ait au moins la taille et la corpulence qu'on désire aux produits; il faut toujours, n'importe sa taille et sa destination, qu'il soit bas de terre et que ses allures soient fermes et aisées; il lui faut des muscles prononcés, la peau fine et les crins peu abondants; il faut les veines sensibles, la colonne vertébrale horizontale, et surtout qu'elle ne soit pas creuse dans le milieu; le garrot doit être élevé, les épaules longues, les fesses bas descendues, les bras et les jambes bien développés, et les tendons détachés et éloignés du canon; il faut que les articulations soient larges, les jarrets bien évidés et le sabot rond, sans être trop plat, trop large ni trop serré; le flanc doit être court et la poitrine vaste; l'œil vif, sans méchanceté, et les nazeaux bien ouverts; le front doit être large, les maxillaires prononcées et les oreilles fermées et bien plantées; l'encolure devra être développée sans être charnue; le fourreau bien dessiné sans être pendant; les testicules fermes et bien remontés, et le tronçon de la queue fin et haut planté; enfin, il faut que l'anus soit ferme et que dans la marche il ne soit pas enfoncé et mouvant entre les pointes des fesses et la base de la queue.

Un étalon grêle, avec le flanc long et retroussé, avec des membres menus, des sabots serrés, un petit fourreau et les testicules pendants, ne vaut jamais rien; il doit être exclu pour la reproduction.

Les bons étalons ne sont pas communs pour l'agriculture; les particuliers n'en possèdent guère et les haras ne peuvent en fournir. Il faudrait que les sociétés et comices agricoles, par des primes élevées, encourageassent énergiquement les propriétaires à en avoir chez eux; car c'est le seul moyen de les avoir vigoureux et sûrement prolifiques.

Lorsque l'on a d'assez bonnes juments et que le choix d'un étalon sera fait et bien arrêté, il ne faudra pas négliger de surveiller la saillie pour éviter les accidents. Il faut, pour l'étalon comme pour la jument dans l'action de la monte, que les organes digestifs et surtout l'estomac, ne soient pas gonflés par de l'eau ou des aliments pris en abondance; il faut que la jument soit entravée convenablement pour ne pas s'abattre, et pour se trouver dans l'impossibilité de ruer ou de lancer des coups de pieds; il faut que le terrain soit ferme sans être glissant, et enfin que les animaux soient convenablement placés, pour que leurs organes génitaux puissent facilement se mettre en rapport et que l'accouplement ait lieu.

La monte se fait ordinairement aux environs du mois de mars, afin qu'au moment de la naissance du poulain la mère et son produit trouvent dans l'herbe nouvelle une nourriture tendre et assez aqueuse pour faciliter la sécrétion du lait et lui donner les qualités convenables à sa destination.

La jument à l'état de gestation (c'est-à-dire pendant qu'elle est pleine), sans être détournée des travaux qu'elle peut accomplir, devra, surtout dans les derniers temps, être ménagée et surveillée attentivement, afin de pouvoir prévenir les nombreuses causes d'avortement qui en un instant peuvent altérer la santé de la mère et du poulain, et faire perdre le fruit de plusieurs mois de soins et de nourriture.

Pendant le temps que les juments portent, elles sont quelquefois molles, moins sensibles aux excitants et un peu plus paresseuses ; néanmoins, très-souvent j'ai vu, lorsqu'elles sont bien soignées et assez abondamment nourries, qu'elles travaillaient et même qu'elles couraient les relais jusqu'au dernier moment, sans en être incommodées et que cela nuisit en rien au développement et aux qualités des poulains.

Ainsi, des juments pleines peuvent et même doivent travailler, mais avec des ménagements et plus de précautions pendant les derniers mois.

A l'époque du part ou de la mise bas, le ventre est tombant, les mamelles sont gonflées et laissent déjà échapper quelques gouttes de lait ; et si les mères restent quelque temps en repos, les jambes s'engorgent et les allures deviennent gênantes, moins rapides et difficiles. C'est alors qu'il faut séparer les juments et qu'il serait urgent de les mettre dans des boxes, avec une bonne litière, en faisant attention que les stalles, les parois des murs ou le sol ne puissent blesser ni la mère ni le fœtus. Ces boxes doivent avoir cinq à six mètres carrés, pour éviter les accidents pendant les désordres d'une parturition qui est souvent pénible ou laborieuse.

Pendant que la jument pouline, il ne faut intervenir que si les choses n'allaient pas naturellement ; et, dans ces cas encore, l'intervention ne devra pas dépasser ce que nous indiquerons plus tard, lorsque nous nous occuperons de la parturition dans les espèces bovines.

Le poulain met 320 à 380 jours à se développer complètement dans le sein de sa mère; si le part se fait avant ce premier terme, il y a avortement.

Si l'avortement est causé par une maladie, la mère devra, par les hommes de l'art, recevoir les soins qu'elle réclame; mais comme dans les cas d'avortement, n'importe qu'en soit la cause, les organes de la génération se trouvent souvent irrités, en attendant, on pourra toujours les adoucir en rafraîchissant par des boissons blanches, et les calmer par des injections émollientes d'eau tiède, de mauve ou de graines de lin.

Si en outre les mamelles sont gonflées, chaudes et douloureuses, il faudra les dégorger par une traite légère, les assouplir par des corps gras, et soumettre la mère à la diette ou à un régime restreint, comme cela sera prescrit lorsque nous parlerons du sevrage.

Si la jument a pouliné naturellement, son produit se relève bientôt et cherche la mamelle de sa mère; alors, comme celle-ci est quelquefois chatouilleuse, il faut, dans le commencement, intervenir pour aider le rapprochement, dont la difficulté n'est toujours que passagère et de très-peu de durée.

Pendant les premiers jours, la mère et le petit doivent rester à l'écurie, dans une boxe ou sous une loge, et la première devra recevoir une nourriture aqueuse, de l'herbe, des racines coupées, ou des barbotages farineux, des provendes, des mâches, surtout si elle ne donne pas de lait naturellement et en abondance.

Si la mère est en bon état, qu'elle soit jeune et n'ait pas souffert pendant qu'elle était pleine, pour prévenir une fièvre de lait ou l'inflammation des organes génitaux fatigués par le part, les rations seront restreintes dans les premiers moments; mais si elle est âgée, maigre et fatiguée, la nourriture sera choisie et plus abondante, et toujours en proportion assez considérable pour obtenir du lait en quantité suffisante pour l'alimentation du poulain.

Pendant et aussitôt le part, il faut éviter les refroidissements qui arrêteraient la sécrétion du lait et pourraient déterminer des péritonites et des fluxions de poitrine.

La mère et le petit sujet ne doivent jamais rester longtemps enfermés, surtout si l'espace qui leur est réservé est étroit et restreint ; par conséquent, huit ou quinze jours après la parturition, si les animaux ne sont pas au pâturage, il faut qu'ils sortent pour une promenade où le poulain peut suivre sa mère, ou pour quelques menus travaux peu éloignés de la ferme. Si la promenade et l'exercice sont bons, la fatigue ou de trop longues courses diminueraient pour la mère la sécrétion du lait, en même temps que pour le poulain ce serait une cause de privation, de lassitude et de dépérissement.

Si on avait plusieurs poulains, en les laissant ensemble ils ne s'ennuieraient pas, et leurs mères, étant habituées à cette séparation, pourraient mieux travailler, sans qu'on redoutât autant les accidents pour leurs produits.

A deux mois, et même quelquefois avant, les poulains commencent à manger ; mais il faut que ce soit de l'herbe, des mâches, des mêlés, un peu d'avoine ou des grains concassés, des racines cuites, des farines d'orge, de pois, de fèverolles, de graines de lin, et des foins très-tendres, afin d'habituer insensiblement les organes de la mastication, l'estomac et les intestins à supporter plus tard des aliments plus durs et plus ligneux.

Il faut comprendre qu'une jument nourrice, si elle travaille, doit avoir des aliments en plus grande quantité ; car si elle ne mangeait que pour elle, elle maigrirait et son poulain ne se développerait pas et ne viendrait que chétif ou moins bien.

C'est ordinairement vers l'âge de quatre ou cinq mois qu'on sèvre les poulains. Alors, en prenant des précautions pour diminuer chez la mère la sécrétion du lait, par une nourriture un peu restreinte et par plus de travail, on ne devra donner au poulain, dans les premiers temps, que des aliments tendres et toujours en rapport avec la force ou la délicatesse de ses organes digestifs. Il ne faut cependant pas continuer trop longtemps cette alimentation, parce que, pour des animaux destinés au travail, elle amollirait leur constitution et les rendrait impropres aux services qu'on doit en attendre.

Dans tous les cas, il faut que les aliments donnés aux poulains ne soient ni durs ni coriaces, et qu'ils soient toujours d'une digestion assez facile, pour ne pas gonfler l'estomac et séjourner trop longtemps dans l'intestin : le ventre deviendrait volumineux, et son poids, en pesant sur la colonne vertébrale, creuserait le dos et rendrait les animaux faibles et ensellés.

Avec une mauvaise alimentation, les poulains pourraient, par la force des choses, croître et grandir, mais ce sera sans que les muscles se développent, sans que les fonctions s'équilibrent et que le sujet se régularise et se perfectionne.

Généralement, en Champagne, les poulains ne prennent pas un grand développement, et ne se vendent guère que trois à six cents francs à trois ans, à moins que ce ne soit des animaux de races plus distingués, qu'il faut conserver plus longtemps et avec lesquels on court beaucoup plus de risques et on ne réussit pas aussi aisément.

Il n'y a rien de plus mauvais que des chevaux peureux, hargneux et irritables : aussi, il faut habituer les jeunes animaux à se laisser approcher, tenir la tête, les pieds et les jambes, et à supporter l'étrille, la brosse et la couverture. C'est souvent avec de la douceur et des caresses qu'on les approche facilement et qu'ils ne s'effrayent ni de vous ni de vos mouvements, et qu'on parvient à ce qu'ils vous recherchent, plutôt que d'avoir peur de vous et de vous éviter.

Plus tard, il faut les tenir à l'attache et ne jamais trop jouer avec eux, parce que, s'ils ne vous craignent pas un peu, ils peuvent contracter des habitudes vicieuses et devenir insupportables et dangereux.

Comme le travail est nécessaire pour les grands animaux, la promenade et l'exercice sont indispensables à l'activité des organes et au développement des jeunes sujets.

Dans les premiers temps, la conformation des poulains n'a pas une signification absolue, car il y en a qui sont beaux en venant au monde, qui plus tard ne répondent pas à ce qu'on en attendait ; et d'autres qui étaient d'abord vilains, et qui deviennent de beaux et d'excellents chevaux.

Le régime et les soins ont une influence majeure à ce sujet, et il faut savoir en faire une application judicieuse et raisonnée pour réussir.

Ainsi en Champagne, si vous donnez tout d'abord une

trop bonne nourriture, c'est-à-dire une alimentation azotée, sèche et succulente, comme de l'avoine et trop de grains, avant que la charpente ait acquis une certaine ampleur, les poulains resteront grêles et sans développement; c'est pourquoi, pour bien nourrir chez nous, il est nécessaire de commencer par des aliments tendres, pour ne donner du grain et de l'avoine que quand le corps, la corne et les os seront d'un développement assuré et suffisant.

Lorsque les animaux seront assez forts, et que les organes se seront convenablement développés, dans la crainte que leur constitution ne s'amollisse et ne devienne lymphatique, il ne faut plus d'alimentation molle et relâchante; c'est alors qu'il la faut sèche et tonique, pour développer leur énergie et les rendre propres aux travaux et aux fatigues qu'ils devront supporter.

Lorsque les poulains entrent dans leur troisième année, on peut penser à les utiliser et à les livrer au travail, mais avec ménagement et sans les fatiguer et les épuiser; car alors ce n'est qu'en calculant leurs forces, en contenant leur ardeur et en ne les soumettant qu'à des travaux en rapport avec leur corpulence et leur capacité, qu'on peut les conserver sans tares et obtenir ensuite un prix rémunérateur des peines, de la dépense et des soins qu'ils exigent.

C'est lorsqu'ils sont poulains qu'il faut habituer les chevaux à toutes les choses qu'ils doivent supporter; mais on les perd, ils se blessent et on les rend vicieux, si pour les harnacher, les ferrer et les atteler on ne prend pas tout d'abord des soins minutieux et des précautions extrêmes. Il faut leur lever les pieds sans qu'ils s'en aperçoivent, leur mettre le harnais sans qu'ils le sentent, et les atteler sans qu'ils s'en doutent; parce que si on ne procède pas petit à petit, par dissimulation et avec beaucoup de douceur à ces opérations, les poulains s'y soustrairont impétueusement, et souvent en se faisant mal, ils s'effrayeront et deviendront rétifs et ombrageux.

Passé leurs trois ans, les poulains rentrent dans la loi commune, et, comme tous les animaux, doivent toujours être régis par les règles générales de l'hygiène.

Lorsque les juments donnent de bons produits et qu'elles

se portent bien, on peut, sans interruption, les faire saillir aussitôt la mise bas, c'est-à-dire qu'on peut les livrer de nouveau à l'étalon quelques jours après la parturition.

On voit des juments donner des poulains tous les ans sans en être fatiguées, et M. Magne cite une jument d'un propriétaire du Doubs, qui, à 23 ans, donnait son 23e poulain.

Donc lorsqu'on peut produire avec avantage des poulains, les juments, si elles sont vigoureuses et d'une bonne constitution, peuvent être saillies dans la quinzaine qui suit le part.

Nous avons déjà dit qu'il ne fallait pas châtrer les poulains trop tard, à cause des formes disgracieuses que le retard dans l'opération pouvait leur donner. Ici nous recommandons encore l'ablation des testicules aussitôt leur apparition, pour que les animaux ne contractent pas de défauts, et soient moins dangereux à dresser et à atteler.

Dans une partie importante de la région agricole de l'est de la France, le travail (nous l'avons déjà mentionné), est un exercice salutaire qui fortifie les jeunes chevaux : des labours faciles, de bons chemins, une surveillance incessante et des ménagements, les habituent vite à travailler en se fortifiant, en se formant le caractère et en augmentant de qualités et de valeur.

Dans ces conditions, si les agriculteurs ne peuvent pas produire et faire avec avantage des poulains, ils doivent finir et achever ceux qui ne sont qu'ébauchés ailleurs.

Il faut donc pratiquer l'industrie du cheval de différentes manières pour arriver à de bons résultats, et pour la faire dans l'intérêt de l'objet qu'on fabrique et dans celui du revenu qu'il doit produire.

C'est là la clef de voûte de l'industrie de l'élevage ; c'est cela que les hippiatres et les haras n'ont jamais bien compris ; et c'est parce qu'on n'a jamais su encourager que la production seule, que souvent les éleveurs n'ont pas bien réussi, qu'ils n'ont souvent donné que de mauvais chevaux et qu'ils ont mal fait leurs affaires. Nous l'avons déjà dit, ce n'est pas dans le Perche que naissent tous les chevaux vendus sous le nom de cette petite contrée.

Ceux qui peuvent produire des poulains ont raison de le

faire s'ils ont bien calculé ce qu'il en coûte, et s'ils y trouvent de l'avantage; mais dans un grand nombre de communes c'est une mauvaise opération, et il faut s'en dédommager en perfectionnant ou en finissant des animaux qui sont nés ailleurs.

Ainsi, en Champagne, on peut produire des chevaux dans les pâturages de la Haute-Marne, dans ceux de l'Aube, de la Haute-Seine, et d'une partie de l'Aisne et de la Marne; mais les animaux doivent souvent ne pas rester tardivement dans leurs contrées de naissance, et émigrer assez jeunes pour être remplacés par de nouveaux produits, parce que là ils ne pourraient s'achever aussi parfaitement ni s'améliorer avec lucre pour le producteur.

Dans les pays où il manque d'enclos et de pâturages, et où, comme il a été dit, le travail est facile et l'alimentation tonique et fortifiante, on peut acheter, au contraire, des poulains de deux ou trois ans, d'un développement précoce, quoique peu énergiques, parce qu'on peut leur donner du ton, les finir, les rendre meilleurs et leur faire acquérir promptement des qualités impossibles dans leur première condition.

En effet, dans ces bonnes contrées le poil va devenir lisse et luisant, la peau se remplira, les chairs se raffermiront, l'œil prendra de l'animation et de la vivacité, et ces animaux vite deviendront beaux, intelligents, robustes et adroits pour le travail.

Il est donc souvent nécessaire de diviser l'élevage du cheval et de profiter de sa position, en utilisant la force suffisante de ces jeunes animaux pour une culture facile; et c'est ainsi que, sans l'embarras et les chances souvent redoutables de la production, on peut renouveler fréquemment des bénéfices par le développement rapide de leurs qualités et de leur valeur.

Si cependant, dans ces contrées sans pâturages, on désirait produire des poulains, je crois qu'il est bon d'établir la différence qui peut exister dans le résultat des deux industries : la production et le nourrissage.

Dans la première, si on ne veut pas marcher en aveugle et s'exposer à avoir des produits défectueux et de mauvaise conformation, pour obtenir un poulain qui puisse rémunérer les sacrifices qu'on va faire et les peines qu'il va donner, il faut un étalon de choix, et alors, pour la saillie, il faut d'abord compter, sans prétentions bien grandes, au moins.. 10 f. »

Pendant que la mère est pleine (état de gestation), pour que le produit puisse croître et se développer sans privation des travaux de la mère, il faut donner au moins à celle-ci, par jour, deux litres de grains ou d'avoine en supplément, ou bien des farineux équivalents, soit 730 litres pour l'année, à 10 centimes le litre............... 73 30

Pour le poulinage et les commencements de l'allaitement, il faut, minimum, 25 jours de privation de travail, qui rapportent, valeur moyenne et ordinaire, 2 fr. 50 par jour, soit............ 62 50

Je ne parlerai des chances d'avortement et de parturition (plus dangereuses chez les animaux, généralement plus gras, des localités dont nous nous occupons), et des frais de vétérinaires et de pharmaciens que ces accidents peuvent exiger, que pour mémoire et qu'on les prenne en considération.

Pendant quatre mois encore d'allaitement, pour que la mère ne dépérisse pas et qu'elle puisse travailler en nourrissant suffisamment son poulain, mettons seulement en supplément 2 litres par jour, d'orge ou leur équivalent, soit 480 litres, à 10 centimes............................. 48   »

Maintenant, pour le poulain dans sa première année, mettons 2 kilog. de foin ordinaire, ou l'équivalent, soit 730 kilog., à 8 centimes...... 58 40

Plus encore, un litre de grains (orge ou avoine) moulus, par jour, soit 365 litres, à 9 centimes.. 32 85

Trois kilog. de paille, soit 1,095, à 4 centimes. 43 80

Enfin pour soins pendant l'année, à 5 centimes par jour............................... 18 25

Total de revient la première année.... 346 f. 80

A reporter............ 346 f. 80

Report............ 346 f. 80

Bien qu'il soit reconnu que pour hâter le développement, il faille donner aux jeunes animaux une assez grande quantité d'aliments tendres ou verts, comme il faut davantage de ceux-ci, nous croyons pouvoir être de même compris, en exprimant en foin leur équivalence.

Pour la deuxième année, comptons par jour :

3 Kilog. de foin, soit pour 365 jours, 1,095 kil., à 8 centimes................................ 87 f. 60

3 Litres d'avoine ou autres grains moulus, 1,095 litres, à 10 centimes.................... 109 50

3 Kilog. de paille, 1,095 kilog., à 4 centimes. 43 80

Pour soins, 365 jours à 5 centimes.......... 18 25

Pour la troisième année la dépense est la même, soit.. 259 15

Ainsi un poulain, en donnant des chances d'accidents et la crainte de le perdre, coûte, et revient pour le produire, à la somme de............. 865 f. 30

Il faut que nous voyions aussi le nourrissage dans ces mêmes pays et localités où le travail n'est que fortifiant et hygiénique, et où les chevaux prospèrent par les soins et l'alimentation convenablement donnés.

Les poulains, à trois ou quatre ans, sont payés environ... 800 f. »

Comme il y a des jours et des temps où les animaux se reposent et ne travaillent que peu, la nourriture peut n'être pas très-abondante; mettons par jour : foin 6 kilog., soit par an, 2,190 kilog., à 8 centimes.................... 175 20

Paille, égale portion, 2,190 kilog., à 4 cent.. 97 60

Avoine, par jour, 8 litres, soit 2,920 litres, à 10 centimes................................. 292 »

Et soins, 365 jours à 5 centimes, soit....... 18 25

Dépense totale............. 1,383 f. 05

Maintenant voyons le produit.

D'abord, pour les travaux que font les animaux, au lieu

de compter 260 ou 300 journées de travail par année, comme on les compte en Allemagne et ailleurs, nous n'en compterons que 250; et au lieu de les coter à 3 fr., nous ne les porterons qu'à 2 fr. 50, soit par année, 250 journées de travail à 2 fr. 50 . . . . 625 f. »

Ces animaux achetés 7 ou 800 fr., avec leurs travaux peu pénibles et de bons soins, se revendent ordinairement, au bout d'une année, avec un bénéfice de 100 ou 150 fr.; mettons 100 fr., soit . . . . 900 »

ce qui porte le produit à . . . . 1,525 »
et le bénéfice à 141 fr. 95; et pour les trois années que dure la production, à 425 fr. 85 c.

Ainsi, en suivant ce système, on a des profits assurés et on fait ses travaux sans usure, tandis qu'en produisant soimême on est moins certain de réussir et d'avoir des bénéfices.

Les jeunes poulains peuvent se tarer ou périr avant l'âge de la vente, et à trois ans ils ne sont pas encore assez faits pour être livrés à tous les travaux où on doit les utiliser; enfin, en supposant qu'ils réussissent, il est rare que dans nos pays, à trois ans, ils soient arrivés à une valeur de 800 fr.

Donc, pour l'espèce chevaline, on peut avec raison préférer le nourrissage dans les pays où la production ne peut se faire bien, et où elle est embarrassante; ou bien seulement ne produire que dans les cas exceptionnels, lorsque les poulains étrangers deviendraient à des prix élevés et exhorbitants.

Maintenant, pour les cultivateurs qui sont dans la position d'acheter des poulains propres à leurs faciles travaux, comme pour toutes les personnes qui ont besoin d'utiliser des chevaux, il leur faut quelques conseils utiles à leurs acquisitions.

Je n'entrerai pas dans des détails trop minutieux, et cependant je crois devoir signaler les défauts qui importent à la santé, à l'avenir et à la destination des animaux.

Dans un cheval et un poulain que l'on veut acheter, d'abord il faut bien arrêter son choix sur la taille, la force et la corpulence qui devront être en rapport avec l'emploi qu'on veut leur donner, et avec le service et les fatigues auxquels ils sont destinés.

En général, toujours il faut préférer un cheval leste, sans qu'il soit brutal. Un cheval agile et d'une conformation passablement légère, mange moins et travaille davantage. Il ne faut jamais acheter un cheval d'un caractère difficile ou méchant, parce qu'on se méfiera d'un mauvais animal pendant des années, et qu'il ne faudra qu'un instant pour en être victime.

Il faut, pour un cheval, que la respiration soit facile et régulière ; que le ventre ne soit ni pendant ni retroussé ; que l'intérieur de la bouche et le dessous des paupières ne soient jamais pâles ni décolorés : ce sont des mangeurs de terre et c'est le défaut le plus grave et duquel on devra le plus se méfier ; car dans cet état, avec l'apparence la meilleure, un cheval est sans forces et n'est capable d'aucun service. Il faut que la colonne vertébrale soit droite, parce que si elle est creuse du dos et près du garrot, les chevaux sont exposés à butter et à s'abattre ; et que si elle est creuse derrière et en avant de la croupe, l'attache des reins est mauvaise, et c'est encore un plus grand défaut.

Lorsqu'on est pour acheter un cheval, on le fait tenir à la main, sans autres harnais que le licol ou un filet ; et avant qu'il ne sorte de l'écurie, et en face de la porte, on examine les yeux, qui, toujours clairs, ne doivent être ni trop petits ni trop gros, parce que la vue serait faible et l'animal prédisposé à la fluxion périodique. Aussitôt, on ouvre la bouche pour vérifier l'état des membranes dont nous avons parlé ; on examine les dents, pour voir si l'animal ne tieque pas, et pour reconnaître l'âge, duquel nous nous occuperons plus tard ; et enfin, la langue, si elle n'est pas coupée, ce qui rendrait la mastication laborieuse et déterminerait une perte de salive et de mauvaises digestions.

Les oreilles mal plantées peuvent avoir pour causes une lésion ou une trop grande mollesse dans la constitution de l'individu.

Une tête trop busquée et rétracie indique peu d'intelligence et peu d'ardeur ; et pour ces animaux, aussitôt sortis, il faut les faire reculer et s'assurer qu'ils ne sont pas immobiles ou cornards.

L'animal dehors, on en fait le tour pour reconnaître l'ensemble, voir sa taille, sa corpulence et ses proportions ; et en se replaçant en face de la tête, on regarde si le poitrail est trop étroit, si les avant-bras sont trop grêles, les genoux trop peu larges, les boulets trop petits et les sabots serrés, et si les membres sont bien attachés, égaux et réguliers.

Si la tête est lourde et massive, elle pèse à la main et les animaux sont moins dociles à la bride ; si elle est encapuchonnée, c'est-à-dire par le menton trop rapprochée du poitrail, ils sont exposés à s'abattre ; et si au contraire elle est au vent, c'est-à-dire le bout du nez en l'air, le mors peut, en se butant sur les premières grosses dents, ne pas permettre, pour un cheval qui s'emporte, de l'arrêter et de le contenir.

On explore aussi l'intérieur des maxillaires et le dessous de la ganache, pour reconnaître si un cheval n'a pas la gourme, et n'est pas glandé et morveux.

Le poitrail très-ouvert est une qualité pour la respiration, mais qui souvent, pour les chevaux qui doivent courir, les fait se bercer et les force à ralentir leurs allures ; et un poitrail étroit, qui convient mieux à des chevaux de selle, s'il y a de la longueur d'épaule et de la hauteur de garrot pour compensation, indique de la faiblesse et est une grande défectuosité pour les chevaux de trait et de voiture.

Souvent, avec cette conformation, l'angle de l'épaule pointe en avant et expose les animaux à se blesser et à être rétifs.

L'avant-bras mince, le genou petit et qui dévie en dedans, le canon trop menu et les boulets peu développés, indiquent de la faiblesse de l'avant-main, et la ruine prématurée des animaux.

La pince des pieds de devant tournée en dehors constitue ce qu'on appelle les chevaux panards : ces animaux trottent mal ; ils se taillent le canon au-dessous du genou avec la branche interne du fer ; ils se donnent des suros, se rendent boiteux et s'usent vite.

Les sabots petits et serrés, bien que plus solides et plus résistants, compriment les parties charnues, font vaciller les pieds, fatiguent les articulations et disposent à l'encastelure.

Les sabots larges, bien qu'ils facilitent les aplombs et ménagent les membres, ont la corne friable et moins résistante, et exposent aux pincements, aux bleimes et aux oignons.

Après ce premier examen, on passe en revue l'animal de profil; on regarde s'il porte beau, s'il a le garrot bien sorti, le dos droit, la croupe bien faite, la queue bien attachée, et s'il a de belles proportions.

Un cheval très-élevé du garrot est toujours meilleur et préférable. Celui qui creuse des reins est toujours faible et misérable.

Les côtes plates et serrées indiquent un petit thorax et une mauvaise poitrine.

Les flancs creux et levretés, et les hanches saillantes, indiquent des animaux tendres et incapables de grandes fatigues.

Le pàturon court, le boulet et le genou un peu poussés en avant, bien qu'ils rendent les chevaux moins vendables, sont rarement dangereux pour le service et peuvent durer longtemps.

Le pàturon long, le boulet et le genou rentrés en arrière, fatiguent énormément les tendons, exposent les chevaux à broncher et à s'abattre, à se bouleter et à se tarer rapidement.

Les chevaux qu'on appelle appuyés sur le devant, sont incapables de bons services.

Les jarrets droits ou trop coudés, la jambe mince, les molettes aux boulets et les tendons grêles et rapprochés du canon, indiquent une faiblesse qui est relative à l'exagération de ces défauts.

Vient ensuite l'exploration: c'est à la nuque et entre les oreilles, pour reconnaître s'il n'y a pas d'engorgement ou la taupe; la crinière et le col, pour voir s'il y a des plis et des démangeaisons de roux-vieux; le garrot, s'il n'est pas foulé ou meurtri; et les reins, que l'on pince en appuyant sur les lombes, pour faire fléchir l'animal et reconnaître si la colonne vertébrale est raide et sans souplesse : dans ce cas le sujet est mauvais, souffrant ou malade. Enfin on passe derrière en coulant sur la croupe et en saisissant la queue, qu'on relève pour reconnaître sa fermeté, et découvrir l'anus, qu'il faut examiner.

Si la queue est flasque et sans résistance, c'est que l'animal est mou, lymphatique et sans énergie; et si l'anus est trop rentré, c'est que le sujet est tendre et incapable de rudes travaux.

Si les fesses sont minces et peu descendues, l'animal est chétif ou peu vigoureux; si les jarrets vont en dehors, ils vacillent et sont sans fermeté; et s'ils vont en dedans, ils se heurtent, se frottent et n'ont guère plus de valeur.

Lorsque vous avez examiné l'animal à l'écurie, en avant, sur le côté, dans son ensemble et sur le derrière, et que vous aurez remarqué une ressemblance symétrique dans ses parties latérales, devant et derrière, et de l'harmonie dans sa constitution, vous repasserez une revue partielle de chacun des organes dont l'intégrité a trop d'importance pour ne pas être visités une deuxième fois. Ensuite on fait lever les pieds, et on s'assure si la fourchette n'est pas échauffée et s'il n'y a pas de crapauds; on regarde de côté et en avant de la muraille, si elle n'est pas fendue et s'il n'y a pas de sciures; au-dessus de celle-ci, comme dans le pâturon, s'il n'y a pas de peignes ou de formes, défauts qui déprécient considérablement les animaux et les empêchent souvent de travailler ou de les revendre.

On passe encore la main dans toute l'étendue des membres, et on s'assure s'il y a des tumeurs ou des suros, et si les tendons sont nets, assez forts et bien détachés : la moindre grosseur dessous ou trop près des tendons gêne leur glissement et rend les animaux boiteux, et quelques gonflements ou des protubérances dans l'étendue de ceux-ci, sont des causes de nerf-férure, et rendent souvent les animaux boutés ou bouletés.

Souvent, dans le plis du genou comme dans celui du jarret, on remarque une crevasse, espèce de croûte dure et souvent sèche, que l'on nomme malandre et solandre, qui, sans danger pour l'animal, est cependant rebelle et très-difficile à guérir.

Il faut regarder à la pointe du coude, s'il n'y a pas d'épaississement et une tumeur; ce serait que l'animal se couche en vache, ce qui l'expose à avoir des loupes qui se renouvellent, et qu'on ne peut quelquefois pas faire disparaître.

Il faut examiner les parois du ventre, pour voir s'il n'y a pas de tumeurs et de hernies; et les parties génitales, s'il n'y a pas de sarcocèle, d'hydrocèle ou une descente d'intestin.

Si le fourreau est petit et comme atrophié, le cheval est délicat et peu fort; s'il est pendant et ædémateux, il est mou, tendre et sans vigueur.

Les jarrets doivent être plats et bien évidés; s'ils sont gras et empâtés, ils sont exposés aux vessigons.

Si un cheval a un vessigon à la face interne du jarret, il sera moins grave et guérira presque toujours; s'il se trouve en dehors, ou qu'il existe en dedans et en dehors, et qu'il soit ce qu'on appelle chevillé, il ne fait pas non plus boiter dans le commencement, mais il est tenace, ne guérit que rarement, et souvent en vieillissant, durcit et fait boiter les animaux.

Le capelet est une tumeur mouvante située à la pointe du jarret, provenant de chocs ou frottements. Le capelet, bien que disgracieux à la vue, n'est pas dangereux et peut disparaître sans traces avec quelques pointes de feu.

Le jardon, un peu plus rebelle que le capelet, se place un peu plus bas, derrière et entre le canon et le commencement du jarret; il peut aussi disparaître avec quelques pointes de feu, sans laisser de traces et déprécier l'animal.

La jarde, plus en dehors, se voit ordinairement sur les jarrets coudés et rétrécis à leur base; c'est une tumeur qui est souvent congéniale, ne disparaît pas et indique de la faiblesse.

L'éparvin, beaucoup plus grave et placé à peu près à la même hauteur, mais en dedans et au bas du jarret, est une tumeur souvent imperceptible qui, sans même de développement sensible, fait toujours boiter les chevaux et ne leur permet de courir que péniblement et avec difficulté.

Bien que la robe d'un cheval ait une certaine influence sur la constitution et les tempéraments, je dirai que si un cheval sort d'un bon pays avec un poil blaf et mort, il ne faut pas l'acheter; mais, que s'il vient d'un endroit où il n'aura reçu pour aliment que de mauvaises herbes et de mauvais fourrages, on peut espérer le remettre et gagner de l'argent, en lui donnant une nourriture plus succulente et de meilleure qualité. Un poil sec et blafard peut traduire le présent sans compromettre l'avenir.

Enfin, je dois encore dire, bien que les chevaux peuvent être bons sous toutes les robes, n'importe leurs nuances et leurs couleurs, que dans une longue expérience j'ai pu remarquer une chose certaine, c'est que ceux gris de fer ou pommelés, les noirs et noirs mal teints, les alezans clairs, sont souvent plus tendres et plus exposés à la fluxion périodique que les autres, et que relativement ils ne valent jamais autant.

L'examen partiel et général terminé, il faut encore voir l'animal en exercice et dans ses allures.

Le cheval doit être tenu par celui qui le montre, par la longe qui est passée dans la bouche, ou par les rênes du filet, à quelques centimètres des lèvres, et il doit partir librement au moyen trot.

C'est dans cette allure sans précipitation, qui doit être franche et bien régulière, qu'on reconnaît toujours mieux et plus sûrement les qualités d'un cheval, et aussi s'il est boiteux ou si ses mouvements sont raides, gênés et défectueux.

Il ne faut pas supporter qu'on donne des coups de fouets ni des bruits de claques ou de chapeaux, qui effraient les chevaux et troublent la régularité de la locomotion, par des sauts, des ruades, le piaffage et des caracoles, qui éblouissent l'acheteur pendant que les articulations s'échauffent et se déraidissent. C'est ainsi qu'on dissimule les mauvaises allures et souvent les boiteries.

Si un marchand ne veut montrer un cheval qu'à coups de fouets, au galop et en dansant, il faut le lui faire rentrer, parce que l'examen est impossible et qu'il veut vous tromper.

Lorsque les battues, ou le bruit du choc des pieds sur le sol, pendant le trot, sont irréguliers et inégaux, le cheval n'est pas droit, il est boiteux.

Si les battues ne se font pas en deux temps, le trot est irrégulier et l'allure défectueuse.

9*

Si un cheval relève trop les pieds de devant, il perd du temps et se fatigue inutilement; on dit alors qu'il trousse.

S'il lève trop un ou ceux de derrière, on dit qu'il harpe, et c'est une défectuosité.

S'il ne lève pas assez les pieds, on dit qu'il rase le tapis, et il est exposé à buter, à broncher et à s'abattre.

S'il jette et trousse les pieds en dehors, on dit qu'il fauche.

S'il les trousse en dedans, il se coupe, se blesse et se donne des suros.

Si avec les pieds de derrière il attrape les fers de ceux de devant, on dit qu'il forge; et si ce défaut est porté à l'excès, il est à craindre d'abord qu'il ne tienne à de la faiblesse des reins, et en outre que quelquefois, en atteignant les tendons, ceux-ci n'en souffrent, et que l'animal n'en devienne bouleté.

Maintenant, lorsque l'animal que vous examinez a couru un peu de temps, il faut écouter attentivement le bruit de la respiration, pour reconnaître si elle est nette et régulière, ou si l'animal est poussif, souffleur ou cornard. A cet effet, il faudra même, en lui relevant la tête, le faire reculer, parce qu'on percevra plus facilement des bruits anormaux qui se produiraient.

Enfin, après un moment de repos et de station, on fait faire à bout de longe, à l'animal, un tour ou deux au pas, pour voir s'il est ferme des reins, s'il n'est pas chancelant et si cette allure est régulière. Souvent une grande faiblesse de reins, ce qu'on appelle tour de bateaux, qu'on ne reconnaît pas en trottant, est facilement saisie lorsque l'animal marche au pas.

Quant à l'âge, sur lequel nous avons promis de revenir, nous voulons nous en occuper spécialement, à cause de l'importance qu'il y a, dans le commerce des chevaux, à ne pas être trompé à cet égard.

Les dents sont divisées en dents de lait ou caduques, qui sont particulières aux jeunes animaux, et n'ont qu'une durée temporaire, et en dents de remplacement et permanentes, qui restent et sont destinées à une usure complète dans la bouche.

Les premières sont blanches et restent petites, et ne peuvent guère être confondues avec les deuxièmes.

Il y a aussi les dents antérieures ou incisives, et les dents molaires, qui sont arrière et au fond de la bouche.

Les incisives, au nombre de six à chaque mâchoire (inférieure et supérieure), portent aussi des noms qui indiquent leur position, et sont indispensables à connaître pour déterminer l'âge des animaux. Ce sont les pinces (les deux dents en haut et en bas), qui se trouvent en avant et dans le milieu; les mitoyennes, qui se trouvent immédiatement contre les premières; et enfin les coins, placés après celles-ci et qui terminent la rangée sur le côté et en arrière.

Nous ne parlerons pas des dents molaires; elles sont au fond de la bouche, difficilement explorables, et n'ont rien à faire pour connaître l'âge des animaux.

Les poulains, en général, naissent sans dents, mais dans les douze premiers jours sortent les pinces; du 30e au 50e les mitoyennes, et du 5e au 11e mois les coins; et lorsque toutes les dents sont poussées et sorties, elles forment, les unes à la suite des autres, une rangée à peu près régulière et en demi-cercle; toutes ces dents sont implantées comme une cheville dans la mâchoire, et c'est sur l'extrémité libre ou sur la table de la dent qu'on étudie l'âge et le rasement.

Pour pouvoir bien reconnaître l'âge d'un cheval, il faut avoir quelques notions sur la constitution des dents, sur leurs formes et leurs évolutions.

La dent vierge est tout émail à l'extérieur, tandis que celle qui est usée ou rasée présente sur le sommet de son extrémité libre, au tour et dans son milieu, des bordures émaillées qui font saillies sur une substance plus jaune qui se trouve dedans et leur fait doublure.

L'émail qui enveloppe toute la dent se replie encore sur la dent comme un cornet et en bonnet de coton; et ceci est une remarque dont il faut bien se pénétrer pour éviter les fraudes de quelques maquignons ou de marchands.

Voilà la forme qu'affecte l'émail à l'extérieur et à l'intérieur d'une dent non encore usée et sciée en deux dans sa longueur; et comme les dents s'usent à peu près de trois millimètres par année, on comprend facilement que la tache noire et l'émail du cornet doivent disparaître dans la proportion du nombre des années de l'animal.

Lorsque la dent est vierge, elle porte sur sa table un bord arrondi émaillé, et une tache noire dans son milieu; au bout d'une année, lorsqu'elle est usée de trois ou quatre millimètres, on voit le cercle émaillé du cornet, avec toujours sa tache au milieu, mais séparé de l'émail extérieur et cortical de la dent, par la substance jaune dont nous avons parlé; et, après quelques années (cinq ou six), quand le cornet est usé et a disparu, il n'y a plus de tache noire, et on ne voit que la substance jaune qui reste uniquement seule dans l'intérieur de l'émail à l'extérieur de la dent.

Une chose qu'il est encore indispensable de ne pas perdre de vue, c'est que les dents sont fortement aplaties de dehors en dedans, à leur extrémité libre, et qu'elles vont en s'aplatissant à l'opposé (latéralement) à leur autre extrémité implantée; d'où il suit que lorsque les chevaux vieillissent et que l'extrémité libre en est usée, la forme de la table change dans les proportions que nous indiquerons ultérieurement.

Maintenant que nous avons fait connaître l'éruption des dents de lait, la constitution et la forme des dents permanentes, nous allons indiquer comment on peut reconnaître l'âge par leur inspection dans la bouche.

L'usure ou le rasement de la table des dents de lait se fait en deux ans et demi ou trois ans.

Les pinces s'entament et rasent de 6 mois à 1 an; les mitoyennes, de 10 à 15 mois; et les coins, de 1 an à 30 mois.

Du reste, pendant cette période l'aspect et la taille des animaux peuvent, je crois, suffire à reconnaître leur âge.

A 3 ans, les deux premières dents de lait, les pinces, tombent ou sont chassées au dehors et remplacées par deux autres plus larges, plus fortes et moins blanches, qui sont les premières dents adultes ou permanentes.

A 4 ans, la même évolution se fait pour les mitoyennes; et à 5 ans pour les coins.

En même temps que les coins adultes sortent pour remplacer les dernières de lait, qui alors sont toutes tombées, il pousse encore, un peu en arrière, une autre dent que l'on désigne sous le nom de crochet, mais qui n'a aucune signification pour l'âge, si ce n'est le moment de son éruption et sa grande longueur dans les chevaux très-âgés.

Maintenant, en suivant l'examen des dents, on verra que la tache creuse et noire qui formait l'intérieur du cornet sur la table, est très-diminuée à 6 ans sur les pinces, qu'elle l'est à 7 sur les mitoyennes, et à 8 sur les coins : alors vulgairement on dit qu'un cheval ne marque plus. C'est une erreur, car il en reste des traces plus longtemps.

En effet, jusque là on peut reconnaître l'âge avec presque certitude ; car lorsque les dents sont bien aplaties de dehors en dedans, que leur rangée forme un demi-cercle régulier, et que la tache noire de la tablette est entourée d'un émail dur et saillant, les animaux sont jeunes, et on peut les acheter avec toute sécurité.

Cependant il est bien important de s'assurer que les dents soient courtes et plates de dehors en dedans, parce que si elles s'allongent en avant, qu'elles soient aplaties de côté, et que la rangée se resserre, auraient-elles une tache noire sur leurs tablettes, il faut être certain que cette tache soit entourée d'un émail semblable au tour et à l'enveloppe de la dent ; car alors, creusée et noircie par la main de l'homme, cette tache serait artificielle et fabriquée en fraude pour tromper sur l'âge des animaux.

Il faut dire aussi que le rasement ou la disparition de la tache noire ou du cornet, ou cul de sac dentaire, est toujours plus tardif sur les dents supérieures que sur celles du bas, sur lesquelles porte plus généralement l'examen.

Le plus ordinairement, la disparition complète du cornet n'a lieu qu'à 8 ou 9 ans sur les pinces, à 10 ans sur les mitoyennes, à 11 ans sur les coins, et à 13 sur les coins de la mâchoire du haut.

Dans cette période, les dents ne sont déjà plus aussi plates, et leur face interne ou buccale commence fortement à s'arrondir ; de 13 à 14 ans, les pinces deviennent triangulaires, la face externe ou labiale reste plate.

De 14 à 15, ce sont les mitoyennes, et de 15 à 16 et 17, ce sont les coins : à cet âge toutes les dents de la mâchoire sont triangulaires.

A cette époque les dents se resserrent encore davantage et deviennent ovales et plates latéralement : les pinces, de

17 à 19 ans ; les mitoyennes, de 19 à 21 ; et les coins, de 21 à 23.

Enfin plus tard elles s'aplatissent encore davantage, elles s'écartent les unes des autres, et forment souvent des chicots ; mais alors les animaux n'ont plus de valeur, et l'âge est indifférent.

Il y a encore bien des choses à dire et bien des précautions à prendre dans l'acquisition des chevaux ; les acheteurs doivent se prémunir contre les chevaux qui portent une bande de poils blancs qui se prolonge du front ou du chanfrein jusqu'au bout des lèvres : on dit que les chevaux boivent dans leur blanc.

Lorsque les vieux hippitriatres disaient que ces chevaux étaient ombrageux, on ne les croyait pas, parce qu'on ne peut expliquer comment des poils blancs sur cette région peuvent avoir de l'influence sur le caractère des animaux.

Cependant des faits que j'ai recueillis en grand nombre, sont venus confirmer avec évidence cette opinion, et moi-même qui en plaisantais, j'ai souvent pu remarquer que les chevaux qui boivent dans leur blanc sont en proportion plus souvent difficiles, rétifs et capricieux que les autres.

Il faut y faire attention et s'en méfier.

Je recommande encore qu'on veuille bien prendre en considération ce que je vais dire. Sans vouloir être minutieux et m'arrêter à des choses insignifiantes, je dois conseiller de ne jamais acheter un cheval qui ne plait pas et contre son gré, parce qu'on se trompe rarement pour soi-même, et que ceux si empressés à donner des conseils n'y connaissent souvent rien, qu'ils ne voient que des défauts insignifiants et où ils ne sont pas, et qu'ils ne savent pas découvrir ceux qui existent réellement et ont de l'importance.

Les vrais connaisseurs ne s'empressent pas à donner leur avis ; car celui qui sait mieux connaître les chevaux comprend encore sa faiblesse, la responsabilité qu'il encourt, et ne préfère donner des conseils que s'ils lui sont formellement demandés et qu'il y soit obligé et contraint.

Il faut encore que je prévienne que parmi les chevaux nombreux que les marchands amènent dans nos pays, il y en a souvent qui sont en gourme, et qu'il faut y prendre garde et s'en méfier.

Lorsqu'on introduit un nouveau cheval chez soi, je conseille de le laisser quelques jours isolé des siens, dans une bergerie ou une étable, parce qu'on s'exposerait à infecter ses attelées et à les avoir malades souvent au moment où on en a le plus grand besoin.

La gourme communiquée à des chevaux âgés ou adultes, prend plus facilement un caractère pernicieux, et compromet plus gravement la santé et l'existence de ceux qui viennent de la contracter, que celle de ceux où elle se développe naturellement.

Il ne faut donc jamais acheter sans une vigilante attention, un cheval qui jette, ni trop se hâter de le mettre dans ses écuries, parce que non seulement il peut avoir la gourme, mais c'est qu'affecté de la morve, il serait dangereux et pour vos chevaux et pour vous-même.

Dans toutes les circonstances, avant d'introduire un nouveau cheval dans ses attelées, on doit toujours consulter un vétérinaire, parce que, pour une très-minime dépense, il vous éclairera sur les défauts qu'il peut avoir, sur le régime qu'il convient de lui faire suivre, et qu'il pourra vous prémunir contre les cas rédhibitoires et les maladies contagieuses.

La connaissance du cheval, du reste, ne pouvant s'acquérir que par le tact et une vieille expérience, je n'ai pu avoir d'autres prétentions que de mettre les propriétaires, les nourrisseurs et les cultivateurs en garde contre certaines inadvertances, dont, même avec des habitudes hippiques, beaucoup pourraient être les dupes et les victimes.

Maintenant, que nous avons fait connaître comment on examine les chevaux, pour saisir plus sûrement leurs qualités, leur âge et leurs défauts, il faut aussi nous occuper de l'emploi qu'on en fait et de la manière dont on en use.

Les chevaux, en Champagne, sont employés en grande partie pour l'agriculture et les vignobles, et un assez grand nombre pour le commerce, l'industrie, le luxe et l'armée.

Les chevaux destinés aux travaux agricoles ont un exercice convenable et suffisant, et les soins et le régime qu'ils reçoivent sont en général favorables à leur entretien et à leur prospérité ; on les élève quelquefois, mais plus soûvent on se les procure des pays voisins, des Ardennes et plus de la Belgique.

La plupart de ces chevaux achetés par nos cultivateurs, acclimatés et dressés dans leurs travaux, sont ensuite en partie reversés dans le commerce, le roulage et l'industrie, où ils sont durs, travaillent beaucoup et se conservent longtemps.

Pour le travail léger, pour le luxe et pour l'armée, les chevaux sont achetés, quelques-uns dans le Perthois et l'arrondissement de Châlons, mais le plus grand nombre nous viennent des pays étrangers, et plus particulièrement de l'Allemagne : on a aussi quelques chevaux normands et anglais.

Je ne parlerai pas des jeunes chevaux élevés chez nous, ils sont acclimatés, on les connaît ; mais je crois très-utile d'indiquer les soins qu'exigent dans leur usage tous les jeunes chevaux, et plus spécialement ceux de provenance étrangère.

Le cheval allemand, que l'on importe dans nos pays, est de bonne taille ; ses formes sont assez belles, il porte beau, il est docile et doux, et, dressé jeune, il s'attelle et se mène facilement.

Un cheval allemand, si on le sort après sept ou huit jours d'écurie, n'en est ni plus rude ni plus fougueux ; c'est un cheval qui, sans être vif, trotte assez élégamment, et qui convient parfaitement à la gendarmerie, à des bourgeois et à des négociants qui ne se servent de chevaux que pour de petites courses ou pour de petites promenades.

Tous les chevaux légers qui sortent des mains des éleveurs ou des marchands, et qui viennent dans les villes, ont surtout besoin d'être excessivement ménagés ; ne mangeant généralement que des foins dans leurs pays, et presque toujours sur le pré ou des terrains doux, où ils ne marchaient guère qu'au pas, ces animaux, dans leur nouvelle condition, se trouvent tout-à-coup changés et livrés subitement à de nouvelles habitudes. Ils ne vont manger que du grain et une nourriture sèche, ne travailler que sur un sol dur, pavé et très-irrégulier, ou, stimulés par le mouvement de la population et le bruit des villes, par le frottement d'un harnais compliqué, par les secousses de voiture d'un nouveau genre, et même par des conducteurs qu'ils ne connaissent pas, ils seront émus et dans un état de surexcitation exagéré et anormal.

Dans cet état et sous ces diverses impressions, ils ne demandent qu'à courir, et souvent on se plaira et on aimera trop à profiter de ces manifestations d'une énergie qui n'est que factice et passagère.

En effet, on les laisse faire, et très-volontiers on profite de cette fougue; mais c'est pour bientôt le regretter et s'en repentir, car dans cette manière de procéder se trouve un écueil et le moyen de ne jamais avoir de bons chevaux.

C'est toujours pour avoir voulu jouir trop vite d'un cheval, et pour l'avoir fait marcher rudement dans les premiers jours, qu'on en est mécontent et que l'on regrette l'acquisition qu'on a faite.

Chez tous les chevaux encore jeunes, à cause de leur âge, et peut-être encore plus par rapport aux conditions dans lesquelles, dans les campagnes, ils se trouvent, la corne n'est pas endurcie, les os et les ligaments ne sont pas très-résistants, les muscles n'ont pas encore toute leur énergie, et les articulations sont toujours trop faibles pour supporter de rudes travaux : alors il est facile de comprendre que les animaux lancés de suite au trot sur un sol irrégulier, caillouteux ou pierreux, soient très-sensibles aux secousses produites sur tous ces organes faibles et inhabitués, et que ces chocs réitérés les irritent, les endolorissent, les fatiguent et les usent promptement. C'est cela qui fait que les jeunes chevaux vendus dans les villes, et obligés de travailler immédiatement, souffrent tant, qu'ils boitent ou qu'ils languissent, et que souvent on ne peut en rien faire.

Quand on a acheté un nouveau cheval, on croit qu'il n'y a qu'à l'atteler et à le laisser courir; c'est une erreur, il faut plus de patience. En effet, j'ai vu fréquemment des propriétaires, en abusant trop de jeunes et nouveaux chevaux, les fatiguer et les rendre boiteux en quelques jours, et aussi, lassés trop tôt d'un traitement qui n'était infructueux que parce qu'il était incomplet, se décidaient à les vendre lorsqu'ils avaient réellement des qualités et de l'avenir ; et ces mêmes animaux, primitivement victimes de l'inexpérience et de leur énergie, placés dans les mains de propriétaires plus patients, plus habiles et plus prudents, plus tard devaient donner d'amers regrets, parce que les premiers propriétaires qui s'en étaient débarrassés, devaient les revoir ailleurs avec toutes les qualités désirables et capables de rendre les meilleurs services.

Lorsqu'on a un nouveau cheval, il faut bien se persuader qu'il est essentiel de ne le mener qu'au pas pour le commencer, et dans les premiers temps, ne l'habituer à trotter qu'avec mesure, et le moins possible, sur le pavé ou sur un sol dur et irrégulier, parce que si on se hâte trop de lui donner des travaux fatigants, il en souffrira et il deviendra boiteux ou malade.

Maintenant, lorsque par imprudence ou précipitation vous aurez rendu un nouveau cheval malade ou boiteux, non seulement il faudra s'en priver plus ou moins longtemps pour le guérir, mais après, il faudra encore, pendant un plus long temps, revenir à une allure douce et progressive, pour le former et l'habituer insensiblement.

Sans ces précautions, vous perdrez vos chevaux, ou vous n'en aurez jamais que de mauvais.

Il faut que l'on sache aussi que beaucoup de personnes doivent renoncer à la prétention d'avoir des chevaux qui marchent beaucoup, et qui puissent résister à de grandes fatigues.

Pour avoir des chevaux robustes et valeureux, de si bonnes souches qu'on se les procure, il faut absolument du grain et du travail ; mais il faut nécessairement tous les deux, car le grain sans travail engourdit et engraisse, et que dans cet état les animaux sont les plus mauvais et les moins aptes à des travaux considérables.

Il est donc indispensable de restreindre la nourriture aux animaux qui ne travaillent que peu habituellement ; mais alors on ne peut pas compter sur eux pour des travaux violents ou pour des courses rapides, et toujours ils sont mous et ne peuvent pas y suffire.

Beaucoup de personnes aiment les chevaux anglais : l'éloge qu'on en fait et l'emploi qu'on leur donne comme étalons, exigent de notre part que nous en fassions un examen sérieux et attentif.

Les chevaux anglais ont une grande réputation, et quelques-uns la méritent sous beaucoup de rapports; néanmoins, malgré l'habileté des éleveurs anglais, leurs chevaux, vus en général, ne sont pas toujours préférables à ceux que l'on trouve en France; et nos chevaux français, plus rustiques et même plus capables de toutes les sortes de travaux utiles, ont vraiment plus de mérite, et en conscience, une valeur matérielle réellement plus sérieuse et plus élevée.

Je vais citer à l'appui de l'opinion que je viens d'émettre, le résultat d'une enquête faite par le Parlement britannique en 1838.

Il est résulté de cette enquête, faite à une époque où l'Angleterre était déjà au pinacle de sa grandeur hippique, que les malles anglaises ne faisaient alors pas moins de 12,800 mètres à l'heure; et la plus rapide, pas plus de 16,000. Eh bien, à cette même époque où l'industrie chevaline, chez nous, était moins avancée qu'aujourd'hui, M. Jouhaut rapportait, dans un ouvrage sur l'institution des postes, que l'administration française n'accordait que 13 heures 1/2 pour les 27 postes de Paris à Valenciennes, et que cette règle, observée pendant l'hiver (en défalquant le temps du relayage et de la remise des dépêches), donnait une vitesse de 4 lieues 1/4 à l'heure; et l'été, la célérité a été portée jusqu'à 4 lieues 1/2 et quelquefois au-delà.

Ainsi les 12,800 mètres que parcouraient, terme moyen, les malles anglaises, ne font que 3 lieues 1/4 par heure, tandis que les nôtres passaient 4 lieues 1/2; comme aussi la distance de 16,000 mètres, qui faisait 4 lieues à l'heure pour la plus grande vitesse des malles anglaises, était portée à 4 lieues 1/2 chez nous pour nos malles-estafettes, nos malles les plus rapides.

Au mois de juin 1846, j'allais de Londres à Ascott : nous partîmes à 7 heures 1/2 du matin avec une diligence svelte et légère, sur laquelle il y avait environ une vingtaine de voyageurs. Dans Regent street, en me croisant les bras et sur le haut d'une banquette, j'admirais notre attelage et je faisais remarquer à M. de Montfort, d'Amsterdam, l'élégance et la célérité des quatre chevaux qui menaient notre équipage ; et malgré déjà la grande chaleur, je me plaisais à voir si vite défiler les passants.

A peine, cependant, avions-nous quitté les dernières maisons de Londres, que mon voisin le hollandais, à son tour, me fit remarquer que nos chevaux ralentissaient. Et en effet, quelques milles plus loin, ils ne marchaient plus qu'avec peine et difficulté.

Nous arrivâmes à un village situé à environ trois lieues et demie de notre point de départ, et, aussitôt arrêtés et les crochets de rênage défaits, nos chevaux laissèrent pesamment tomber leur tête le nez sur le sol, où, excepté un mouvement pitoyable des flancs et de la respiration, ils ne bougeaient plus. Alors des valets d'écurie, avec des seaux, du vinaigre et des couteaux de chaleur, se mirent après eux, et cherchèrent par des frictions vigoureuses, la brosse et des éponges, à les ranimer et à leur rendre un peu de leur force épuisée : ce qui était difficile; puis, après une demi-heure de repos (sans qu'on ait offert à ces animaux un pauvre picotin d'avoine, et on a eu raison, car ils n'étaient pas disposés à y toucher), nous repartîmes ; et après avoir franchi une toute petite montée, au haut de laquelle je pensais que nous n'arriverions pas, nous relayâmes à un autre village; il était temps !

Le deuxième relais se passa à peu près comme le premier, et quand nous arrivâmes à Ascott il était une heure : *cinq heures un quart pour faire 10 lieues (40 kilomètres)*. Ceci n'était pas merveilleux, et il n'y a pas nécessité de venir en Angleterre pour voyager à ce train.

Le surlendemain, j'arrivai à Dieppe, où le nombre des voyageurs était assez considérable pour qu'au moment du départ de la diligence française, à sept heures du matin, on fût obligé d'organiser un supplément qui ne partit qu'à sept heures un quart pour Rouen. Ici, c'était une voiture avec des roues à la Malborough, des plus lourdes et des plus massives, et chargée, non seulement de dix-huit voyageurs et de leurs colis, mais encore d'un poids énorme de marchandises qui comblaient toute l'étendue de l'impériale.

La route était des plus accidentée, les montées excessivement raides, et la chaleur, à défaut d'air dans les bois que nous traversions, était encore plus insupportable que les jours précédents.

Eh bien, à chaque relais nos chevaux hennissaient, se dressaient, ruaient, et attendaient avec beaucoup d'impatience l'avoine qui leur était destinée ; et à midi précis, comme nous en avions reçu la promesse, nous partions de la station de Rouen pour nous diriger sur Paris. Cela signifie qu'avec des chevaux français, beaucoup plus de charge et plus de difficultés, nous avions fait quinze lieues avant midi, tandis qu'en Angleterre, avec les chevaux de ce pays, nous n'en avions pas encore fait dix à la même heure.

L'engouement que l'on a pour les chevaux anglais ne s'explique pas toujours en leur faveur ; et s'ils n'étaient pas soumis à un régime et à des soins aussi minutieux, s'ils n'étaient pas, pour leur élégance, recherchés par une aristocratie riche et qui les paie cher, au point de vue véritablement sérieux ils seraient de beaucoup inférieurs aux nôtres.

Dans une visite que je fis, en Angleterre, au savant professeur Ywat, il me dit : Nous avons de beaux chevaux, mais d'une difficulté extrême à rendre souples et à dresser pour la cavalerie.

L'an dernier, dans un travail sur le concours de Charleville, je disais : Si le sang anglais est bon pour faire des coureurs et des chevaux qui ne peuvent qu'aller droit devant eux, il ne peut donner le cadencé, le tride et la souplesse qui font seuls le charme et le plaisir de l'équitation. Et aussi, parce que c'est la mode, on a des chevaux anglais ; mais comme on ne peut pas courir comme des fous ou des jockeys, on va au pas ; et comme avec eux on ne peut plus faire de ces aides, de ces piaffés et de ces courbettes qui font seuls les délices et le charme du manége, on a des chevaux, mais on ne les monte que peu ou point.

Cependant je veux voir les choses telles qu'elles sont, et l'Angleterre, je le reconnais, a fait ses preuves et s'y connaît en fait de races ; mais pour les chevaux véritablement utiles, excepté les Hunter, je crois qu'en général nous avons plus à perdre qu'à gagner en voulant la copier et l'imiter absolument et en tous points.

Pour édifier mes lecteurs, il faut que je dise un mot du cheval de course, celui qui excelle, et auquel en Angleterre et en France on accorde tant de qualités.

Le cheval de course, d'abord, est un cheval éphémère, qui n'a pas de durée, et n'est utile qu'à des joueurs pour certains moments; mais qui, pour la société et les services publics, ne sert absolument à rien.

Cependant on a prétendu que c'était parmi eux qu'on devait trouver les meilleurs reproducteurs, et que les triomphes qu'ils obtenaient sur l'hippodrôme était une attestation de leur mérite et de leur valeur.

Ceci est une chose qu'on peut encore contester, car ces sortes de chevaux sont généralement d'un tempérament nerveux, faciles à impressionner et très-irritables; et c'est à cela seul que souvent ils doivent tous leurs succès. Cette impressionnabilité excessive active en effet leur énergie et double leurs efforts, mais n'est qu'une prodigalité d'un moment, qui leur fait dépenser en dix minutes ce qui peut durer et servir longtemps chez les autres, et qui, en épuisant leurs forces avec célérité, use promptement leurs organes et ne peut jamais leur permettre une longue durée.

Le cheval de course est un cheval trop léger et qui n'est qu'imparfaitement doué; c'est un cheval artificiel dont, comme le dit M. Eugène Gayot, on a su augmenter passagèrement la vigueur et exalté momentanément les forces et les facultés, mais dans lequel, malgré les moyens employés par les entraîneurs, les forces physiques et matérielles ne sont jamais en rapport avec l'énergie morale et la volonté; sous l'influence de l'impressionnabilité nerveuse, les organes s'épuisent et se détériorent en un instant, et on ne rencontre jamais ces sujets que d'un âge peu avancé, et jamais ailleurs que dans les courses et les haras.

Hamont, l'ancien directeur de l'école d'Abou-Zabel, disait : L'entraînement est une monstruosité; car pour entraîner des chevaux et les rendre aptes à l'exigence des courses, il faut, pendant une ou deux années, dépenser, dans une inutilité complète, des sommes énormes pour, après tout, fournir une course officielle de quelques minutes, et voir les trois quarts des animaux succomber, lorsque souvent le prix échoit à celui qui ne le mérite pas.

Ceci, pour nous, est réellement une turpitude qui ne profite bien qu'à l'Angleterre, qui nous vend des chevaux à des prix exorbitants (1), et qui nous fournit encore des jockeys que l'on ne paie guère moins.

C'est une anglomanie qui peut plaire aux turfistes, mais dont on doit se méfier ; car en France nos chevaux courent très-bien la poste et les diligences ; ils battent jour et nuit le pavé ; ils montent les montagnes ; ils marchent gaîment l'hiver comme l'été, et, comme l'attestent toutes les guerres que nous avons faites, et encore les dernières de Crimée, ils savent beaucoup mieux résister que les chevaux anglais, aux grandes fatigues et à l'intempérie des climats.

M. Magne dit : Le cheval de course a de grands défauts : il a la bouche dure et les allures sans élasticité ; il est difficile à conduire, capricieux, souvent méchant ; très-exigeant pour la nourriture et très-sensible aux intempéries, il réclame constamment des soins minutieux, des couvertures et des écuries chaudes.

Le cheval anglais de course est donc un cheval exagéré, artificiel et inutile, auquel, pour étalon, nos agriculteurs doivent généralement préférer le cheval français. Du reste, il est inférieur pour donner du sang au cheval arabe duquel il dérive, parce que ce dernier a toujours des produits moins minces, moins grêles et moins décousus.

Trouverait-on, en effet, soit en Angleterre, ou dans aucun autre pays étranger, quelque chose qui représente le beau et la force véritable, avec la solidité et l'agilité réunies, comme les 4,000 chevaux français qui sont placés aux barrières de Paris pour le service des omnibus ?

Ces animaux, comme nos chevaux de postes et de diligences, ont un vrai mérite et une valeur incontestable.

En France, si nous le voulions, avec de la persévérance et des soins, nous pourrions encore, dans un autre genre, faire des chevaux qui auraient autant de qualités.

Nous pouvons faire des chevaux très-bons sans recher-

(1) Empereur, qui courait en 1846 en Angleterre, a été payé près de 100,000 francs par le gouvernement français ; et il est mort dans la 2e année de son séjour en France, sans que je lui connaisse aucun produit.

cher une célérité momentanée de chemin de fer : et ce qui l'établit, c'est que l'an dernier, aux courses de Normandie, au trot (ce qui est plus précieux), nos chevaux ont atteint une vitesse qui n'avait encore été obtenue nulle part.

Le Hunter des anglais est peut-être, de tous les animaux de ce pays, le seul que nous devrions chercher à imiter : il a du dessous, de l'ampleur et de l'os, et quoique désigné sous le nom de cheval de chasse, il est bon à tous, et capable de tous les services légers, utiles et raisonnables. Chez nos voisins, prenons ce qui est bien, mais ne nous arrêtons pas, en fait de chevaux, seulement à des qualités frivoles et inutiles.

Il faut donc ne pas imiter en tous points l'Angleterre, parce que le plus grand nombre de nos chevaux sont déjà préférables aux siens, et qu'ils seraient meilleurs si, comme chez elle, nous voulions leur donner les mêmes soins et leur choisir une aussi bonne nourriture.

En résumé, en Champagne on voit, pour les vignobles, des petits chevaux lorrains et ardennais qui coûtent peu cher et qui, comme l'âne et le mulet, sont sobres, bons travailleurs, très-durs et jamais malades; pour les cultivateurs, des jeunes chevaux belges et ardennais qui suffisent à leurs travaux, et qui, en prospérant, se revendent avec profit; pour le commerce, le camionnage, le luxe et les bourgeois, quelques chevaux sortant finis de nos maisons de culture; beaucoup provenant d'Allemagne, de la Hollande, du Danemarck, du Hanovre et du Mecklembourg; lesquels sont généralement très-doux, se dressent bien et conviennent mieux pour les travaux légers et les promenades de nos industriels et de nos bourgeois, que les anglais qui ont plus de sang et sont plus distingués, c'est vrai, mais qui sont moins facilement acclimatés, plus susceptibles et trop ardents; enfin, nous voyons et nous avons en plus, pour satisfaire à nos exigences et à nos besoins, à puiser dans les réformes de cavalerie et d'artillerie, des chevaux légers et d'assez bonnes juments, qui peuvent donner de bons produits et trouver un emploi avantageux dans la culture, le louage, la selle et les voitures faciles et peu pesantes.

Quant aux soins d'alimentation et de régime, de logement, de propreté, de harnachement et de ferrage, on peut trouver à leurs places dans les chapitres précédents, de quoi se guider en tous points dans la conduite et la direction de l'espèce chevaline.

A cause des besoins fréquents, pour nos agriculteurs, de vendre ou d'acheter des animaux de cette espèce, j'ai cru devoir consigner dans ce chapitre les vices réputés rédhibitoires, qui dans les ventes et les échanges peuvent seuls donner lieu à la nullité ou à la résiliation du marché.

Ces maladies ou défauts sont (pour le cheval, l'âne et le mulet), d'après la loi du 20 mars 1838, sur les cas rédhibitoires :

La fluxion périodique des yeux,
L'épilepsie ou mal caduc, } avec 30 jours de garantie.

La morve,
Le farcin,
Les maladies anciennes de poitrine ou vieilles courbatures,
La pousse,
Le cornage chronique, } avec 9 jours.
Le tic sans usure des dents,
Les hernies inguinales intermittentes,
Les boiteries intermittentes pour cause de vieux mal,

Il faut maintenant faire attention que les délais accordés pour reconnaître les vices rédhibitoires sont francs et ne peuvent être augmentés pour aucun motif, car les jours sont comptés en dehors de celui de la livraison de l'animal vendu, lequel compris, fait 10 ou 31 jours, si la livraison se faisait dès le matin.

Il faut qu'on sache aussi que l'article 4 de cette loi sur les cas rédhibitoires accorde, en outre, pour intenter l'action contre le vendeur, une augmentation de délai d'un jour en plus par chaque cinq myriamètres de distance entre le domicile du vendeur et celui de l'acheteur, si, depuis la livraison de l'animal vendu, le vendeur et l'acquéreur se sont éloignés pour rentrer dans leur domicile.

Enfin, pour prévenir les écueils d'une interprétation fausse ou infidèle de l'esprit de cette loi concernant le commerce des animaux, nous ferons en outre observer qu'il ne faut pas confondre les délais accordés pour intenter l'action en résiliation, et variables selon la distance qui existe entre le domicile des deux parties, et le délai fixe et immuable de 9 et 30 jours accordés pour faire constater par des experts les défauts, vices ou maladies qui doivent donner lieu à la résiliation.

Cela signifie que, dans tous les cas, l'acheteur devra, dans les 9 ou les 30 jours, non compris le jour de la livraison, provoquer la nomination d'experts pour constater, avant l'expiration de ces délais, les vices, maladies ou défauts dont l'animal est atteint, et que s'il n'a pas été ainsi fait, le vendeur est déchargé de garantie et de toutes responsabilités, quand bien même il serait éloigné de plus de cinq myriamètres du domicile de l'acquéreur. Ainsi, il est bien entendu que le délai supplémentaire en faveur des distances, ne peut être pris en considération que pour la mise en demeure, ou la réception par le vendeur, du premier acte de la demande formée contre lui.

Il m'a paru important, pour nos agriculteurs, de ne pas les laisser ignorants de cette législation, afin qu'ils puissent à l'occasion connaître leurs droits et garantir leurs intérêts.

Les propriétaires, pour la morve et le farcin, trouveront encore des garanties dans la législation sur la police sanitaire, de laquelle je m'occuperai en parlant des maladies épidémiques et contagieuses (1).

---

(1) Aux vices rédhibitoires admis par la législation actuelle, il est probable que dans le code rural (d'après l'avis demandé à la société impériale de médecine vétérinaire, et l'opinion émise par elle), on fera quelques modifications et additions au nombre des causes de résiliation admises dans le commerce des chevaux.

L'amaurose serait rédhibitoire; *la méchanceté* caractérisée par l'habitude de mordre et de frapper; *la rétiveté*, caractérisée par l'habitude qu'ont les chevaux de se refuser à se laisser ferrer, harnacher, ou employer aux services auxquels ils sont propres d'après leur conformation, le seraient aussi, de même que *les boiteries anciennes intermittentes*.

En cas de mort dans les 15 jours, si dans les délais fixés, art. 3, l'acquéreur établit que la mort provient d'une maladie spécifiée art. 1er, ou d'une affection ancienne ou cachée, dont l'autopsie aura démontré avec certitude une origine antérieure à la vente, le marché sera nul et le prix restitué à l'acquéreur.

Le vendeur sera dispensé de la garantie résultant de la morve ou du farcin, s'il prouve que l'acquéreur a mis, depuis la vente, l'animal en contact avec des animaux atteints de ces maladies.

Le tic, avec ou sans usure des dents, serait toujours rédhibitoire.

Enfin il n'y aurait plus de garanties pour les grands animaux payés au-dessous de cent francs.

CHAPITRE XIII.

DE L'ESPÈCE BOVINE.

Choix des animaux et des races selon leurs qualités relatives et leurs destinations; — les races anglaises et celles du pays; acquisitions et âge des animaux; — les ruts, le taureau, la saillie, la gestation et le vêlage; — les mamelles, le lait, le beurre, les veaux et l'engraissement; — prix comparatif d'élevage et d'acquisition à l'âge de trois ans; — l'alimentation d'élevage et de spéculation pour le travail, le lait et l'engraissement; — les concours, et manière vicieuse de procéder pour donner des récompenses; — poids des animaux et estimation pour le commerce; — vices rédhibitoires pour l'espèce bovine, et réglement de boucherie.

L'éducation et l'amélioration des espèces bovines est peut-être la question qui doit le plus préoccuper les agronomes et les économistes, et le grand point en cette matière est de ne point déroger, et d'arriver à son but sans trop de tâtonnements, sans erreurs ni mécomptes. A cet effet, pour les animaux qu'on veut élever ou nourrir, les contrées où on se trouve, les ressources et les conditions agricoles, industrielles et commerciales que l'on peut exploiter, sont à examiner et à prendre en considération.

Les produits et les bénéfices qu'il faut obtenir des espèces bovines, dit M. de Villeroy, proviennent du lait, du travail, de l'élevage, de l'engraissement et du fumier.

Nous ne parlerons pas des fumiers, bien qu'ils aient leur importance partout, et sûrement autant en Champagne qu'ailleurs; nous parlerons un peu du travail, parce qu'il offre des avantages dans les montagnes et les vallées, où, avec des aliments secondaires, les bêtes à cornes d'une constitution solide et d'un caractère tranquille sont quelquefois plus convenables que les chevaux; mais c'est surtout sur les autres produits que nous nous étendrons largement, pour les traiter au point de vue le plus économique dans chacune des contrées de nos pays.

Peu éloigné de la capitale, et en possession elle-même de cités populeuses, la Champagne, avec ses ressources, doit beaucoup se préoccuper du lait et de la viande, parce qu'en dirigeant plus spécialement nos efforts de ce côté, nous trouverons le plus souvent de meilleurs résultats, et nous nous procurerons de plus grands bénéfices.

Il faut, dans l'industrie des bêtes ovines, fixer son choix sur les animaux qui auront le plus d'aptitudes à donner du lait en abondance et à s'engraisser avec facilité.

Dans la pratique, il faut rechercher des vaches bonnes laitières, qui fassent des veaux d'un développement précoce, et qui ensuite puissent vite et avec peu, engraisser sans de grands frais pour les propriétaires.

Si on est moins rapproché des villes et qu'on ne débite pas assez facilement son lait, on peut encore, avec des veaux tout jeunes achetés dans les laiteries de contrées plus populeuses, les nourrir économiquement avec la surabondance du lait nécessaire dans la ferme, et trouver dans le commerce de la boucherie une rémunération convenable et en rapport avec sa position.

Si le débit du lait était complètement impossible, on peut encore avec avantage fabriquer du beurre; car, comme en moyenne, avec 25 litres de lait on peut, si on sait bien nourrir, faire un kilogramme de beurre, qui se vend souvent 2 fr. 50, il y aura d'assez beaux bénéfices, surtout si avec les résidus, les petits-laits et le lait de beurre, on veut faire des cochons ou vendre des gorets, dont l'élevage est naturel et très-avantageux dans une ferme.

Enfin, après un certain temps, et sans attendre que les vaches deviennent trop vieilles, on les vend à de plus forts nourrisseurs, si on ne peut les finir et les engraisser soi-même.

Pour avoir des animaux qui donnent beaucoup de lait, je ne pourrai guère indiquer dans quelle race il faut les chercher, car dans toutes les contrées, selon l'abondance et la qualité des aliments, on peut augmenter ou restreindre ses prétentions, et avoir de plus ou moins grosses races.

Comme le dit M. Isid. Pierre, la vache laitière est comme une armoire : on n'en peut retirer ce qu'on n'y a pas mis; et si le lait contient 8 à 9 grammes d'azote par litre, et que le foin en contienne 11 à 12 par kilogramme, il faudra toujours 12 à 13 kilogrammes de ce dernier, ou l'équivalent en autres substances, pour qu'une vache en fournisse à peu près 15 litres dans sa journée, n'importe à quelle race elle appartienne.

Ici, on a à choisir dans des races bien diverses, et au lieu de spécifier l'une ou l'autre, je crois plus convenable et plus rationnel d'indiquer, en général, la conformation et les constitutions sur lesquelles on pourra le plus compter pour un bon rendement de toute nature.

D'abord, des vaches qui ne travaillent jamais, qui ne produisent guère que des veaux pour la boucherie et pour renouveler leur lait, peuvent être d'un tempérament plutôt lymphatique que sanguin, parce que chez les animaux lymphatiques qui se portent bien, qui sont peu irritables, qui sont calmes, ne remuent que peu et ne se tourmentent de rien, les pertes seront moindres et les aliments profiteront davantage.

Si la beauté, chez la vache, était un indice qu'elle donnera beaucoup de lait, ce serait en Suisse, où se trouvent de si belles espèces, qu'il faudrait puiser pour satisfaire les besoins de nos pays; mais il n'en est pas ainsi : souvent les plus laides vaches sont les plus grandes laitières, et dans l'espèce, il vaut mieux s'occuper de la valeur des formes que de leur beauté.

Ici la taille n'y fait rien, et, bien qu'en général et dans l'ordre de la nature les petits animaux consomment proportionnellement plus que les gros, il arrive souvent que dans de petites ou de moyennes exploitations les petites vaches sont plus avantageuses que les grosses.

Dans le choix des vaches laitières, je crois bon de ne pas négliger complètement les conseils de Guénon, car son système, qui est basé sur la forme et l'étendue des écussons, sur l'emplacement et la direction des épis, et sur les sécrétions furfuracées de la peau des mamelles, est d'accord avec les faits acquis par l'expérience.

D'abord, des épis sur la robe de tous les animaux, est un signe de qualité et de distinction de race; et une peau souple et onctueuse indique que les fonctions se font bien et que les sécrétions sont abondantes.

Selon Guénon, qui prend pour base de son système la forme et la dimension des écussons placés entre les mamelles et la vulve : plus ils sont étendus, plus l'organe sécréteur du lait sera grand, et plus les qualités lactifères seront développées.

Ceci résulte d'une longue expérience, et me paraît fondé sur quelques analogies que j'ai pu remarquer sur des animaux d'autres espèces.

Ainsi, quand la surface de l'écusson aura beaucoup d'étendue, une vache donnera du lait en abondance; et si l'épiderme en est jaune et qu'on en puisse facilement détacher des pellicules onctueuses, elle donnera du lait gras, butyreux et de bonne qualité.

Par contre, la vache qui aura la peau de l'écusson blanche et couverte d'un poil sec, long et clair semé, ne donnera qu'un lait maigre, séreux et de qualité inférieure.

Je bornerai à ceci ce que je veux dire du procédé Guénon, car je n'y attache pas assez d'importance pour vouloir fatiguer le lecteur par les trop longues et souvent inutiles descriptions qu'il donne sur ce sujet.

Cependant je crois bon de faire observer ici, qu'à la différence des signes, qui n'apparaissent qu'au fur et à mesure du développement des animaux, ceux signalés par Guénon peuvent être remarqués dans le tout jeune âge, et par conséquent faire préjuger leurs qualités plus tard de bonnes laitières, et prémunir l'éleveur à l'avance sur celles qu'il faudra conserver pour cet usage.

Je dirai ensuite avec M. Magne, le savant directeur

d'Alfort : L'aptitude à se bien nourrir est, de toutes les qualités, la première et la plus importante chez tous les animaux, et, bien qu'ici elle ne se traduise pas toujours par l'embonpoint, on doit la rechercher dans une poitrine ample, une respiration tranquille, et dans de bonnes digestions.

Dans le choix d'une vache laitière, il faut éviter les formes masculines. Un air dur, une grosse tête, de gros membres, la queue forte, les muscles prononcés, la peau épaisse et les poils rudes, sont des défauts qui traduisent une mauvaise vache à lait, et qu'il faut toujours rejeter dans les bêtes qui ont cette destination.

Une bonne vache doit avoir les mamelles développées sans être énormes, souples après la traite, fermes et résistantes avant.

Si elles sont trop volumineuses, charnues, blafardes et toujours dures, elles sont mauvaises ; c'est un état maladif.

Les bonnes vaches laitières doivent se reconnaître au volume des veines qui se rendent aux mamelles (ce que l'on appelle vulgairement les sources), aux mamelons bien développés, jaunes et d'égale dimension ; à la nuance un peu pâle de la robe, à la souplesse de la peau, à la finesse de la queue et à la douceur du regard. Il faut encore qu'elles aient la tête petite, les jambes courtes, les os menus, les cuisses minces, le cou grêle, le bassin ample et le corps long.

Les vaches qui ont cette conformation doivent être les meilleures, si, du reste, elles se portent bien, et si, comme je l'ai dit pour commencer, elles respirent et digèrent convenablement.

Bien que les bonnes laitières soient ordinairement maigres et peu charnues, elles peuvent de même convenir à l'engraissement ; seulement il faut attendre que les ruts se calment, que le lait diminue et que les sources tarissent, pour changer la direction de l'animal, et d'une vache laitière en faire une bête d'engrais.

Pour les animaux plus spécialement destinés à la boucherie, il faut encore les rechercher à surfaces larges, et dont les types se trouvent les mieux accusés dans les races anglaises.

Enfin, comme le disait Bakewell, il faut éviter, pour les animaux d'étable (de laiterie ou d'engrais), la trop forte proportion des os et de la panse, et surtout ne jamais faire choix de trop grosse charpente, parce que ces sortes d'animaux coûtent toujours beaucoup et ne rapportent jamais que peu.

Cependant il y a quelques circonstances où les formes un peu musculeuses et fortes pourraient convenir pour les travaux qu'on aurait à faire; mais en Champagne, où je ne sache pas qu'il soit indispensable de faire travailler les vaches, ce serait une exception qui ne deviendrait applicable que pour les quelques cas où il serait utile d'y avoir égard.

Maintenant que j'ai signalé le sexe et les qualités préférables pour les animaux dans nos contrées, je crois utile d'indiquer comment on peut se les procurer pour qu'ils réussissent sans entraîner dans des frais trop considérables.

D'abord on produit en Champagne quelques bestiaux qui pourraient être meilleurs, si on améliorait la plupart des prairies pour obtenir des herbes de qualité supérieure, et si on ne choisissait que les animaux de tête pour la reproduction.

En Champagne, on voit beaucoup de métisses et de races de transition, et surtout des ardennaises ou meusiennes, à tête légère, à encolure mince, poitrine serrée, jambes fines et bassin assez large, ayant une robe baie ou noire, avec souvent une large bande blanche sur la surface dorsale, et de même des taches de poils blancs sur d'autres parties du corps; ces bêtes, quoique de moindre taille, tiennent beaucoup des races flamandes et un peu des hollandaises, par leur conformation et leur bon rendement en lait.

On trouve aussi chez nous des femelines et des lorraines, avec les mêmes qualités; quelques franc-comtoises, touraches mêlés suisse, avec une tête forte et plus de trapu; enfin, près ou dans les villes importantes, quelques bêtes hollandaises, suisses, flamandes, durhams, etc.

Pour des pays comme le nôtre, où généralement l'herbe ne pousse pas avec assez de vigueur, et où le succès doit plutôt se restreindre à avoir des laitières capables plus

10*

tard d'être facilement engraissées, les premières races que je viens d'indiquer possèdent en partie les qualités qu'il faut ménager, sauf par le régime, des soins et une alimentation raisonnée, et si on le peut, par des croisements, à les grossir, les perfectionner et les mettre plus en rapport avec les ressources de chaque exploitation.

Nous voyons déjà dans ce tableau restreint des ressources de notre pays, que ce sont des marchands intelligents qui ont une tendance et un intérêt à nous satisfaire, qui se chargent assez heureusement de pourvoir à nos besoins : d'abord, en comblant le déficit de la production locale, et plus, en servant à un grand nombre d'agriculteurs des animaux tout élevés, qui leur épargnent la peine de les fabriquer et de les produire eux-mêmes.

En effet, on voit amener dans nos campagnes et dans nos foires des troupeaux d'excellentes laitières, parmi lesquelles nos agriculteurs peuvent faire un choix souvent conforme à leur goût, à leur intérêt et à leurs prétentions.

Ainsi, en Champagne, dans la production et plus dans un commerce commode, facile et à proximité, nous avons à peu près ce qu'il nous faut ; et avec des soins et une hygiène raisonnée nous pouvons, sans grand déplacement, opérer convenablement et avec fruit.

Dans le choix et l'acquisition des animaux, il faut être circonspect, consulter ses ressources et bien se pénétrer que, pour qu'ils ne vous soient pas onéreux, il leur faut toujours donner une alimentation qui excède le nécessaire à leur entretien, et qu'il vaut mieux avoir une petite vache qui profite, que d'en avoir une grosse, ou deux qui soient languissantes et ne rapportent rien.

Il ne faut pas perdre de vue que nous sommes dans une région de céréales ; que les pâturages, chez nous, ne sont pas abondants ; que si le bétail, dans toutes les cultures, a sa raison d'être, et qu'en Champagne on doit faire des efforts pour en produire et en avoir de bon, cependant nous devons, tout en marchant et en suivant raisonnablement le progrès, nous arrêter, dans cette industrie, aux animaux qui doivent compenser nos peines et rétribuer assurément notre travail.

Dans de petites exploitations, dans des terrains maigres,

et chez les petits cultivateurs et les vignerons, on pourra avoir des bénéfices avec de petites ou moyennes vaches, qui sont sobres et se contentent de peu, tandis que nécessairement on perdrait de l'argent si on voulait avoir la prétention de nourrir des bêtes flamandes, suisses ou normandes qui, ne pouvant pas trouver à manger leur content, doivent inévitablement se détériorer et ne rien produire.

Si vous n'avez à votre disposition que 75 centimes de nourriture à donner par jour, et qu'il en faille davantage pour l'entretien d'un animal volumineux, votre animal, assurément, se détériorera, et vous perdrez de l'argent; tandis, au contraire (comme nous en avons déjà donné l'exemple au chapitre sur l'alimentation), que si vous avez une petite vache à laquelle il suffise, pour l'entretien, de 40 centimes d'aliments par jour, avec ces 35 centimes de supplément vous pourrez obtenir 8 litres de lait qui, à 15 centimes, vous donneront 1 fr. 25, et par conséquent un produit net de 50 centimes à chaque journée.

Néanmoins, si les petits animaux conviennent lorsqu'on n'a qu'une faible nourriture, ou des feuilles et des bruyères à leur donner, quand on a une forte exploitation et des denrées en abondance, il faudra grossir son espèce, parce que plusieurs animaux de petite taille exigent plus d'emplacement et l'augmentation du personnel pour les soigner, et aussi que proportionnellement ils consommeraient davantage.

Il y a donc des circonstances où on doit préférer les grands animaux, mais toujours en choisissant les meilleurs et les mieux conformés, pour bien et complètement profiter de sa position et de tous ses avantages.

Ainsi les vignerons et les cultivateurs, se trouvant dans des contrées arides peu productives, et ne récoltant que peu de fourrages, ou n'en récoltant que de médiocres ou de basses qualités, ne doivent avoir que des animaux sobres et qui se contentent de peu. Des ardennaises et des vosgiennes leur donneront, en lait, proportionnément un produit abondant et lucratif.

Les cultivateurs un peu plus avancés pourront se procurer et nourrir de fortes ardennaises, des meusiennes, des femelines et des flamandes, qui sont d'une constitution plus en rapport avec une nourriture meilleure et plus substantielle.

Enfin, les grands nourrisseurs auront plus de latitude, et ils trouveront dans des flamandes, des hollandaises, des schwitz, et même des durhams, des animaux plus convenables et plus en rapport avec leurs ressources et leurs prétentions.

En effet, depuis quelque temps on a importé dans nos pays des bêtes du Haut-Rhin, du pays d'Huningue, des franches montagnes de Normandie, des schwitz, et même des durhams et des normandes, avec lesquelles plusieurs propriétaires ont su améliorer leur position et augmenter leurs bénéfices.

S'il était bien établi qu'il doive y avoir un avantage sérieux à importer une nouvelle race, je conseillerais que l'on fît des dépenses, et qu'on allât au loin chercher des animaux à cet effet; mais lorsqu'on ne fait que du lait et saillir les vaches pour le renouvellement de celui-ci et pour avoir des veaux à livrer de suite à la boucherie, il faut laisser ce soin à d'autres et y regarder à plusieurs fois avant de se décider à de pareilles démarches, parce qu'alors il est plus rationnel, plus prudent et souvent plus économique de prendre, parmi les sortes d'animaux qu'on a à sa disposition, tout simplement ceux qui vous sont offerts, en choisissant les mieux à sa convenance.

Je ne veux pas dire que je m'oppose obstinément à ce qu'on introduise des types pour hâter l'amélioration, surtout chez ceux qui veulent produire; mais j'entends que cela peut être inutile dans beaucoup de nos pays, et que dans le cas où cela est praticable, toujours avant il faut bien se pénétrer que la race doit être en rapport avec la nature et la valeur du sol, et que la conformation et la constitution des reproducteurs ne dérogent jamais avec lui; et de plus, qu'on ne peut élever bien avantageusement que quand on possède des prairies, parce que la nourriture qui y est mangée sur place coûte bien moins que celle rentrée en moisson et mangée à l'étable.

On met constamment et sans cesse en évidence les excellentissimes qualités de la race durham; cependant, comme je parle ici dans l'intérêt de nos agriculteurs, en reconnaissant que c'est réellement là le type et la meilleure race des espèces bovines, je dois déclarer que cette race n'est pas toujours aussi avantageuse, et ne convient pas autant qu'on veut le supposer. Elle est trop forte, trop volumineuse et trop exigeante; et si nous avions à choisir et à notre portée des races anglaises, et que le pays voulût nous en fournir à des prix raisonnables, nous devrions encore leur préférer celles d'Herrefort, du Devonshyre et d'Ayshyre, qui ont plus d'affinité avec nos conditions agricoles et les aliments de nos pays.

Mais encore, toutes ces races de la Grande-Bretagne, dont Backewell, Tomkins et les Collings sont les faiseurs, ne sont que des races artificielles, et en définitive ce que l'industrie, la spéculation et l'alimentation particulières peuvent les faire; c'est-à-dire que nous-mêmes, avec les mêmes ressources et l'application des mêmes moyens, nous pourrions transformer nos races comme les Anglais ont créé et perfectionné les leurs, en les perpétuant par elles-mêmes et avec les mêmes soins et la même alimentation.

Si on veut créer ou modifier une race, dans le but d'un engraissement facile et plus précoce, ce sera, comme l'indique judicieusement M. le marquis de Dampierre, en croisant entr'eux les animaux les plus précieux de la même famille, à quel que soit leur degré de parenté, qu'on y parviendra; c'est ce qu'on nomme la reproduction en dedans, en anglais, *in and in*; et c'est dans cela seul que consiste l'amélioration trouvée en Angleterre; et sans doute aussi dans l'application d'une nourriture hydrocarbonée, de laquelle on fait un usage plus étendu dans ce pays que dans le nôtre.

Les hommes qui ont découvert les moyens de transformer ainsi les races, ont rendu d'éminents services à l'agriculture; mais ce système, en efféminant et en diminuant la tête, le col et les os, et en développant le tissus cellulaire et la graisse, a pour conséquence physiologique et inévitable de neutraliser les animaux, de leur faire perdre leurs qualités de rusticité et de travail, ainsi que celles de produire du lait en abondance, de fournir des viandes aussi bonnes, aussi suaves et aussi succulentes.

Les viandes hâtives et trop grasses, comme celles de veaux, consommées sans interruption, ont une influence sur la santé des hommes; elles ne les nourrissent pas bien et ont une tendance à les affaiblir; tandis que celles mûres et bien faites fortifient les populations, et, sous un moindre volume, leur conservent leur vigueur, leur énergie et leur courage.

Il ne faut pas non plus perdre de vue que les animaux de si facile engraissement, parce qu'ils sont de même descendance, sont des races dégénérées comme reproducteurs, et que par cela même elles perdent leur aptitude à la régénération. Ce système, s'il était trop généralement appliqué, ne tendrait à rien moins qu'à diminuer le nombre des animaux dans le pays.

Lorsqu'un homme aussi éminent que le professeur Delafond, dans un rapport à la société centrale d'agriculture, hésite à conseiller à la Normandie, qui se trouve si rapprochée de l'Angleterre, dans les mêmes conditions de pâturages et de climats, et on ne peut mieux à même de se procurer les meilleurs types reproducteurs de ce pays, d'accepter ses races et son système, c'est que nécessairement il y a à réfléchir et à calculer, et que si les animaux d'un engraissement hâtif ont leur avantage, ceux qui donnent du lait, de la bonne viande, et qui sont sobres, rustiques et travaillent bien, ont aussi les leurs, dont il peut être sage de profiter.

Il en est, en Angleterre, un peu de la race bovine comme je l'ai déjà mentionné pour la race chevaline : ce sont des animaux que les anglais ont su vendre quelquefois au-delà de 25,000 francs, et dont peut-être le meilleur est la réputation qu'ils ont su leur faire et l'argent qu'ils savent en obtenir; ces animaux sont seulement une section d'amélioration, sur laquelle il ne faut pas, sans calcul et sans examen, se laisser éblouir, parce que si aux pâturages ou en stabulation on peut procéder à l'anglaise, il faudra en profiter, et que dans des circonstances et des conditions contraires, ce système peut être vicieux et ne doit pas avoir la préférence.

J'ai dit comment il fallait procéder pour arriver à avoir

des animaux comme les anglais, mais je crois que nous serions leur dupe en achetant leurs reproducteurs aussi cher.

Bien que dans nos départements on ne se serve que peu de bêtes à cornes pour nos travaux champêtres, cela n'empêche que dans plus de la moitié de la France, et même en Champagne, ces animaux soient indispensables pour les charrois et les labours, et qu'à cet égard ce serait contraire à la raison de changer précipitamment toutes nos races dures et rustiques, pour des animaux si mous, si lymphatiques et si incapables d'aucun travail ou de privation.

Quant à la production du lait, nous ne devons pas non plus légèrement abandonner plusieurs bonnes races qui, sans grande dépense de nourriture, produisent proportionnément bien plus que les espèces anglaises.

Enfin, après avoir mis en parallèle les qualités de nos races avec celles de l'Angleterre, et avoir indiqué les moyens à mettre en pratique pour l'imiter, nous concluons que c'est seulement en vue de l'engraissement qu'on doit toujours suivre et adopter le système anglais.

Pour les personnes dans la nécessité d'acheter des animaux, toujours sans perdre de vue les caractères qui conviennent à leur destination, lorsque les dents sont courtes, étroites, usées et en chicots, jamais il ne faut les introduire dans les étables : ce sont des animaux d'un âge avancé, qui se nourriraient mal, qui donneraient peu de produits et qui deviendraient onéreux pour le propriétaire ; il ne faut pas non plus les acheter trop gras, ils ne conviennent généralement pas pour la production du lait ; ils se vendent plus cher, et leur valeur n'existe que pour le commerce et la boucherie ; mais ensuite, les animaux provenant d'un pays plus riche que celui où on les introduit, ne prospèrent pas suffisamment non plus, parce qu'il est plus facile de faire prospérer un animal qui a été soumis à un régime restreint, qu'un animal précédemment nourri en abondance et à satiété.

Il faudrait encore, malgré toutes les précautions et un examen minutieux d'un animal nouvellement acheté, ne pas le placer de suite dans ses étables, parce que, si sans qu'on s'en doute, il était atteint de maladies mauvaises ou contagieuses, il pourrait les communiquer aux autres et donner de grands ambarras.

Enfin, dans l'acquisition d'un animal, il faut toujours connaître son vendeur, afin que si le sujet a des vices cachés ou rédhibitoires, on sache à qui s'adresser pour faire valoir les droits accordés par la législation.

Maintenant nous allons nous occuper des soins à donner aux animaux à l'étable, en commençant par ceux qu'exigent les femelles au moment du rut, ou à l'instant de l'accouplement, soit pour propager, soit pour renouveler le lait.

Les génisses peuvent être saillies à 20 mois; cependant trop jeunes, les chaleurs peuvent être factices, et on s'expose à irriter leurs organes, à ce qu'elles ne soient pas fécondées et restent toujours stériles. Il vaut mieux attendre qu'elles soient assez fortes et qu'elles aient acquis plus de développement.

Lorsqu'on possède des vaches laitières, l'état de lactation ne peut pas sans cesse durer, et il arrive un moment où la bête devient en chaleur, où le lait baisse, diminue et tarit.

Avec de bonnes laitières, on fera des veaux tant qu'on pourra pour le renouvellement de leur lait; mais ensuite, avant qu'elles ne soient devenues trop âgées, sous l'influence de l'alimentation délayante qu'elles auront reçue et selon ses ressources, il faudra, sans trop de frais, tâcher qu'elles puissent devenir assez facilement grasses et mûres pour la boucherie.

Si une vache, sans motif, baisse à lait et qu'elle se porte bien, elle engraissera facilement, parce que l'alimentation qu'elle recevait pour produire du lait n'aura besoin de subir que peu de modifications, pour que dans cette nouvelle destination on voie changer en graisse le produit qui se faisait en lait précédemment.

Lorsque les vaches sont en chaleur, il faut se hâter de les faire saillir, non seulement parce qu'elles ne mangent pas, parce qu'elles se tourmentent et qu'elles tourmentent les autres, qu'elles gaspillent et perdent des aliments, mais parce que cet état détermine souvent une détérioration du lait et des maladies de mamelles.

Les vaches constamment en rut, dites taurellières, sont gênantes, mauvaises et dangereuses; elles doivent être réformées ou châtrées pour l'engraissement, car c'est de tous les moyens le meilleur parti qu'on puisse prendre et auquel il faille s'arrêter.

Pour faire saillir une vache, on doit avant faire choix d'un bœuf étalon conforme à ses idées et à ses prétentions.

Pour le taureau comme pour l'étalon, d'abord il faut le prendre d'une conformation en rapport avec le but qu'on se propose, avec la taille de la vache qu'il va couvrir, et avec la destination que l'on donnera au produit.

Si c'est simplement pour renouveler le lait par un nouveau part, je dois signaler que des taureaux du Jura français et du Symmenthall suisse, donnés à des vaches de nos pays, qui faisaient des veaux ne pesant que 75 à 110 kilogrammes vers trois mois, leur en ont fait produire qui ne pesaient pas moins de 150 et 200 kilog. au même âge, ce qui est à prendre en considération pour l'industrie des vaches laitières et le nourrissage des veaux.

Ce serait, je pense, trop long pour ce travail, de vouloir entrer dans des développements sur le choix des taureaux, dans le but de modifier les races du pays ; le changement d'une race étant une besogne longue, difficile, et qu'on ne peut guère tenter dans nos cultures ordinaires, cette amélioration des animaux doit se faire plus sûrement par l'augmentation des produits en fourrage et par le choix des meilleurs animaux, que par la création de races nouvelles. En effet, les taureaux étrangers importés en Champagne y ont sailli des vaches de toutes les espèces, lesquelles, avec leurs produits donnés à d'autres sans suite et sans persévérance, ne nous ont conservé rien de saillant et d'arrêté ; aussi nous nous contenterons d'indiquer, pour le moment, les qualités générales et essentielles aux animaux propagateurs.

Un taureau doit généralement avoir sans excès un peu plus de développement que la bête qu'il va saillir ; il doit être long et très-ouvert, avoir la tête courte, large et sèche, les oreilles écartées, les cornes lisses et les yeux bien ouverts ; il doit avoir la peau fine et souple et les os menus, surtout si les produits ne sont pas destinés au travail. Le col doit être gros et court, les épaules hautes et charnues, le dos droit, les côtes longues, et la poitrine ample et étendue ;

les jambes doivent être fines en bas et chargées de muscles au-dessus des genoux et des jarrets ; les pointes des hanches doivent être, le plus possible, écartées l'une de l'autre, pour avoir plus de largeur de corps et une plus vaste surface depuis le garrot jusqu'à la base de la queue ; celle-ci doit être fine, peu saillante, souple et garnie de poils à son extrémité ; enfin les bourses doivent être relevées, fermes et ridées en travers.

Un taureau empâté, à flanc creux, trop étroit et trop élevé, à cuir épais, à jambes gonflées et à bourses pâles, lâches et pendantes, ne vaut jamais rien pour la reproduction.

Enfin un taureau, si ce n'est pas pour produire des animaux de fatigue et de travail, doit, autant que possible, se rapprocher du type durham.

Pendant la saillie, il faut prendre des précautions, afin d'éviter les conséquences des brusqueries de quelques taureaux lourds peu faciles ; il faut aussi que les taureaux soient maintenus par un bouclage dans la cloison du nez, parce qu'il arrive toujours plus d'accidents par trop de confiance dans des animaux doux, que par les méchants que l'on craint et dont on se méfie.

M. le baron de Peers, de Bruges, je l'ai dit, prétend que pour dans la monte obtenir de ses vaches le sexe qu'il désire : si c'est un produit mâle qu'il veut, il donne le taureau aussitôt la traite ; s'il le veut d'un autre sexe, il le donne avant.

Cette expérience, répétée dans le département du Nord, paraît avoir donné les mêmes résultats. S'il en est ainsi, il y aurait un grand avantage pour les éleveurs de pouvoir, à volonté et selon leurs désirs, obtenir des mâles ou des femelles. Je ne puis donner ce renseignement que pour mémoire.

Dans les pays où les vaches travaillent, et dans ceux où elles sont parquées, lorsqu'elles sont pleines elles réclament beaucoup plus de soins que lorsqu'elles vivent en stabulation, état où la surveillance est plus facile et les accidents plus rares.

Les vaches pleines doivent être modérément nourries, si elles ne donnent pas de lait ; mais il faut qu'elles le soient assez pour les conserver en bon état en développant leurs produits.

Quand les vaches sont trop grasses, il vaut mieux restreindre les aliments, parce que dans cet état le part est plus pénible et on a plus d'accidents à redouter.

Des sols glissants, des trous, des fossés, des barrières, et le voisinage d'autres animaux remuants et indociles, peuvent contrarier et blesser les vaches pleines, et déterminer l'avortement.

Pour toutes les personnes qui ne peuvent nourrir que peu abondamment, il vaut mieux cesser la traite au sixième mois de la gestation, afin que le petit sujet puisse profiter, et que la mère ne dépérisse pas. Pour celles qui ont des aliments en quantité, elles peuvent traire jusqu'au dernier moment, et la mère et le produit n'en souffriront pas.

Il y a un assez grand nombre de vaches chez lesquelles, vers le cinquième ou sixième mois qu'elles sont pleines (état de gestation), il apparaît à l'orifice des organes génitaux une espèce de boule rouge dont le volume varie de la grosseur du poing à celle d'une tête d'homme ; c'est la membrane du conduit vaginal qui apparaît au-dehors (renversement du vagin) : vulgairement on dit que les bêtes poussent le rouge.

Bien que les législateurs aient cru devoir placer cet accident au nombre des vices rédhibitoires, je dois dire qu'il n'y a là rien de dangereux et qu'il ne faut nullement s'en inquiéter : car sur plus de soixante vaches chez lesquelles j'ai pu remarquer le renversement du vagin, je ne me suis jamais aperçu qu'il fût redoutable et mortel.

Ce relâchement ou assouplissement exagéré des organes est presque une garantie contre des dangers plus graves de la parturition ; seulement il ne faut pas laisser les animaux en face des fenêtres ou des portes, d'abord parce que l'air peut irriter les portions de membranes à découvert, et que cela aussi est sale et répugne à voir.

A l'époque où le vêlage vient et approche, il faut avoir soin que la litière soit bien épaisse sur le derrière, et surveiller les animaux plus attentivement, car, bien que chez eux le part se fasse souvent naturellement, quelquefois on est dans l'obligation de les prévenir et de les aider.

Lorsqu'une vache est prête à mettre bas, elle se tourmente, se lève et se couche alternativement, et il apparaît à l'orifice des organes sexuels une espèce de poche membraneuse rosée qui grossit au fur et à mesure que l'animal fait des efforts expulsifs : jusque-là, on n'a pas besoin d'intervenir ; mais si les tentatives faites par l'animal restaient infructueuses, si après un certain temps les choses restaient stationnaires ou toujours dans le même état, on peut espérer, en l'aidant, vaincre la résistance que la tête et les jambes du petit sujet rencontrent au passage du bassin, et le part pourra s'effectuer.

Il faut faire attention qu'on ne doit jamais qu'aider, et non plus n'opérer aucune traction sur le fœtus, sans qu'il y ait une coïncidence parfaite avec les efforts expulsifs faits par la mère.

Si la résistance est sérieuse et soutenue, alors il faut s'assurer si ce sont les deux membres de devant bien allongés et la tête qui se présentent au dehors, ou bien les deux membres de derrière, parce que dans ces deux positions, si le fœtus n'est pas gonflé par la météorisation ou l'œdème, le part pourra se faire naturellement, et qu'en continuant des efforts de traction on peut obtenir un résultat favorable.

Mais si, par opposé, on avait reconnu que la tête fût renversée dans le bassin, ou qu'il ne se présentât qu'un membre isolément, soit de derrière, soit de devant, ou enfin que le fœtus fût placé dans une toute autre position que les deux premières que j'ai indiquées, il faudrait, dans cette résistance sérieuse, bien se garder de tirer obstinément le petit sujet, car il ne viendrait pas et on blesserait la mère, et alors il faut le faire rentrer tout doucement pour le remettre dans une position normale, car son expulsion n'est possible qu'à cette condition et à ce prix.

Si après un nouvel essai, lorsque tout a été rentré, il y avait encore de la résistance, il faudra simplement calmer la mère par quelques injections et des tisanes, et ne pas tarder à faire courir après un homme de l'art, parce que dès lors cette opération est du ressort du vétérinaire, et qu'elle ne peut rester à l'abandon de mains inhabiles ou inexpérimentées.

Aussitôt qu'une bête a mis bas, on lui présente son veau pour qu'elle le sèche et le nettoie ; et si elle avait de la répugnance à le lécher, on le saupoudrera avec quelques substances recherchées par les animaux, tels que le son, le sel, la farine d'orge, qu'ils aiment bien et qui les stimulent à procéder à ce premier rapprochement.

Lorsqu'une vache a terminé son vêlage, il faut bien se garder de lui donner du vin chaud ou d'autres substances échauffantes, parce que les organes génitaux ayant été plus ou moins irrités pendant la parturition, cela peut déterminer des inflammations et des maladies des parties génitales.

Un breuvage d'eau de son ou de farine sera préférable, avec la précaution de ne pas le donner en une seule fois, ni trop abondant et ni trop froid.

Il faut avoir soin de tenir le petit sujet chaudement, et de lui faire boire le premier lait de sa mère ; sans cela il pourrait avoir des coliques et périr de constipation.

Si la mère ne délivrait pas, il ne faut jamais se hâter d'arracher les enveloppes, car on s'exposerait à une hémorragie et à un renversement de la matrice.

On lancera deux ou trois fois par jour, au fond du vagin, avec une seringue, assez avant et avec précaution, de l'eau douce dans les organes ; puis on tirera de temps en temps et sans secousses les enveloppes, pour en faciliter l'expulsion ; enfin, pendant quelque temps, il faut surveiller la nourriture et s'assurer si la mère n'est pas malade.

Si une vache ne mange pas, et qu'elle soit triste après avoir vélé, il ne faut pas encore trop tarder à appeler un vétérinaire ; mais en l'attendant, il vaut encore mieux suivre ses idées que d'écouter des empiriques, qui n'en connaissent jamais plus que les propriétaires, et qui souvent, avec moins de bon sens, abusent de leurs embarras ou les plongent effrontément dans une plus mauvaise position.

Il faut encore, dans les premiers temps de la lactation, ménager les mamelles, et tâcher de prévenir des maladies qui sont toujours désagréables et onéreuses.

Si les mamelles sont dures, rouges et gonflées, quelques

émollients, de la chaleur et du barbotage peuvent empêcher le mal d'empirer, et doivent le guérir.

Pour les vaches laitières, il faut avoir pour but de pousser
activement à la sécrétion du lait, car c'est là la grande
question et le bénéfice.

L'herbe est l'alimentation qui peut le plus faire donner
du lait; c'est d'une grande ressource pendant l'été et le
printemps; mais si en dehors on avait plus l'habitude de
cultiver les racines, les betteraves, les turneps, les carottes,
les choux, etc., et qu'on en donnât davantage avec des
amilacées, des pulpes, des drèches, des tourteaux et
d'autres substances tendres ou humectées, pendant l'hiver, en même temps que ce serait meilleur pour la santé
des animaux, on obtiendrait en lait des résultats plus avantageux.

J'ai dit qu'il fallait 1,700 grammes de foin ou leur équivalent pour entretenir 100 kilog. de poids vivant des animaux; on doit comprendre combien cette limite doit être
dépassée, et ici qu'il faut l'augmenter le plus possible, sans
prodigalité, pour pouvoir profiter des grandes dispositions
de certains animaux à donner de ce produit.

En Normandie, il y a des nourrisseurs qui donnent en
équivalents, jusqu'à 5 et 6 kilog. de foin par 100 du poids
vivant des animaux, et qui récoltent 18 à 20 litres de lait
par jour; c'est qu'en effet les bonnes prairies dont on dispose dans ce pays, permettent de donner plus facilement
de ces fortes rations.

M. Magne dit, que si au lieu de donner 1,700 grammes
qu'il faut par 100 kilog. pour entretenir l'animal vivant,
on en donne 3,400, on fera produire à la vache 1 kilog. de
lait, ou, 28 grammes de veau si elle est pleine, par chaque
kilog. de foin en supplément de la ration d'entretien.

Dans les laiteries de Paris, où on pratique parfaitement
cette industrie, et où on a généralement d'excellentes
vaches, les rations se composent de la manière suivante :

Valeur en foin.

Regain............................	4	500 gr.
Paille d'avoine. 10 kilog..............	3	000
A reporter......	7	500 gr.

		Report......	7	500 gr.
Recoupette....	4 à 5 kilog.............		5	000
Betterave	10 à 15 kilog..........		5	000
Drèche	5 à 8 litres.............		2	500
Tourteaux.....	1 à 1 1/2 kilog.........		2	000
Remoulage....	2 litres..............		2	000
			24	000

ce qui fait environ 5 kilog. de foin par 100 kilog. de poids vivant, et par conséquent 3,300 grammes en sus de la ration d'entretien.

C'est donc en soignant et en raisonnant l'alimentation qu'on peut avec fruit pratiquer l'industrie du lait convenablement.

Il faut que les vaches laitières ne restent pas avec leurs veaux, qu'elles soient dans des étables tranquilles, qu'elles ne soient ni tourmentées ni fréquemment dérangées, qu'on leur parle avec douceur et qu'on les traite avec ménagement, car les impressions ont une influence qui peut diminuer la quantité du lait et en vicier les qualités. Enfin il faut traire ces animaux au moins deux fois par jour, souvent trois fois et quelquefois plus, parce que bien nourris et nouvellement vélés, le rendement sera considérable, et que le lait, en séjournant dans les mamelles, pourrait s'épaissir, se décomposer et déterminer des obstructions et des maladies.

Les vaches qui viennent de faire leur 1er veau donnent moins de lait que celles qui sont à leur 3e ou 4e vélage; mais ensuite le lait diminue lorsqu'elles sont âgées de plus de 10 ans : aussi, dans l'intérêt du propriétaire, il ne faut pas les laisser trop vieillir, parce qu'elles engraissent difficilement et deviennent une charge sans profit pour ceux qui les possèdent.

Il y a beaucoup de propriétaires qui ne cherchent pas à faire renouveler leurs vaches, parce qu'en les poussant toujours en nourriture, si celle-ci est toujours délayante, les ruts deviennent insensibles, et les animaux peuvent passer imperceptiblement de la lactation à l'engraissement. Il est toujours bon, en profitant des prédispositions et des aptitudes de certaines vaches à donner beaucoup de lait, de suivre les instructions que j'ai données sur l'alimentation, pour conséquemment retirer des animaux tous les avantages possibles.

Le beurre se fait au moyen d'un battage du lait ou de la crême dans des barattes; dans nos pays on ne bat que la crême recueillie après 12 heures de traite en été et 24 en hiver, et je ne sache pas qu'on baratte le lait tel qu'il a été recueilli, ce qui, du reste, serait sans avantages, plus long et plus difficile.

Pour que le barattage soit moins difficultueux, et que le beurre prenne plus tôt et plus facilement, il faut que la crême soit à une température de 10 à 20 degrés centigrades; si elle était plus élevée, le beurre se ferait plus vite, mais il aurait moins de fraîcheur.

Il ne faut pas oublier qu'il est essentiel que tous les vases employés dans la laiterie soient parfaitement nettoyés et purgés des matières grasses et acides, pour ne pas s'exposer à perdre sa récolte et son travail.

Dans nos pays on ne fabrique guère de fromages, excepté dans la Brie-Champenoise, où ceux de regains ou d'automne sont les plus estimés.

A cet effet, en sortant du pis, on verse le lait dans des vases un peu ventrus, pour que la crême monte moins vite; on le met en présure lorsqu'il est encore chaud, pour que le caillé se forme plus promptement; et si la température est de 25 degrés, le lait prend, et une heure après il est coagulé.

Ensuite on divise le caillot ou caillé avec une lame de couteau, pour que le sérum s'écoule; on le met dans les moules ou éclisses de la dimension qu'on veut donner au fromage, et ensuite, lorsque celui-ci est assez consistant, on le nettoie, on le sale de chaque côté avec du sel fin, et après une huitaine de jours, pendant lesquels on l'a retourné de temps en temps, on le met dans une chambre bien aérée pour qu'il sèche et se finisse.

Mais ce n'est guère que plus tard, et dans la cave du consommateur, que les fromages s'affinent et se finissent.

On fait encore des fromages dans l'Aube, que l'on nomme fromages de Troyes; et dans toute la Champagne, des fromages mous que l'on mange salés dans les fermes, ou que l'on vend frais et même avant d'être écoulés.

Les veaux provenant des vaches laitières devront être ou élevés chez les propriétaires, ou seulement préparés pour la boucherie.

Les personnes éloignées de centres populeux ne pouvant trouver un débit facile ni lucratif du lait qu'elles récoltent, pourront avec fruit utiliser celui-ci dans l'engraissement des veaux pour l'alimentation; et celles placées au centre ou à proximité des villes, vendront les veaux dans les premiers jours de leur naissance, parce qu'en consommant du lait qui peut se vendre cher et avec facilité, il y aurait plus à perdre qu'à gagner à les conserver et à les nourrir.

Dans tous les cas, les veaux devront toujours, pendant les premiers jours, consommer le lait de leur propre mère, parce que ce lait est un aliment préparé par la nature pour stimuler les premiers mouvements de l'intestin, et le préparer à toutes les fonctions qu'il devra remplir; et aussi parce qu'il serait mauvais pour un autre usage, et qu'on ne doit jamais le débiter pour l'alimentation des personnes.

Ainsi, il est évident qu'il n'y a pas d'avantage à nourrir des veaux si on se trouve placé dans une contrée populeuse; et qu'au contraire, si on en est éloigné et qu'on ne puisse débiter facilement son lait, on peut trouver des dédommagements à les nourrir et à les engraisser.

Le lait destiné à l'alimentation des personnes ne pourrait, sans fraude, être vendu autrement que comme il a été recueilli; mais celui destiné à l'industrie du nourrisseur peut être modifié et employé dans des conditions plus favorables à ses intérêts.

En moyenne, pour produire un kilogramme de beurre, il faut 25 à 28 litres de lait; mais le dernier tiers de la traite, extrait des mamelles, contenant à lui seul plus de matières butyreuses que les deux premiers, il en résulte qu'en donnant aux veaux qu'on élève le premier lait de chaque traite, on pourra, sans nuire à l'accroissement des sujets, utiliser bien plus avantageusement le dernier tiers en le transformant tout spécialement en beurre.

Dans la plupart de nos pays, on doit adopter l'allaitement artificiel, parce que quand le veau a déjà tété le premier lait de sa mère, celle-ci s'y attache et l'affectionne, et que pour elle c'est une cause d'inquiétude et de tourment qui diminue et ralentit souvent une sécrétion qui serait plus abondante. En outre encore, le lait étant un aliment duquel on peut tirer meilleur parti dans le commerce, pour l'alimentation des hommes, on peut mieux en profiter en l'utilisant, du moins en partie, de cette manière.

Aussitôt leur naissance, après avoir été séchés et ressuyés par leurs mères, les veaux devront être placés dans une stalle, ou dans des claies à part, avec de bonnes litières, afin qu'ils ne soient ni bousculés, ni exposés à être blessés par les autres animaux.

Dans les premiers jours, il ne faut que très-peu de mouvements aux jeunes animaux, car s'ils ne prennent que peu d'exercice ils profiteront davantage.

Dans les premiers quinze jours, pour éviter les maladies, il faut nourrir avec modération et donner aux veaux, trois ou quatre fois par jour, soit du lait pur ou modifié, soit des soupes légères, des œufs s'ils ne sont pas chers, ou bien des bouillies claires faites avec des farineux et des tourteaux.

Le lait est peut-être, de tous les aliments, celui qui convient le mieux ; cependant, comme après 12 ou 15 jours de vêlage il a acquis plus de qualités, et qu'il en faut une grande quantité pour l'alimentation des veaux, il est préférable de l'utiliser dans un intérêt mieux entendu, et d'aviser à d'autres moyens.

Les veaux, dans les premiers jours, accroissent considérablement, et ne consomment guère que 5 à 6 litres de lait par jour ; mais après 15 jours ils en consomment 10 à 12 ; le 2ᵉ mois, 14 à 15 ; le 3ᵉ et le 4ᵉ encore davantage, et ne prospèrent que beaucoup moins. Ceci explique à quelle dépense on est entraîné en élevant les animaux avec cette substance seule, et indique qu'en procédant de cette manière cette industrie ne peut être qu'irréfléchie et onéreuse.

Pour parer à cet inconvénient, pour économiser le lait et en tirer mieux parti, souvent on livre à la boucherie des veaux trop jeunes, qui ne pèsent que 40 à 50 kilogrammes, tandis qu'ils devraient être plus âgés et en peser le double ; et ainsi on prive la population d'une nourriture qui lui profiterait davantage si on modifiait, d'après un système plus lucratif, l'alimentation de ces jeunes animaux.

Le lait de vache contenant par litre 130 à 140 grammes de matières solides, on pourrait facilement, au moins après le premier mois, remplacer pour les veaux le lait pur par du lait écrémé, de l'eau douce, ou des infusions de foin, en ajoutant à ces liquides pour faire des buvées, des proportions de farine capables de remplacer le lait naturel pris au pis de la vache ; de sorte que les farines ayant un pouvoir nutritif supérieur à la matière solide du lait, si on mettait 140 grammes de farine dans un litre d'eau, on nourrirait aussi bien les veaux qu'avec un litre de lait, et encore on fera de la viande tout aussi bonne et à meilleur marché.

L'eau dans laquelle on fait infuser du foin se charge facilement de sels, de sucre, d'arômes et de mucilages qui améliorent sa saveur, la rendent très-nutritive, et en font un thé excellent qui, selon M. Magne, est très-recommandé par les Américains.

500 Grammes de foin suffisent pour faire 10 litres d'infusion, en conservant encore au premier des qualités et un pouvoir nutritif qu'on peut utiliser pour d'autres grands animaux.

Dans un sens économique, on peut donc donner du lait écrémé, du lait de commencement de traite, des infusions, des farineux, des tourteaux en poudre et délayés dans l'eau, et même des œufs, s'ils n'étaient pas chers, pour remplacer la grande quantité de lait qui serait nécessaire pour l'élevage des veaux ; puis ensuite de petites quantités de regain, des herbes, et des pailles d'avoine, en ayant le soin de procéder petit à petit et par degrés à ces substitutions.

L'introduction des tourteaux dans la ration des jeunes veaux, offre l'avantage de fournir à la boisson de fortes proportions de matières grasses, de caséum et de phosphate de chaux, qui la rapproche essentiellement de la qualité du lait, et de ses vertus pour la croissance et l'engraissement.

D'après les expériences de M. Perrault, trois élèves nourris, le premier au lait pur, le deuxième au lait réduit, et le troisième au thé de foin : à 113 jours, le premier avait dépensé 112 fr. 50, le deuxième 98 fr. 36, et le dernier seulement 48 fr. 89, bien que pour tous les trois la nourriture n'ait commencé à varier que le vingtième jour.

Enfin, si on ne fait pas de veaux propres à la boucherie, et qu'on soit dans l'intention de faire des élèves, il faut encore et toujours ne pas perdre de vue mes recommandations, de ne pas suivre le hasard, de bien choisir les meilleurs veaux, de bien examiner sa position, et de ne fixer son choix que sur les animaux et la race qui, selon la richesse du sol ou de l'exploitation, pourront donner le plus d'avantages ou de bénéfices.

Si on ne possède pas de prairies ou des pâturages, qui seuls sont avantageux pour la production, et le seul moyen de la faire convenablement et avec fruit, et si on veut produire soi-même, sans recourir au commerce et aux marchands, voilà, d'après un de nos agronomes d'une expérience distinguée, M. Charpentier-Courtin, un des procédés commodes et économiques de la pratiquer.

Seulement, en admettant les principes et la méthode de cet élevage, pour n'égarer personne sur la véritable valeur des prix de revient, je me trouve dans l'obligation de modifier l'estimation des denrées employées à cet effet.

Alors, au lieu de compter le lait à 8 centimes le litre, nous devons le porter à 12, car nulle part, en Champagne, il ne vaut moins, et même dans beaucoup de localités on le paie 20 centimes, lorsque souvent on a déjà prélevé une petite partie de crème sur la traite du soir.

Lorsqu'on vend la paille au moins 60 à 80 fr., nous ne pouvons, pour l'éleveur, estimer au-dessous de 4 centimes le kilog. les pailles ou menues-pailles ; nous compterons aussi le foin à 8 centimes, et l'orge, le seigle et les grains cuits ou concassés, à 10 centimes le litre, car aujourd'hui ces prix ne sont pas exagérés.

Enfin, nous ne pouvons non plus, pour les soins, admettre moins de 6 centimes par jour, parce qu'un homme ne peut soigner, l'un dans l'autre, plus de 30 bêtes par jour, et qu'il ne peut coûter, gages et nourriture, moins de 1 fr. 80.

C'est ainsi que procède M. Charpentier :

1re ANNÉE.

Pendant 30 jours.

Par jour, 8 litres de lait, en tout 240 litres, à 12 centimes,
      ci.................... 28 80
  —   2 kilog. paille, en tout 60 kilog.,
      à 4 centimes............. 2 40
  —   soins, à 6 centimes.......... 1 80
Pour le 1er mois......................... 33   »

Pendant 30 jours.

Par jour, 6 litres de lait, en tout 180 litres, à
      12 centimes.............. 21 60
  —   6 litres lait écrémé, en tout 180
      litres, à 6 centimes........ 10 80
  —   2 kilog. de paille, en tout 60
      kilog., à 4 centimes........ 2 40
  —   soins, à 6 centimes.......... 1 80
Pour le 2e mois......................... 36 80

Pendant 60 jours.

Par jour, 8 litres lait écrémé, en tout 480 litres,
      à 6 centimes.............. 28 80
  —   avoine en branche, 10 centimes.   6   »
  —   2 kilog. de paille, en tout 120
      kilog., à 4 centimes........ 4 80
  —   soins..................... 3 60
Pour le 3e et le 4e mois................... 43 20

Pendant 90 jours.

Par jour, 1 litre seigle ou orge cuit, en tout
      90 litres, à 10 centimes..... 9   »
  —   1/2 litre seigle ou orge moulu,
      en tout 45 lit. à 10 centimes. 4 50
  —   4 kilog. paille ou menue-paille,
      en tout 360 kil., à 4 centimes. 14 40

                    A Reporter....... 113   »

Report......... 113 »

Par jour, 1 kilog. foin, en tout 90 kilog.,
       à 8 centimes............. 7 20
—   soins, à 6 centimes.......... 5 40
Pour les 5ᵉ, 6ᵉ et 7ᵉ mois................... 40 50

Pendant 60 jours.

Par jour, 2 litres orge ou seigle cuits ou moulus,
       en tout 120 lit., à 10 centimes. 12 »
—   1 kilog. foin, en tout 60 kilog.,
       à 10 centimes............. 6 »
—   4 kilog. paille et menus, en tout
       240 kilog., à 4 centimes.... 9 60
—   soins, à 6 centimes.......... 3 60
Pour les 8ᵉ et 9ᵉ mois...................... 31 20

Pendant 95 jours.

Par jour, 2 litres orge ou seigle cuits ou moulus,
       en tout 190 lit., à 10 centimes. 19 »
—   2 kilog. de foin, en tout 190 kil.,
       à 8 centimes............. 15 20
—   5 kilog. 500 paille et menus, en
       tout 523 kil., à 4 centimes.. 20 92
—   soins, à 6 centimes.......... 5 70
Pour les 10ᵉ, 11ᵉ et 12ᵉ mois.................. 60 82

Pour la 1ʳᵉ année, le total des dépenses est.... 245 52

2ᵉ ANNÉE.

Pendant 182 jours.

Par jour, 2 litres seigle ou orge moulus, en tout
       364 litres, à 10 centimes.... 36 40
—   5 kilog. menue-paille, en tout
       910 kilog., à 4 centimes.... 36 40

Pendant 182 jours.

Par jour, 2 kil. de foin, en tout 364 kil.,

A reporter......... 245 52

	Report..........	245 52
à 10 centimes............	36 40	
Par jour, 2 kilog. de paille pour litières, en tout 495 kil., à 4 centimes.	18 20	
— soins, à 6 centimes...........	10 92	
Pour le 1er semestre de la 2e année...........		138 32

Pendant 185 jours.

Par jour, 3 litres grains moulus, en tout 549 lit., à 10 centimes............	54 90	
— 6 kilog. menue-paille, en tout 1,098 kilog., à 4 centimes...	43 92	
— 3 kilog. paille d'avoine, en tout 549 kilog., à 4 centimes....	21 96	
— 2 kilog. 1/2 paille pour litière, en tout 447 kil., à 4 centimes.	17 88	
— soins, à 6 centimes..........	10 98	
Pour le 2e semestre........................		149 64
Total des dépenses pour les deux années.....		533 48

3e ANNÉE.

Pendant 365 jours :

Par jour, 3 litr. grains moulus, en tout 1,095 litr., à 10 centimes............	109 50	
— 6 kil. pailles menues, en tout 2,190 kil., à 4 centimes....	87 60	
— 5 kil. paille d'avoine, en tout 1,825 kil., à 4 centimes....	73 »	
— 3 kil. paille pour litière, en tout 1,095 kil., à 4 centimes	42 »	
— soins, 6 centimes..........	21 90	
Pour la 3e année, les dépenses sont de.......		334 »
Et pour le total, jusqu'à l'âge de 3 ans, de....		867 48

sur lesquels, en défalquant le produit du fumier
(1re année, 70 fr.; — 2e, 120 fr.; — et 3e, 140 fr.,
en tout... 330 »

il reste en dépenses, pour élever un animal jusqu'à
3 ans... 537 48

et en supposant que l'on réussisse bien, cette bête ne vaudra pas plus de 400 fr. : alors ce ne sera pas du bénéfice, ce sera encore 157 fr. 48 c. de perte, sans éviter pour les deux sujets, la mère et le produit, les chances de maladies et d'accidents.

Voyons maintenant si l'alimentation des animaux dans une autre direction ne serait pas préférable et plus lucrative.

Achetons, par exemple (je prends les animaux de bon choix), une vache pleine prête à vêler, 400 fr.; c'est d'abord pour intérêts par année .... 20 »

Pour des animaux qui sont destinés à donner du lait, comme pour ceux dont on veut hâter la croissance et le développement, il faut toujours une alimentation surabondante; et pour les premiers, il vaut mieux des racines, des herbes, des pulpes et des barbotages; mettons la même dépense que pour les animaux dans leur 3e année, ce sera, pour l'alimentation, 334 fr., à peu près 92 c. par jour................................ 334 »

On pourra certainement nourrir un peu plus ou un peu moins, selon les aptitudes des animaux, mais cela se traduira inévitablement par la quantité des produits dans le sceau à lait.

Pour soins, à 6 c. par jour................... 21 90

cela donne pour l'année une dépense de........ 375 90

Je compte de revenu pour le fumier, le même que celui estimé pour la 3e année d'élevage, bien que, par le mode d'alimentation que je préconise, on en récolte davantage, soit.................. 140 »

Je compte l'un dans l'autre, pendant 335 jours, un rapport de 6 litres de lait par jour, soit 2,010 litres, à 12 c................................ 241 20

Plus un veau................................. 15 »

Recettes pour l'année............. 396 20

ce qui produit d'abord, d'après ces calculs restreints et pour les petites exploitations peu favorisées, un bénéfice assuré et non de la perte; mais si de plus, par des préparations économiques et bien entendues de la nourriture, on sait récolter du lait en plus, et qu'on puisse le vendre 20 centimes le litre, comme cela se fait dans beaucoup de localités, il reste évident qu'il faudra préférer à la production le nourrissage des vaches laitières, comme plus lucratif et plus avantageux. Cependant, je ne puis dissimuler que tous ces calculs ne sont pas immuables, et que le prix des denrées, comme celui des animaux, pouvant varier dans certains moments et dans certaines contrées, c'est au nourrisseur à se déterminer à faire à une époque ce qu'il ne devra pas faire à une autre.

Nous avons déjà parlé de l'avantage d'une forte alimentation pour les vaches laitières, mais, nous ne saurions trop le répéter, que tous les jours indispensablement, à tous les animaux, il faut d'abord une ration d'aliments capable de réparer les pertes et d'entretenir les organes, et que si les déperditions sont de 20 kil. par jour, ce sera d'abord 20 kilogrammes de substances solides ou liquides qu'il faut pour suffire aux exigences de l'économie; mais de plus, qu'il faut encore combiner la nature des aliments supplémentaires, pour qu'ils coïncident avec les produits qu'on voudra obtenir et avec la destination qu'on veut donner aux animaux.

Pour les animaux destinés à donner du lait, nous savons qu'il faut une nourriture tendre, ou verte, brisée, hachée, humectée et délayante, qui facilite les digestions et excite l'appétit; et une température assez douce, sans élévation, pour bien entretenir la sécrétion sans trop affaiblir les sujets;

Pour les animaux nouvellement sevrés, qu'il faut encore une nourriture tendre dans le commencement, pour ne pas fatiguer les intestins et nuire à leur croissance; et ensuite, plus ferme, plus aromatique et plus azotée, s'ils sont destinés au travail;

Enfin pour les animaux qui doivent travailler, qu'il ne faut pas de nourriture aqueuse ou empâtante, et qu'à ces derniers c'est une alimentation sèche, aromatique et azotée qui leur convient, avec un air pur et froid, parce qu'une nourriture fortifiante et plus d'exercice resserrent et raffermissent les tissus, et rendent les animaux plus capables de travaux fatigants.

Maintenant, nous allons nous occuper des animaux destinés à l'engraissement, et indiquer les moyens à mettre en usage pour les disposer plus vite à prendre du poids et à acquérir de la valeur.

On a beaucoup parlé, depuis quelque temps, de l'engraissement hâtif; c'est dans l'application, autant qu'on le peut de ce système, qu'il faut, sans beaucoup de différence dans le prix de l'alimentation, savoir profiter simultanément de l'accroissement de l'animal et de ses dispositions à l'engraissement.

D'après M. Mac-Cullok, avec 25,000 kilog. de racines ou leur équivalent, et 1,000 kilog. de tourteaux, on ferait d'un veau sevré de 4 mois, un bœuf de boucherie qui peserait, à 2 ans, 4,000 kilog.; et d'après le même agronome, déjà à 36 mois, il aurait fallu autant de racines et 9,000 kilog. de foin, pour ne plus gagner relativement que bien moins en poids et en viande.

Il y a donc un très-grand avantage à profiter des dispositions des animaux à l'engraissement, et de toujours, par la nourriture, le précipiter le plus qu'on pourra.

Par exemple, si un animal qui doit, pour son entretien ordinaire, consommer 10 kilog. par jour, peut être engraissé en 100 jours, avec en tout 600 kilog. ou leur équivalent, distribués en plus, et qu'on ne lui distribue ces 600 kilog. destinés à l'engraissement qu'en 200 jours pour arriver au même point, alors on aura perdu bénévolement, d'abord 100 rations de 10 kilog., qui feront la valeur de 1,100 kilog. de dépenses superflues, et ensuite encore l'intérêt des avances que l'on aurait pu réaliser 100 jours avant et plus tôt.

Ici, sans vouloir combattre ou nier les aptitudes de certaines espèces à l'engraissement, je crois devoir, pour venir à l'appui des principes que j'ai déjà renouvelés et toujours mis en évidence, *que l'état des bestiaux ne pouvait jamais que traduire la nature des aliments ou le progrès des exploitations*, relater un passage du rapport de l'honorable M. Sellier, ancien membre du conseil général de la Marne :

« *Les encouragements judicieusement accordés jusqu'à présent pour propager les races bovines les plus disposées à l'engraissement, ne nous paraissent plus nécessaires :* car on le sait aujourd'hui, disait-il, la graisse ne manque aux animaux que lorsqu'on ne leur donne pas de substances ou aliments propres à engraisser. »

Il résulte de ceci, que dans une culture où on pourra se procurer une alimentation capable de fournir des matières grasses, qui doivent former la graisse et développer la viande, on aura tout ce qu'il faut et tout ce qui convient pour diriger les animaux dans ce sens.

Dans les tableaux des équivalences nutritives (chapitre VI, alimentation), on trouvera des instructions dont les propriétaires apprécieront la valeur, et l'application qu'ils peuvent et doivent en faire.

Par conséquent, la position agricole des propriétaires de bestiaux, sans dénigrement pour les aptitudes de certaines races, doit être prise en grande considération, parce que c'est d'elle essentiellement que doit dépendre la direction qu'il faut donner à l'industrie du bétail.

En effet, en jetant les yeux sur un rapport de M. Robert d'Erlacq, un des commissaires du gouvernement suisse à l'exposition agricole de Paris en 1855, on peut remarquer que les animaux de races françaises, les animaux anglais, et ceux de races anglaises nés ou élevés en France, arrivaient à peu près tous au même poids de 1,150 kilog.; et j'ai pu même noter que le plus fort durham pur n'avait atteint un poids que de 1,694 kilog., tandis qu'un animal de race française s'élevait à celui de 1,740.

Au commencement de 1855, j'ai vu chez M. Thiérot, à Reims, une petite vache ardennaise très-maigre et en plein rapport de lait; et trois mois plus tard, j'ai revu cette bête avec des coussins et des loupes de graisse comme les durhams, remporter un 1ᵉʳ prix au concours général de Paris.

Ceci démontre évidemment que ce n'est pas seulement dans leur origine qu'on trouve aux animaux la faculté d'engraisser, et nous oblige à conclure qu'à peu près tous se mettront en rapport avec les aliments que le sol produira, ou qu'on pourra leur donner, si du reste ils reçoivent les soins qui leur conviennent.

Cependant on ne peut nier que plusieurs races anglaises, modifiées par le système de la consanguinité, ont été rendues constitutionnellement plus faciles et plus précoces, et que généralement ces races créées et faites sans croisements et de la même famille, engraissent réellement sans autant d'efforts et avec plus de rapidité que les autres.

Il faut dire aussi que les anglais, mieux placés pour faire de la viande, et qui avaient aussi plus 'd'intérêt et plus d'avantage à en produire, ont avec insistance recherché les animaux efféminés et qui offraient le plus d'étendue et de surface dans leur charpente osseuse pour la reproduction, et qu'ils ont constamment préféré les os menus, les jambes courtes, la tête et la queue fines, les épaules ouvertes, les hanches écartées, les côtes longues, et toute la surface supérieure de l'animal plane et horizontale, afin d'y placer de la chair et de la viande dans le plus d'étendue possible. C'est ainsi qu'il faut procéder lorsqu'on voudra suivre la même industrie et avoir des animaux gras et volumineux.

S'il est quelquefois ou souvent avantageux de pouvoir faire ou produire des animaux gras, les tours de force comme on en voit trop aux expositions ne sont pas toujours bons à suivre et à imiter : d'abord cela peut coûter plus qu'il ne rapporte, et ensuite il est certain que les animaux boursoufflés avec des substances toujours fades et oléagineuses, ne sont pas les meilleurs et les plus savoureux ; car la graisse en si grande abondance traduit plutôt un état maladif; elle ne donne de sapidité ni au bouillon ni à la viande, et celle-ci, peu succulente, doit même avoir de l'analogie avec celle des animaux atteints d'anémie ou de ladrerie.

Pour l'engraissement comme pour la production des animaux, il y a un enseignement qu'il ne faut jamais perdre de vue, c'est que, pour les agriculteurs, il ne doit pas suffire de produire ou d'exhiber des sujets énormes ou magnifiques, à cette fin seule d'obtenir de temps en temps une prime à des concours, parce que ces concours, qui ont leur avantage et leur raison d'être, ne sont pas toujours l'expression de l'agriculture là où ils se tiennent, et que souvent ils ne traduisent qu'une exception qu'il serait mauvais et onéreux de suivre.

En agriculture, il faut sérieusement vouloir que les animaux puissent toujours rapporter une somme rémunératrice des soins qu'ils réclament et des dépenses qu'ils exigent; car, si pour produire ou engraisser un animal qui vaut 1,000 fr., par exemple, on est obligé de dépenser en soins et en aliments une somme qui dépasse ce chiffre, le surplus de ces peines et de ces substances, placé plus rationnellement d'une autre manière, n'eût été perdu ni pour le propriétaire ni pour la population.

En économie agricole, il faut prôner le bon exemple et ne jamais s'engouer des mauvais ; aussi, dans le plus grand nombre de nos concours (où il y a trop de spéculateurs), je ne trouve pas rationnel de donner des récompenses, qui ne sont qu'un objet d'exploitation de la part de ceux qui les reçoivent, et un but onéreux pour ceux qui n'en reçoivent pas. Je voudrais que les primes ne pussent jamais porter à faux, et qu'elles n'eussent une application qu'au point de vue de l'amélioration des animaux, coïncidant avec celle de la position de ceux qui les produisent.

Voilà ce que j'écrivais à propos d'un concours régional : Les concours d'animaux sont précieux, parce qu'ils mettent en évidence et sous les yeux des éleveurs et nourrisseurs, des modèles et des spécimens qu'ils peuvent chercher à imiter et à produire ; mais aussi il ne faudrait pas les entraîner à de certaines imitations, si les aptitudes, le climat, le sol et ses produits ne le permettent qu'avec pertes et sans bénéfices, car alors ce serait une erreur et un contre-sens.

Dans un concours général, qu'on exhibe et qu'on récompense les animaux les mieux conformés, les plus beaux types et les meilleurs modèles, c'est très-bien, et j'y applaudis; mais que dans les concours de région ou de localité, on stimule et récompense les agriculteurs pour des animaux qui, bien que beaux, leur sont onéreux et ne leur conviennent pas, c'est mal servir l'agriculture : il vaut mieux la laisser faire et la laisser tranquille.

Les concours ne seront bons et pris réellement au sérieux par les vrais cultivateurs, que lorsqu'ils seront bien dirigés, dans le sens des ressources et des besoins des pays où ils se tiennent.

On peut combiner l'engraissement de toutes sortes de manières, selon ses ressources et la nature des aliments dont on dispose ; mais, comme le fait judicieusement observer M. Bayron, un cultivateur qui veut l'entreprendre avec succès, doit auparavant se rendre compte des résultats à l'aide de calculs d'appréciation, basés tant sur le poids primitif de l'animal maigre et sur celui qu'il pourra atteindre, que sur la fixation et la quantité des rations, et le prix auquel elles reviendront.

Il faudra encore savoir aider les animaux, et profiter de certaines dispositions pour hâter l'engraissement et diriger économiquement la distribution des aliments, pour en tirer le meilleur parti possible et plus précipiter le remplacement des sujets. (Consulter chapitre VI.)

Pour engraisser les animaux, il ne faut pas attendre trop longtemps si ce sont des vaches laitières ; et si ce sont des bœufs, il ne faut pas qu'ils soient épuisés par un trop long travail et des fatigues : trop jeunes, la nourriture servirait plus au développement du corps qu'à celui de la viande et de la graisse ; trop âgés, les tissus secs et moins dilatables, ainsi que les organes digestifs affaiblis, ne permettraient pas une assimilation assez facile, et alors, avec plus de dépenses, dans les premiers la viande ne serait pas mûre, et dans les seconds elle resterait coriace et de mauvais grain.

Des bêtes trop maigres, comme des vaches épuisées par la lactation, et des bœufs par de pénibles travaux (même dans l'incertitude que cet état ne provienne pas de maladie), sont toujours dures à l'engraissement et souvent incapables de donner des profits raisonnables.

Pour que les animaux soient bons à un engraissement vite et facile, il faut qu'ils aient une bonne santé, que l'œil soit doux et vif sans méchanceté, que le poil soit franc, la peau souple, la respiration libre, la rumination facile, et que la teinte des membranes des yeux, du nez et de la bouche, soit fraîche et rosée ; il faut que le corps soit long, large et cylindrique, que la charpente osseuse soit plutôt fine que grosse, que les membres soient courts et écartés, que la queue soit menue et la tête petite, et enfin que le caractère de l'animal soit calme, tranquille et peu inquiet ou irritable.

Comme on ne peut pas, à son gré, réunir complètement tous ces caractères, il faudra, autant qu'on le pourra, choisir les animaux qui se rapprochent le plus de cette conformation, qui constitue le type anglais, la meilleure en cette matière.

Des étables tranquilles et une température de 15 degrés sont aussi favorables à l'engraissement.

Il faut encore (cela a déjà été dit) éviter l'invasion dans les étables, des mouches et des insectes qui tourmentent les animaux, les excitent à se frotter, les agacent et les empêchent de profiter autant de la nourriture.

Un coup d'étrille ou de bouchon donné de temps en temps, en rétablissant les fonctions de la peau, débarrasse celle-ci de la crasse et des poussières, et facilite encore l'engraissement des animaux.

Plusieurs auteurs recommandent de commencer l'engraissement par les aliments de qualités inférieures, pour conserver les plus succulents pour le finir; ceci est rationnel lorsqu'on ne les a pas tous de bonne qualité. On pourrait même, au besoin, employer quelques sels ou des poudres amères : du sel de cuisine, la gentiane et l'antimoine à la dose de 60 à 80 grammes par jour, sont excellents pour stimuler l'estomac, entretenir l'appétit et obtenir de meilleures digestions.

Les résidus de distilleries, les pulpes, les grains cuits, les farineux, les pommes de terre, les betteraves, le vert, les oléagineux et une température douce, un jour sombre et la stabulation engourdissent les animaux et accélèrent l'engraissement; mais si l'on a à utiliser d'autres substances, il faut préparer par le hachage, la cuisson, la fermentation, le concassage et des mélanges, pour économiser et mieux aider les organes et faciliter leurs fonctions.

Bien qu'on puisse trouver dans le chapitre de l'alimentation de quoi se guider dans toutes les circonstances, je crois devoir ici consigner les méthodes et les habitudes de quelques engraisseurs distingués.

M. Decrombecque, dont l'habileté dans l'espèce ne fait

doute pour personne, conseille les combinaisons suivantes pour l'engraissement du bœuf.

On pourra en faire l'application pour les vaches et autres animaux, en restreignant les quantités dans des proportions convenables, selon les espèces et leur poids.

Ration par jour : Pour le 1er mois.

Tourteaux d'œillette............	1	000	grammes.
Farine de lin..................	1	000	—
Farine de fève................	1	000	—
Paille hachée.................	3	000	—
Collets de betteraves.........	10	000	—
Pulpe de betteraves..........	18	000	—
Eau ordinaire................	15	000	—
Sel de cuisine................	»	060	—
	49	060	—

Pour le 2e mois.

Tourteaux d'œillette............	1	000	grammes.
Farine de lin..................	1	000	—
Farine de fève................	1	000	—
Paille hachée.................	3	000	—
Collets de betteraves.........	10	000	—
Pulpe de betteraves..........	18	000	—
Eau...........................	15	000	—
Sel...........................	»	060	—
	49	060	—

Pour le 3e mois.

Tourteaux d'œillette............	1	500	grammes.
Farine de lin..................	1	500	—
Farine de fève................	1	500	—
Paille hachée.................	3	000	—
Collets de betteraves.........	10	000	—
Pulpe de betteraves..........	18	000	—
Eau...........................	15	000	—
Sel...........................	»	060	—
	50	560	—

Si ces moyens ne sont pas encore d'une application générale et très-facile dans tous nos pays, ils serviront de guide lorsqu'on voudra ou qu'on pourra en faire usage.

Maintenant, si on a employé les tourteaux et des plantes oléagineuses, ou les graines pour l'engraissement, il faudra avoir la précaution de les supprimer dans les derniers moments, parce que la viande conserve, de leur emploi, une saveur fade et peu agréable, et qu'une abstention, seulement dans les derniers jours, suffit pour la dissiper et l'éteindre à l'abattage des animaux.

M. Vallerand, du département de l'Aisne, lauréat d'un concours régional, engraisse ses bœufs avec une dépense de 1 fr. 17 c. par jour, avec les matières suivantes :

Pulpes de presses.......	35,000	grammes.
Fourrages hachés.......	3,320	id.
Balles de blé...........	1,680	id.
Son de blé.............	2,500	id.
Sel de cuisine..........	100	id.

Pour les vaches, on peut faire l'application du même régime, en restreignant toujours la quantité dans la proportion de leur poids. Voici, d'après M. de Mesmay, la ration journalière d'une vache qui pèse 400 kilogrammes au commencement de l'engraissement, et 500 à la fin.

Pulpe.......	25 kilog.,	représentant	8 kilog. de foin.
Tourteaux...	3	id.	8	id.
Foin........	2	id.	2	id.
Paille pour litière...............			2	id.
En foin........			20	

Cet engraissement se fait en 110 jours.

Pendant l'engraissement il faut, par un examen fréquent, se rendre compte si les animaux profitent, parce que ceux qui y sont rebelles ou réfractaires entraînent dans des dépenses onéreuses et inutiles, et qu'ils doivent être sans regret livrés à la boucherie.

L'état ou le degré d'engraissement des animaux est, dans le commerce, pour l'agriculteur, une chose très-importante à connaître ; et, bien que le tact soit le meilleur moyen de l'apprécier, comme tout le monde n'en est pas doué, je crois être utile à beaucoup de personnes en leur mettant sous les yeux le tableau de mesurage de Mathieu de Dombasle, par lequel on pourra approximativement se rendre compte du poids des animaux de l'espèce bovine, le plus difficile à vérifier et le plus intéressant à connaître.

Sans avoir une foi aveugle dans l'exactitude des calculs du savant agronome, j'ai pensé que, d'une application facile pour les personnes peu expérimentées, ce tableau pourra les aider beaucoup dans ces sortes d'appréciations.

On procède au mesurage avec une petite corde ou ruban marqué par mètres et centimètres : on se place sur un des côtés de l'animal, et après l'avoir fait mettre bien d'aplomb sur ses quatre membres, la tête élevée dans sa position naturelle, on applique l'extrémité de la mesure sur le sommet du garrot; on la déroule, en l'appliquant sur les côtés, en arrière et près de l'épaule, et on arrive jusqu'au coude; de là, on passe entre les deux jambes de devant, et de l'autre côté on revient, en remontant, sur l'épaule opposée à son point de départ. Alors, on vérifie sur la mesure l'étendue que l'on a parcourue. On peut recommencer encore la même opération dans le sens opposé, et si on n'est pas entièrement d'accord, on prend le terme moyen des deux opérations; ensuite on met le chiffre de la mesure trouvée en rapport avec le tableau ci-après, et on devra avoir le poids de l'animal soumis à l'expérience.

TABLEAU DE MESURAGE POUR ESPÈCE BOVINE.

Mesure.	Poids.	Mesure.	Poids.	Mesure.	Poids.
1 81	175 kil.	2 12	279 kil.	2 43	425 kil.
1 82	178	2 13	283	2 44	430
1 83	181	2 14	287	2 45	435
1 84	184	2 15	291	2 46	440
1 85	187	2 16	295	2 47	445
1 86	190	2 17	300	2 48	450
1 87	193	2 18	304	2 49	455
1 88	196	2 19	308	2 50	460
1 89	200	2 20	312	2 51	465
1 90	203	2 21	316	2 52	470
1 91	206	2 22	320	2 53	475
1 92	209	2 23	325	2 54	481
1 93	212	2 24	330	2 55	487
1 94	215	2 25	335	2 56	494
1 95	218	2 26	340	2 57	500
1 96	221	2 27	345	2 58	506
1 97	224	2 28	350	2 59	512
1 98	228	2 29	355	2 60	518
1 99	232	2 30	360	2 61	525
2	235	2 31	365	2 62	531
2 1	239	2 32	370	2 63	537
2 2	242	2 33	375	2 64	543
2 3	246	2 34	380	2 65	550
2 4	250	2 35	385	2 66	556
2 5	253	2 36	390	2 67	562
2 6	257	2 37	395	2 68	568
2 7	260	2 38	400	2 69	571
2 8	264	2 39	405	2 70	581
2 9	267	2 40	410	2 71	587
2 10	271	2 41	415	2 72	593
2 11	275	2 42	420	2 73	600

Maintenant il faut encore savoir, qu'en défalquant du poids de l'animal vivant les issues, il ne restera dans les animaux peu gras que 55 pour cent de viande nette ; il en restera 60 dans les animaux gras, et 65 à 70 pour les animaux très-gras ; de sorte que, poids vivant égal, les derniers ont une plus grande valeur que les premiers.

Il y a encore à prendre en considération dans l'estimation des animaux de boucherie, le développement plus grand de certaines régions : ainsi la tête, le col, le fanon, le ventre et les épaules, ont moins de valeur que les lombes, la croupe et le bas des fesses ; et un animal large, dans lequel l'arrière-main et la culotte sont bien développées, doit se vendre proportionnellement plus cher que celui chez lequel ces mêmes régions resteront minces et atrophiées.

Pour les animaux de l'espèce bovine, les cas rédhibitoires sont :

L'épilepsie ou le mal caduc.

La pthysie pulmonaire ou pommélière.

Les suites de la non délivrance, et les renversements de la matrice ou du vagin après le part, chez le vendeur.

Les délais de garantie sont, pour l'épilepsie, les mêmes que pour l'espèce chevaline : 30 jours ; et aussi de 9 pour les autres vices.

Maintenant, en ce qui concerne particulièrement le commerce de boucherie, on suit le règlement de celui de Paris, et on fait encore l'application de l'art. 1647 du code civil, qui rend le vendeur responsable de la perte d'un animal qui périt par suite de sa mauvaise qualité chez l'acquéreur.

On verra dans un chapitre qui concerne les épidémies, comme pour le cheval et le mouton, les garanties que donne en plus la législation et l'application des mesures de police sanitaire.

CHAPITRE XIV.

DE L'ESPÈCE OVINE.

Choix des animaux et des races; — avantages des sols calcaires de Champagne pour le mouton; — la race mérinos et ses croisements; — les races et les béliers anglais; — influence de ces derniers sur le développement des animaux et la moindre valeur de la laine; — appréciation des croisements, et préférence pour le mérinos français, dans l'état agricole actuel de la Champagne; — vices rédhibitoires dans le commerce du mouton

En agriculture, il est souvent mauvais d'être présomptueux et de croire qu'on n'a rien à apprendre des autres: de même que dans l'industrie ou l'éducation des animaux, il peut être dangereux de suivre son voisin et de l'imiter aveuglément et en tous points; car si on n'a pas les mêmes ressources, on ne doit pas vouloir les mêmes choses, ni non plus chercher les mêmes résultats.

Dans l'industrie des bêtes à laine comme dans toutes les opérations zootechniques, il faut être sage et circonspect dans ses innovations; et si en Champagne on voulait faire comme quelques contrées plus privilégiées, et tenter d'élever des animaux volumineux dans le genre de ceux que l'on voit quelquefois aux expositions, certainement on serait en désaccord avec la raison et avec ses intérêts ; et dans tous les cas, il ne faut jamais oublier que c'est le sol qui fait les animaux.

Le mouton est un animal précieux, qui, en dehors des engrais les meilleurs qu'il fournit à l'agriculture, procure à l'homme une partie importante de sa nourriture et de ses vêtements.

Les sols où la craie domine, a dit Flandrin, sont les plus propres et les plus convenables à la nature et à la constitution des moutons, comme aussi à la qualité et à la quantité de la laine.

Effectivement, le mouton, bien que d'un tempérament cachectique et délicat, se plaît parfaitement dans nos terrains calcaires, où il a le grand mérite de donner de la laine assez fine, bonne et en abondance, et de fournir encore un poids assez considérable de viande pour la boucherie.

Non-seulement les sols calcaires de la Champagne conviennent au mouton, mais celui-ci est aussi l'animal qui convient le mieux à ces sortes de terrains, car là où la végétation n'est pas assez luxuriante pour les gros animaux, et où ceux-ci laisseraient perdre une grande partie des aliments, le mouton, avec sa bouche étroite et serrée, trouve et ramasse là où les grands ruminants, avec leur mufle large et étendu, ne pourraient pénétrer et se nourrir.

Si tout d'abord nous avons recommandé de choisir les races d'animaux en rapport avec le climat et la nature du sol où ils doivent vivre, ces principes, pour le mouton, doivent être d'une application plus rigide que pour toutes les autres espèces d'animaux domestiques, car ici il faut encore bien étudier sa position, ses ressources et son terrain, pour fixer son choix sur la race qu'on devra prendre et adopter.

L'introduction du mérinos a rendu d'immenses services à l'agriculture française, puisque, selon l'ancien directeur des bergeries de Rambouillet, nos toisons d'aujourd'hui sont beaucoup plus fines et moitié plus pesantes que celles des anciennes races. Néanmoins cette innovation a eu ses travers, car à une époque qui n'est pas très-éloignée, j'ai vu des animaux sensiblement dégénérer sous l'influence de la race de Naz que l'on avait inconsidérément versée dans plusieurs troupeaux de nos pays.

Le mérinos pur, la race électorale et celle de Naz, sont petits de taille : les derniers surtout, ont le flanc creux, la tête longue, le nez étroit et busqué, et les jambes grêles, crochues et mal faites ; ils ont la poitrine, le corps et la croupe serrés, et n'ont aucun des caractères qui constituent des animaux robustes et vigoureux ; la laine est peu serrée et par conséquent peu abondante ; la tête, le ventre et les jambes en sont peu garnis ; les mèches en sont flasques, divisées, pointues et frisées ; et si elles ont de la douceur et beaucoup de finesse, elles ne réunissent cependant pas les qualités essentielles à la solidité des tissus et aux intérêts des nourrisseurs.

La race mérine pure, la race électorale ou la négretti, et la race de Naz, dans nos pays ont fait leur temps ; car quand ces animaux ne donnent que 1,000 à 1,500 grammes de laine, et ne rendent que 8 à 12 kilogrammes de viande, ce serait se fourvoyer que de ne pas leur préférer les métis mérinos français, qui donnent 1,500 à 2,500 grammes de toison, et rendent de 20 à 30 kilogrammes de viande.

Les mérinos passaient pour ne pas donner d'excellente viande, et il y avait eu quelques craintes à avoir pour leur croisement avec nos races françaises ; mais ceci n'est qu'une règle exceptionnelle pour tous les animaux nourris dans les pays chauds, tandis que dans les autres contrées, et surtout en Champagne, leur viande est bonne et ne le cède en rien à celle des autres races.

Le mérinos de Champagne est le métis-mérinos, comme on le voit dans la plupart de nos exploitations, et c'est une amélioration du mérinos primitif, qui est le produit de brebis indigènes avec les béliers mérinos, tels qu'ils ont été constitués et modifiés avec le temps dans le troupeau de Rambouillet.

Ces moutons, que l'on désigne maintenant sous le nom de mérinos français, sont plus haut de taille et plus beaux de forme que ceux de la race primitive ; ils ont encore une supériorité marquée dans la finesse, dans le tassé des toisons et dans leur bonne et plus robuste constitution. Le corps est plus gros et plus cylindrique, le flanc est plus plein et la queue attachée haut ; les reins, le dos, le garrot et la croupe sont sensiblement plus larges ; enfin l'élévation de la taille est en rapport déjà avec l'abondance des aliments et les qualités du sol qui les nourrit.

Les croisements des béliers mérinos avec les brebis de nos pays ont amélioré les deux types, et réunissent le mieux, jusqu'à présent, toutes les qualités qu'il faut rechercher dans les troupeaux de nos pays ; et très-heureusement, aujourd'hui, ce n'est pas par exception qu'on les rencontre chez quelques propriétaires intelligents où privilégiés ; on les trouve à peu près dans toutes les fermes, dans toutes les exploitations et dans toutes les communes de la Champagne. Je ne veux pas dire pour cela que tout est pour le mieux, qu'il n'y a plus rien à faire, et que tous les éleveurs ou nourrisseurs ont amené leur troupeau au plus haut degré de perfection ; ce n'est pas là mon idée.

Dans la race et la sous-race mérinos ou métis-mérinos, la tête est très-forte et les os volumineux ; mais je pense que l'ensemble des qualités est supérieur à celles de la race mérine primitive, et que c'est maintenant dans la sous-race, dans le métis et dans l'intermédiaire qu'on doit rester, pour perfectionner encore ces animaux et pour avoir les meilleurs résultats et les plus beaux bénéfices.

Les grandes et fortes races de Bakwell, qui déjà à l'âge de 18 mois sont arrivées à leur entier développement, et que l'on peut si vite renouveler chez les forts nourrisseurs, sont un progrès que je loue et que j'admire ; mais des animaux d'une corpulence si forte sont très-exigeants, et malgré l'état prospère de notre agriculture en Champagne, excepté dans un petit nombre d'exploitations, presque partout ils pourraient ne pas trouver une alimentation indispensable à leurs besoins et à leur développement.

Aussi, dans les essais qu'on pourrait tenter dans ce genre, il est probable que l'on ne compenserait pas de ce côté ce qu'on perdrait de l'autre ; c'est-à-dire qu'en changeant la race mérine, nous ne serions pas dédommagés par le boucher de ce que nous perdrions chez le marchand de laines.

Je me garde donc bien de conseiller à nos agriculteurs de changer leur race mérine-française, parfaitement en rapport avec notre climat et l'alimentation dont ils disposent, pour des Dislhey, des Newkent, ou autres grosses races trop fortes et plus exigeantes, qui seraient pour nous moins lucratives et qui, par la grande alimentation qu'elles exigent, ne rempliraient pas avec fruit notre but et nos intentions.

Il faut laisser ces races à l'Angleterre, aux gras pâturages des Flandres, de la Normandie, et aux grands nourrisseurs; mais quant à la Champagne, il est beaucoup plus prudent de conserver sa conquête, sa position bonne et assurée, que de tenter des essais qui peuvent être désastreux et que blâme le raisonnement.

Je le répète, et avec conviction je conseille, *quant à présent*, de s'en tenir à la race mérine telle que je l'ai décrite, fortifiée et grossie, parce qu'elle est le type de l'espèce ovine qui convient le mieux au sol et à l'agriculture, au grand commerce et à l'industrie des principales contrées de la Champagne.

Dans le choix des béliers, pour l'entretien ou la bonification des troupeaux, il ne faut pas perdre de vue qu'il est essentiel de les choisir d'une conformation en rapport avec les progrès de la ferme, avec sa position, et avec l'abondance et la qualité des aliments dont on pourra disposer.

Les bêtes qui portent la laine la plus fine sont ordinairement celles qui sont les plus délicates et qui se nourrissent le plus difficilement.

Les petites races ne conviennent que sur les sols secs et peu productifs, parce que dans les terrains humides et marécageux elles sont exposées à la cachexie et à la pourriture.

Sur les bords des rivières, près des étangs et des marais, les races ovines ne peuvent prospérer que si elles sont rustiques et qu'elles puissent trouver à la ferme une nourriture substantielle, pour compenser les effets désastreux du climat et des mauvais pâturages.

Sans négliger complètement la finesse, il faut plus essentiellement tenir au tassé et au poids de la toison; car sans abondance de laine on ne peut avoir que de faibles produits. Il faut encore, en recherchant les mèches carrées et d'une bonne longueur, ne pas non plus négliger la conformation pour un bon rendement en viande chez le boucher.

Maintenant, si dans une culture plus avancée on voulait aller au-delà, et chercher, par un mélange avec les races anglaises, à avoir de meilleurs résultats, toute la question se résumerait à savoir si, en dépensant plus en nourriture, on pourra, par le rendement en chair, compenser convenablement ce que doivent produire les toisons de la race mérine.

Cette question posée, nous pouvons donner quelques renseignements sur les races anglaises, dont, par exception, dans quelques-unes de nos exploitations on pourrait profiter avec avantage.

Le Dislhey est remarquable par sa petite tête, ses jambes grêles et son corps d'une épaisseur égale d'une extrémité à l'autre et de haut en bas; par l'ouverture de son poitrail, la largeur de sa croupe et la légèreté de son squelette; mais sa laine, quoique soyeuse, est claire, rude, grosse et peu abondante. Très-lent et paresseux, s'il s'engraisse facilement, ce n'est qu'en stabulation avec une forte nourriture, ou dans des herbages tout rapprochés de la bergerie.

A ce sujet, je ne crois mieux faire que de rapporter quelques extraits des instructions publiées par M. Ivart, inspecteur des bergeries de l'État.

« Élevés dans des enclos et sous un climat qui n'est jamais très-chaud, les races anglaises, Dislhey et Newkent, la première surtout, souffrent beaucoup de la température élevée des bergeries, et de la fatigue d'un parcours dans des terres morcelées et éloignées des fermes; et pour maintenir ces races en bon état, il faut des conditions et des soins qui se trouvent rarement dans nos exploitations.

« Dans l'emploi des béliers Dislhey et des béliers Newkent, il convient de tenir compte des différences des deux races : les Dislhey ont les os plus petits, le tissu graisseux plus abondant, la poitrine et les reins plus larges, le ventre moins développé, et ils demandent moins de nourriture que les Newkent. Ces derniers s'éloignent moins de nos races indigènes, leur laine est moins grosse, et ils craignent moins la chaleur et la fatigue.

« La race southdown, originaire des parties montagneuses de l'Angleterre, *par le progrès de l'agriculture, la créa-*

tion de nombreuses prairies artificielles, et la culture des racines, a pris du développement et de la précocité, en conservant une partie de la rusticité qu'elle doit à son origine, et il y a lieu d'espérer qu'elle conservera, dans plusieurs parties de la France, les qualités qu'elle possède maintenant pour la production de la viande ; elle peut donner, dès l'âge de deux ou trois ans, une viande de première qualité ; mais cependant, il faut le dire, la laine est de longueur moyenne, un peu dure, et ne paraît pas avoir beaucoup de nerf. »

M. Yvart dit encore :

« Mais si ces races sont difficiles à élever dans leur état de pureté, il n'en est pas de même des métis que pourraient donner les béliers Dislhey et Newkent avec des brebis indigènes ou mérinos. Ces métis supportent beaucoup mieux la chaleur et la fatigue, et ils joignent à la rusticité l'avantage de pouvoir s'engraisser dans un âge peu avancé, alors que l'engraissement de nos animaux ne pourrait se faire avec économie ; les Dislhey communiquent cette propriété encore plus que les Newkent. »

Ainsi ces instructions de l'ancien inspecteur des bergeries nationales, en précisant bien les caractères de ces races de la Grande-Bretagne, démontrent avec évidence les seules exceptions où dans nos pays nous devrons y avoir recours. Elles démontrent aussi l'exactitude de nos maximes, que les races se trouvent beaucoup plus dans le climat et la nature du sol et de ses productions, que dans la souche ou l'origine des individus.

Ainsi, en Angleterre, c'est avec le progrès agricole que les races se sont améliorées, et c'est peut-être plus à sir John Sinclair et Arthur Yong, qui ont révolutionné la culture, qu'il faut attribuer cette amélioration des animaux, qu'à Bakewell et aux Collings, qui n'ont fait que profiter des produits du sol, en recherchant néanmoins pour la propagation des espèces, celles d'une surface plus large et d'un développement proportionnellement plus précoce.

Ce ne serait donc que dans quelques exploitations se rapprochant du nord, et qui ont quelques similitudes avec la position des Anglais, que l'on pourrait avec avantage introduire leurs races et les propager ; mais il serait peu rationnel pour nous, dans nos terrains de Champagne secs et calcaires, dans lesquels, aux parcours ou à la bergerie, nos animaux, sous un volume qui n'est pas considérable, trouvent néanmoins une nourriture assez substantielle et suffisante à leur santé et à leur développement, de chercher à y introduire et à y élever des animaux à fibres lâches et à tempérament lymphatique.

Chez nous, ce ne peut guère être qu'à l'aide d'une industrie, et en se procurant facilement des pulpes, des résidus, ou en cultivant avec avantage les racines, qu'on pourra se permettre d'introduire le sang anglais dans nos troupeaux ; mais en dehors de ces exceptions, mais dans l'état normal et avec la nature du sol, il faut s'en tenir purement et simplement au mérinos français, en formant, autant que possible, sa troupe de bêtes dont la taille et la corpulence soient en rapport avec l'abondance des aliments, et avec la fertilité et la valeur des terrains.

Il faut encore faire observer que si on voulait croiser les races anglaises avec nos mérinos pour leur donner plus d'aptitude à l'engraissement, non-seulement on grossirait la laine, mais c'est que, selon plusieurs personnes, et entr'autres plusieurs filateurs qui en ont fait l'expérience, cette laine serait un mélange confus de brins de grosseur inégale, qui la rendrait d'un emploi difficile et indéterminé.

Un fabricant me disait qu'il préférait la grosse laine pure des races anglaises à celles des croisements, parce qu'au moins il savait quel emploi lui donner ; tandis que celle de races croisées n'avait pour lui que bien moins de valeur, que c'était comme un mélange gênant, et qu'il ne savait qu'en faire.

M. Magne, en disant comme M. Ivart, que les métis anglo-mérinos donnent le plus souvent d'excellentes toisons, selon nos fabricants de Reims commet donc une erreur, car dans Reims, qui est un des centres manufacturiers des plus importants, et peut-être le plus fort marché de France pour les laines, tous les filateurs et les fabricants sont d'accord pour blâmer les croisements de ce genre.

Nous ne pouvons pas clore ce chapitre sans arrêter l'attention du lecteur sur le mouton de Mauchamp. La race soyeuse de Mauchamp, comme toutes celles qui fournissent des laines extra-fines, manque de rusticité; et si les produits se vendent un peu cher, ils ne sont pas assez abondants et sont d'un placement trop incertain.

Les croisements anglo-mérinos ne valent donc pas plus pour nous que les races anglaises pures, qui n'ont l'un et l'autre que l'avantage d'un engraissement plus prompt et d'un développement plus considérable, mais que l'on n'obtiendrait que par le sacrifice de la valeur des toisons et de la qualité de la laine. Du reste, avec des aliments bien choisis, donnés à propos, et en ne prenant que les animaux les mieux constitués pour la reproduction, avec notre race mérine on pourra en partie réaliser ce genre de perfectionnement et d'amélioration.

Cependant, comme en agriculture, pas plus que dans d'autres industries, tout ne peut pas rester immuable, et que des modifications dans le sol, dans le commerce, le besoin et les exigences des populations peuvent changer la position; que déjà les nombreuses importations de laines d'Australie, et le renchérissement considérable de la viande commencent à porter une atteinte grave à cette fameuse industrie agricole, il faudra peut-être ne pas s'y cramponner pour toujours avec ténacité et trop d'énergie, car si le moment venait, il pourra être plus avantageux de spéculer sur la viande que sur la laine.

Dernièrement un négociant de Saint-Quentin me disait que son fils expédiait de Buénos-Ayres des laines qui revenaient, tous frais et fret compris, à 1 fr. 67 c. le kilogramme à Anvers, et qu'elles pourraient coûter plutôt moins rendues dans un port de France. Alors, si on parvenait à les produire de qualités égales aux nôtres à ce prix, il serait indispensable pour nos cultivateurs de changer ou leur espèce ou leur race, pour leur donner un autre usage.

Cependant je crois, en résumé, que pour la Champagne, dans l'état où se trouve encore l'agriculture aujourd'hui, il vaut mieux s'en tenir au mérinos français, mais en lui conservant le plus possible ses qualités de laines, très-convenables à l'industrie et au commerce de la localité, toutefois, en développant dans de plus fortes proportions la viande, toujours propre et précieuse à l'alimentation.

Dans l'industrie et l'élevage des bêtes à laine, ce n'est pas le tout d'avoir un troupeau convenablement composé, il faut encore le surveiller sans cesse attentivement, sous peine de le voir perdre et dégénérer rapidement; et comme les soins qu'il réclame sont, surtout dans la Champagne, d'un intérêt immense pour l'agriculture, j'ai cru devoir spécialement consacrer le chapitre qui va suivre, à les signaler et à en recommander une sérieuse application; mais avant, je vais indiquer les cas rédhibitoires applicables au commerce du mouton.

Dans le commerce, pour les animaux de l'espèce ovine, la rédhibition n'a lieu que pour la clavelée et le sang de rate, si le troupeau porte la marque du vendeur; et si, pour le sang de rate, dans le délai de la garantie, qui est de neuf jours, on a pu constater au moins un quinzième d'animaux atteints. Pour la clavelée il n'en faut qu'un seul, et la durée pour la garantie est la même (1).

---

(1) Il est probable que le tournis sur les béliers sera admis au nombre des cas rédhibitoires, avec un délai de trente jours, dans la nouvelle loi projetée sur cette matière.

CHAPITRE XV.

DES TROUPEAUX.

1 Formation d'un troupeau, choix des brebis et des béliers ; — la lutte ou l'accouplement, systèmes variés et époques préférables ; — la gestation, l'agnelage, la délivrance et les soins à leur donner ; — le numérotage et la matricule ; — l'allaitement, le mal du nombril, l'amputation de la queue et la castration ; — le sevrage des agneaux et l'âge du mouton ; — la stabulation permanente et le système mixte ; — les parcours et le parquage ; — l'engraissement et le commerce de boucherie ; — la tonte en suint et après lavage, avantages et inconvénients des deux systèmes.

Il ne faut, pour la formation d'un troupeau, que prendre des animaux conformes à la race qu'on peut propager ; c'est une étude que l'on doit avoir faite ; et à l'époque de l'accouplement il ne faut, non plus, jamais se servir d'animaux mauvais ou défectueux.

Il faut examiner attentivement toutes les brebis, et choisir d'abord celles dont la santé paraît incontestable. Les bêtes à flancs creux ou retroussés, les animaux chétifs, déplumés, tristes, languissants et sans appétit, doivent être absolument exclus du service de la reproduction.

Ceux qui sont larges et carrés, qui ont des aplombs

fermes, la tête élevée, l'œil vif, la peau rose, la laine serrée et tenant bien de mèche, seront conservés, si du reste les qualités de la laine se trouvent au degré des prétentions que le propriétaire peut avoir.

Les brebis peuvent être saillies à l'âge de 18 mois, et, selon leurs qualités, conservées plus ou moins longtemps si elles donnent de bons agneaux. Toutefois, on ne doit pas attendre qu'elles vieillissent trop, ou qu'elles deviennent incapables de donner de la laine suffisamment, ou de s'engraisser et de servir à l'alimentation.

Elles ne doivent généralement pas servir comme portières plus tard que quatre ans.

Les béliers doivent, et c'est au moins aussi essentiel que pour les brebis, être solides, hardis et vigoureux. Pour des animaux d'une constitution aussi fragile que celle du mouton, la santé des reproducteurs est une des conditions les plus importantes à la conservation du troupeau.

Quelques auteurs pensent qu'on doit attendre l'âge de 3 à 4 ans pour livrer le bélier mérinos à la lutte ; néanmoins, généralement les jeunes béliers sont plus ardents et produisent des agneaux plus vigoureux ; de sorte que, dès qu'on est sûr des qualités de laine et de conformation d'un jeune animal, à 18 mois, comme les brebis, il peut servir à la reproduction.

Le choix des béliers doit être scrupuleusement fait, et il doit plus spécialement encore fixer l'attention du propriétaire que celui de chaque brebis, car une brebis avec des défauts ne fera qu'un agneau de mauvaise qualité, tandis qu'un bélier mauvais et mal bâti peut tarer, et avoir son action sur une grande partie ou sur tout un troupeau.

De jeunes béliers avec des brebis déjà âgées, donnent des produits d'un engraissement précoce et plus facile.

Comme je viens de l'indiquer, un bélier peut commencer la monte à 18 mois ; mais comme on n'est pas encore assuré de toutes ses qualités, il faut, cette première année, ne l'employer que par essai, en ne lui donnant que quelques brebis de mérite reconnu, et en ayant soin de ne le conserver et de ne le continuer qu'en raison de la valeur des produits qu'on en aura obtenu.

Dans tous les cas, à cet âge on restreindra le nombre

des saillies, pour ne pas l'épuiser et le ruiner trop vite. Dans ce système, on a l'avantage, en essayant en petit les animaux, d'avoir des accessoires et toujours une réserve d'animaux jeunes, dont on aurait pu reconnaître le mérite par l'épreuve, pour plus tard remplacer plus sûrement les anciens sur lesquels on pouvait compter pour un plus long temps.

Sir John Sinclair et Mathieu de Dombasle conseillent de ne faire servir les béliers pour la reproduction qu'à 4 ans, pour les réformer 4 ans plus tard, c'est-à-dire à 8 ans.

Dans ce système il y aurait perte de temps, et non-seulement on ne profiterait pas assez des qualités que les animaux peuvent être capables de communiquer à leurs produits, mais encore c'est qu'à 8 ans il est un peu tard pour les livrer avec avantage à l'engraissement.

Je conseille de prendre les béliers plus jeunes, de les ménager et de les renouveler plus souvent, à moins cependant qu'on ne trouve dans quelques-uns des mérites transcendants qui auraient une action très-sensible sur l'amélioration du troupeau.

Il faut, dans le choix des béliers, généralement encore plus que dans celui des brebis, rechercher les qualités primitives et distinctives de la race.

Dans ce pays, et avec le mérinos surtout, on cherche principalement le meilleur rapport en laine; par conséquent, sans négliger les conformations larges du garrot, du dos et de la croupe, pour avoir plus de viande, à un moment donné il faudra faire choix de mâles qui auront les toisons les plus lourdes, les plus fines et les plus tassées; et dans ce genre, comme pour tout ce qui tient à la propagation des espèces, sans cesse chercher à corriger par les antagonistes, les défauts que l'on a reconnus sur les individus ou sur l'ensemble d'un troupeau.

Il ne faut pas chercher à donner de la taille au troupeau par la grandeur des béliers : ceux courts, larges, petits et ramassés valent mieux, parce que les produits seront plus robustes, plus durs et plus rustiques.

Les brebis un peu longues et larges de bassin logent convenablement leurs produits, et avec une bonne alimentation leurs agneaux pourront être de bonne constitution,

12*

prendre avec facilité de la taille et un grand développement. Ceci paraîtrait d'autant plus rationnel, que plusieurs
auteurs pensent que le bélier influe plus spécialement sur
la toison de l'agneau, tandis que l'influence de la mère se
traduirait particulièrement sur les formes et le développement du corps.

Il y a quelques personnes qui attachent une certaine
importance à ce que les béliers soient bien coiffés, portent
de belles cornes et aient un beau fanon.

Je n'attache à cela aucune importance, et même, sans
motif d'exclure les premiers s'ils ont des qualités, je préfère les béliers sans cornes : d'abord on est plus en sécurité
lorsqu'on les soigne, et aussi parce que dans les luttes que
ces animaux se livrent entr'eux, ils sont eux-mêmes moins
exposés à se blesser.

Quant au fanon pendant, et aux plis multipliés de la peau,
cela peut ne pas empêcher les autres qualités. Néanmoins
on a remarqué que ces animaux étaient plus durs à l'engraissement, et que d'un autre côté les dépenses faites par
l'économie pour l'entretien d'un cuir plus épais et plus
étendu, n'étaient peut-être pas compensées par la production d'une laine qui est souvent plus rude et plus grossière.

Lorsqu'un troupeau est arrivé au degré le plus élevé de
perfection auquel on puisse prétendre, il ne faut pas ralentir ses soins, ni chercher à le conserver qu'en alliant
ensemble les animaux de ce même troupeau; il aurait par
ce moyen le sort de toutes les familles qui se perpétuent
par elles-mêmes : elles dégénèrent, s'avilissent et tombent
en décadence.

Il faut, pour entretenir son troupeau et lui conserver la
vigueur et le tassé de ses toisons, prendre toujours les
meilleurs béliers de la même race, sans trop les choisir de
la même famille.

Enfin, si les animaux s'affaiblissaient et que la toison
devint moins pesante, on pourrait y remédier avec une
alimentation plus abondante et des béliers plus forts; de
même que si la laine devenait trop grosse et que les bêtes
prissent trop d'os et de développement, il faudrait ramener
le troupeau à son type par des béliers plus fins et ayant
plus de sang de sa race.

Si on laissait les animaux à leur instinct naturel, et si, dans un troupeau, on abandonnait la fécondation entièrement à son cours, cela créerait beaucoup d'irrégularités dans la direction, et on aurait énormément d'embarras pour élever et nourrir les produits, qui seraient précoces pour certains animaux et en retard pour d'autres.

Pour éviter tant d'inconvénients, il est nécessaire de déterminer le moment de la monte, afin que les agneaux naissant à peu près à la même époque de l'année, puissent tous se contenter à peu près des mêmes soins et de la même nourriture.

M. Lefour, inspecteur d'agriculture, rapporte que dans plusieurs établissements d'Allemagne, les saillies se font à la main, et que les brebis sont toujours accouplées avec un bélier déterminé à l'avance, et choisi de manière à corriger par certains caractères les défauts que les mères pourraient communiquer et propager dans le troupeau.

Pour les saillies, les bergeries sont divisées en trois espaces ou compartiments : le premier, le plus grand, contient les brebis non saillies; vis-à-vis, en face, est le troisième, qui doit contenir les brebis saillies; enfin, entre ces deux espaces, à chacune des extrémités, on établit une loge pour placer les béliers, en laissant dans le milieu un carré de communication pour aller d'une extrémité à l'autre, et du premier au troisième compartiment.

Ces dispositions prises, et toutes les brebis étant numérotées, on lâche sur elles, lorsqu'elles sont encore dans le premier compartiment, selon leur nombre, un ou deux béliers (ordinairement antenois et munis d'un tablier) qui découvrent celles qui sont en chaleur et les signalent au berger : alors, après l'inspection de son numéro, on tire de sa loge le bélier qui, par avance, lui a été destiné, et dans l'espace mitoyen, ou le carré de passage, la saillie s'effectue. Ensuite le bélier rentre, et la brebis est dirigée dans le troisième compartiment, où elle doit rester. C'est ainsi que toute la monte continue.

Cette méthode est très-bonne, et elle a l'avantage de ne pas fatiguer autant les béliers que si on leur laissait faire plusieurs fois inutilement la lutte; on obtient des agneaux plus forts, et en outre, on ne laisse pas faire des accouplements bâtards et mal assortis, puisque les béliers sont choisis et les brebis désignées et numérotées à l'avance.

D'un autre côté, il faut des registres matriculaires, des béliers d'entrain, plus de place, une surveillance plus grande, et aussi un personnel multiplié, qui fatigue, gêne, coûte plus, et devient complètement inutile lorsque le troupeau est avancé et bien suivi.

Bien que le rut ne se manifeste pas à une époque toujours déterminée chez la brebis, il arrive néanmoins souvent qu'un grand nombre d'entr'elles se trouve bien disposé vers le mois de juillet, et qu'ensuite le contact ou la présence du mâle le provoque ou le détermine chez les autres : ordinairement alors, dans nos pays, un bélier choisi à l'avance, et auquel préalablement une bonne nourriture peut permettre de faire sans s'épuiser la lutte qu'il va entreprendre, est placé au milieu des femelles qui lui sont destinées, et ainsi, dans l'espace de vingt ou trente jours, au fur et à mesure, les brebis se trouvent à peu près toutes fécondées.

Cette méthode, généralement suivie en Champagne, moins rationnelle peut-être que le système allemand, doit être cependant préférée, parce qu'elle est plus commode, plus naturelle et moins embarrassante.

Maintenant, quant à l'époque que nous indiquons pour commencer la lutte, pour d'autres motifs nous la croyons encore préférable. En effet, est-ce que les brebis saillies en juillet, qui portent 150 jours, et rentrées du parc en octobre, ne sont pas alors dans de meilleures conditions pour mieux profiter, elles et leurs produits, de l'alimentation qu'elles reçoivent à la bergerie? Est-ce qu'au moment le plus avancé de la gestation, le séjour à la bergerie ne permettra pas mieux au fœtus de prendre tout le développement dont il est susceptible? De même encore, quand l'agnelage arrivera en novembre, est-ce que les mères ne seront pas plus tranquilles pour allaiter leurs agneaux, et dans les circonstances anormales et difficiles de la parturition, plus assurées de recevoir promptement des secours des bergers et du propriétaire?

Ainsi, bien que chez la brebis le lait peut être en avril plus abondant et meilleur qu'en septembre, la monte en juillet ou juin me paraît le moment le mieux choisi, et l'époque à laquelle il faut donner la préférence.

Néanmoins, pour une ferme envoisinée ou entourée de pâturages, et où les mères brebis pourraient sans gêne et sans fatigue rentrer à la bergerie une ou deux fois dans la journée pour allaiter leurs agneaux, on pourrait faire faire la lutte au commencement de janvier, pour que l'agnelage se fît fin du mois de mai, époque des herbes, et moment le plus favorable à la sécrétion abondante du lait et au plus fort développement des agneaux.

Dans ce cas, et selon encore ses autres ressources, on pourrait même avoir deux agnelages dans la même année, soit par spéculation, soit pour relever le nombre d'un troupeau amoindri.

Le choix des béliers étant rationnellement arrêté, et l'époque de la lutte arrivée, il faut déterminer le nombre des brebis qu'on donnera à chacun d'eux.

Dans notre pays on est un peu avare de béliers. S'ils ont des qualités prolifiques plus ou moins développées, il ne faut jamais exiger d'eux plus qu'ils ne peuvent faire, car, non-seulement on peut les épuiser, les faire dépérir et les perdre. Mais, ce qui est plus grave encore, c'est qu'en usant un animal qui a des qualités précieuses, et en se privant plus tard de ses produits, on s'expose à voir un grand nombre de brebis ne pas être fécondées, et à manquer une partie de sa récolte.

Il faut un nombre raisonnable de béliers pour les brebis, sous peine de voir son troupeau s'amoindrir ou dégénérer.

Morel de Vindé conseillait d'avoir trois béliers pour cent brebis; mais, bien que dans certains troupeaux ce nombre serait peut-être encore trop restreint, si les animaux étaient chétifs ou mal nourris, chez nous il me paraît être plus que suffisant, et je crois même qu'ici chaque bélier peut facilement féconder cinquante brebis sans se fatiguer, et sans que ses produits manquent de force, de vigueur et de santé.

Ainsi pour la monte, dans l'état où se trouvent nos troupeaux, on donnera un bélier pour cinquante brebis; mais, selon l'avis du savant agronome que je viens de nommer, à la fin de la monte, lorsque les béliers en ont à satiété et qu'ils sont devenus un peu lourds et insouciants, il faudra remplacer les premiers par des antenois vigoureux, qui, plus ardents, saisiront beaucoup mieux les dernières chaleurs, généralement faibles, des brebis qui ne sont pas encore fécondées; ce sera un moyen plus certain de fécondation pour toutes les femelles, et il aura en outre l'avantage de donner, pour la suite, des échantillons de ce qu'on pourra obtenir de ces jeunes animaux.

Pour la monte, il faut partager et séparer les brebis en autant de lots que l'on a de béliers à leur donner, car si on laissait tous les animaux pêle-mêle, les combats que se livreraient les mâles entr'eux les épuiseraient infructueusement, et pourraient nuire considérablement à leur progéniture.

Ce n'est pas pendant la monte que les béliers doivent être le mieux nourris, c'est à l'avance que ces animaux auront dû recevoir une alimentation fortifiante; car, lorsque toute l'activité vitale se concentre sur les organes de la génération, ceux de la digestion doivent languir et avoir de la peine à compléter leurs fonctions.

Dans ces conditions, il faut donner des aliments qui, sous un petit volume et de facile élaboration, puissent vite et facilement réparer les pertes qu'elles occasionnent. L'orge et l'avoine concassées, et en provende, légèrement salées, sont des réparateurs excellents en pareilles circonstances.

La monte terminée, les béliers doivent être entièrement séparés des brebis, parce que leurs habitudes et leur brusquerie gêneraient celles-ci et pourraient être des causes d'accident et d'avortement.

Pendant 150 jours environ que dure la portée, les bergers doivent redoubler de soins et d'attention; ils doivent éviter les parcours fatigants, les fossés, les chocs, les violences, les pressions et la morsure des chiens; en outre, il faut une bonne nourriture sans provoquer la pléthore sanguine, et quelquefois donner des aliments choisis aux brebis faibles et dépérissantes, pour les fortifier et les remettre; enfin, il faut avoir soin de laisser à la bergerie, et à part, celles qui sont souffrantes ou menacées d'avortement.

Aussitôt que les rigueurs de la saison et la rareté des pâturages ne permettent plus aux troupeaux de trouver dans les champs une alimentation suffisante, on est obligé d'y suppléer, d'abord en leur donnant des rations restreintes au râtelier, et ensuite en les leur augmentant graduellement jusqu'à ce qu'il n'y ait plus rien dehors, et qu'ils se nourrissent entièrement à la bergerie.

C'est à ce moment, et ordinairement lorsque la terre est déjà détrempée, ou lorsqu'elle est recouverte par les neiges, que l'agnelage arrive dans nos pays. C'est l'époque la plus favorable, parce que les mères et les jeunes animaux à la bergerie ne sont plus exposés aux intempéries, qu'ils ont plus besoin d'être ensemble, et qu'enfin ceux qui les gouvernent peuvent ne pas les perdre de vue, et instantanément leur donner les secours que leur position réclame.

Le moment de la mise bas s'annonce ordinairement par le gonflement des parties sexuelles, et par un écoulement de sérosités muqueuses par la vulve : alors c'est l'instant critique où il faut multiplier son attention, et surveiller doublement les mères et leurs produits. Toujours, lorsqu'on a remarqué les mouillures, on laissera les brebis à la bergerie, parce que dehors on aurait de l'embarras, tandis que là, le plus ordinairement, l'agnèlement se fait seul et sans difficulté.

Malgré la délivrance ordinairement facile des brebis, les bergers ne doivent jamais les perdre de vue; ils doivent coucher à la bergerie, car quelquefois faute d'un léger secours on peut perdre la mère et son agneau.

Dans le part ordinaire, le petit agneau doit se présenter le bout du nez et les sabots des deux pattes de devant les premiers, ou les sabots des deux pattes de derrière et la queue; alors l'agnelage est naturel et se fait bien.

Dans ce cas, si l'opération languissait et que le petit sujet restât trop longtemps dans les passages, il serait utile d'opérer une traction légère et faite en temps opportun, c'est-à-dire qui coïnciderait toujours avec les efforts expulsifs de la mère, afin d'aider celle-ci à se débarrasser du produit, qu'elle pourrait n'avoir pas la force ou le courage d'expulser elle seule.

Si une brebis, pour agneler, se livrait à des efforts désordonnés et tumultueux, et si avant que les passages ne fussent disposés ou dilatés, elle cherchait à expulser infructueusement son agneau, il ne faudrait pas inconsidérément, en explorant les parties, aller de suite chercher tout d'abord à le ramener au dehors, parce que cette manière de procéder pourrait déterminer des accidents redoutables, et que dans beaucoup de cas, en patientant, et en calmant la mère par quelques breuvages ou injections adoucissantes, ou par une saignée, on peut espérer que le col de la matrice finira par se dilater, qu'il livrera passage au sujet, et que le part s'effectuera heureusement.

Si le fœtus était au passage, et que la mère ne fît aucun effort pour l'expulser, il faudrait encore attendre sans la toucher, mais seulement la stimuler par quelques breuvages excitants, et ne jamais chercher à avoir de force le petit sujet. Enfin, si la position restait trop longtemps stationnaire, il ne faudrait chercher à vaincre cet état d'inertie qu'avec de légères tractions qui, dans tous les cas, doivent toujours coïncider avec les efforts expulsifs faits par la mère, et surtout ne jamais lutter contre une résistance nette et opiniâtre.

Maintenant, si l'agnèlement devenait anormal, si le petit sujet se présentait le sommet de la tête en avant, avec une des jambes de devant seule, ou une de devant et une de derrière, ou de toute autre manière que celles indiquées au part naturel, alors c'est le moment de déployer toute son adresse, en agissant toujours avec réserve et les plus grandes précautions.

Règle générale, il ne faut jamais aborder ni toucher une brebis aux parties génitales, sans avoir préalablement enduit ses mains d'huile, de beurre ou de saindoux.

Sans entrer dans des descriptions et des détails minutieux qui excèderaient mes intentions et seraient ici inutiles, il faut, dans l'intérêt des propriétaires, recommander surtout de n'avoir, dans les cas de part laborieux, rien d'arrêté à l'avance; ce ne doit jamais être que selon les circonstances qui se présentent que l'on doit se déterminer et agir; mais, il faut qu'on le sache bien, c'est qu'il n'y a jamais qu'une seule chose à faire dans ce cas, c'est de ramener les choses à ce qu'elles doivent être naturellement, et chercher à ce que le part se fasse la tête et les deux jambes de devant, ou la queue et les deux jambes de derrière les premières, et absolument et exactement comme le part naturel.

Cela bien compris, ce sera avec beaucoup de prudence, en profitant attentivement des moments de calme de la mère, et de ces intervalles tranquilles où elle ne fait aucun effort, que le berger devra chercher à refouler et à ramener, par des pressions et des bascules, les organes et le petit sujet à leurs places; et toujours en tâchant que ce dernier, aux passages, ne soit que dans la position indiquée comme normale, et qu'il y montre seulement le *bout du nez et les deux jambes de devant, ou, ce qui est aussi bon, les deux jambes de derrière et la queue.* Ceci obtenu, on aura remédié au mal, et à moins que le produit soit mort et météorisé, ou qu'il ait une conformation phénoménale, ou encore que la mère soit mal constituée, il n'y aura plus qu'à marcher hardiment et comme à l'ordinaire.

Si, seul le cordon faisait obstacle à la sortie de l'agneau, il n'y aurait qu'à le rompre non loin du nombril, ceci est sans danger, et alors le part devra encore avoir lieu.

Quelquefois il y a, lors de la parturition, d'autres empêchements qui peuvent provenir d'un état maladif : de l'œdème, de l'hydropisie, de l'hydrocéphale, de l'emphysème, ou du développement de certaines tumeurs sur le petit sujet, ou de quelques autres affections provenant du côté de la mère; ces circonstances ressortent de la médecine; et bien que je n'ignore pas que pour des bêtes blanches il soit très-difficile et surtout souvent très-peu lucratif, pour des cas isolés, d'avoir recours à des vétérinaires, ce serait trop sortir de mon sujet que d'entrer dans tous ces détails maladifs, afin de venir en aide aux propriétaires.

Seulement, dans des cas semblables, si on a des hommes de l'art sous la main, et que les animaux en vaillent la peine, il faut y avoir recours; mais dans la plupart des circonstances, il vaut mieux ne pas hésiter et sacrifier les animaux pour en obtenir encore quelque chose pour l'alimentation ou la boucherie.

Ordinairement le placenta, ce qu'on appelle les enveloppes, sortent en même temps, ou seulement seules et quelques heures après l'agnèlement; mais s'il y avait du retard ou des empêchements, il ne faudrait pas exercer trop de traction ni se hâter trop brusquement, parce qu'on s'exposerait à voir surgir des hémorragies, ou un renversement de la portière ou de la matrice. Il faut simplement faire des injections avec de l'eau émolliente pour détacher les enveloppes, ou avec de l'eau chlorurée s'il y avait un commencement de putréfaction.

Néanmoins, si après quatre ou cinq jours elles n'étaient pas expulsées, il faudrait aider par quelques manipulations prudentes, et chercher à les ramener au dehors, pour éviter les suites de la non délivrance.

Aussitôt l'agnelage terminé, la mère, en léchant son petit, le sèche, le frictionne et le réchauffe; c'est une opération nécessaire dont elle s'occupe naturellement et volontiers; mais si, par exception, elle n'y pensait pas, il faudrait l'exciter en saupoudrant le produit de son, de sel ou de farine; et dans le cas où ce moyen ne suffirait pas, le berger l'essuierait et le couvrirait, afin de ne pas le laisser se refroidir. Il est indispensable d'avoir pour cela, pendant l'époque de l'agnèlement, quelques vieilles bâches ou couvertures dans les bergeries, pour ne pas être pris au dépourvu.

L'agnelage terminé et le petit ressuyé, il est urgent de procéder, le plus tôt possible, au numérotage des nouveaux venus, afin d'éviter des écarts de maternité, et pour pouvoir veiller plus sûrement à ce que chacun conserve la mamelle destinée à son entretien et à son développement. Il faut en outre, sans plus tarder et aussitôt la naissance, si le petit ne prend pas seul le pis de sa mère, ou de celle qui, en cas d'accident, lui serait destinée (1), l'en approcher, et par tous les moyens possibles lui en faciliter la préhension. Il faut aussi s'assurer si les trayons ne sont pas obstrués, et en faire couler le premier lait, afin de reconnaître si les mamelles ne sont pas malades : et dans le cas

(1) Dans un troupeau, les parts jumellaires fournissent assez ordinairement des agneaux qui peuvent remplacer ceux qui périssent pendant ou à la suite de l'agnelage.

où les mamelles seraient gonflées et très-douloureuses, quelques émollients et la traite fréquente doivent suffire pour les guérir et les remettre en bon état.

Lorsqu'un agneau est chétif, grêle et délicat, il ne faut pas hésiter à le tuer et à en faire le sacrifice : à nourrir de mauvaises bêtes on perd son temps, sa nourriture et son argent.

Si une mère avait perdu son agneau, et que celui-ci ne pût être remplacé, pour éviter des maladies de mamelles il faudrait, pendant les premiers jours, restreindre la nourriture, tirer le lait sans traire à fond, et quelquefois avoir recours à une diète complète ou à un purgatif (sel de Glaubert : 100 grammes dans une demi-bouteille d'eau), pour forcer le lait à tarir entièrement sans que la mère en soit malade.

Les brebis nourrices doivent, pendant l'allaitement, sortir très-peu, rester chaudement à la bergerie avec leurs petits, et ne prendre de l'air et un peu d'exercice que pendant l'affouragement. Elles doivent avoir une alimentation plus considérable que les autres animaux, et, il faut le dire (bien que l'état des troupeaux dans nos pays traduise des bons soins et une bonne nourriture), il est indubitable et certain que si on leur mélangeait quelques aliments aqueux, tels que raves, turneps, betteraves, carottes ou toute autre plante, les brebis mères supporteraient encore mieux l'allaitement, les agneaux deviendraient plus forts, et le troupeau, en rendant plus en laine et en viande, profiterait davantage aux propriétaires.

Une alimentation sèche pendant l'hiver, séjourne trop dans le tube digestif; elle fatigue les intestins, échauffe et développe le ventre, détermine des constipations, des obstructions et des maladies de la peau.

Les brebis bien nourries aiment mieux leurs agneaux, parce que, ayant du lait en abondance, elles sentent, à l'approche de ceux-ci, qu'ils vont dégager leurs mamelles et qu'elles en seront soulagées.

Des aliments un peu aqueux, en suppléant à la privation du vert pendant la longue période des mauvais jours, neutraliseraient les effets échauffants des fourrages secs, en même temps que, sans débiliter les mères, ils procureraient une sécrétion de lait plus abondante et de meilleure qualité.

Il faut absolument varier la nature des aliments, parce que si une substance, tant nutritive qu'elle soit, est donnée sans mélange et sans variation à des animaux, elle cesse pour eux d'être alibile, et peut finir par produire des effets semblables à l'inanition.

On voit donc tout l'avantage que nos propriétaires ou agriculteurs doivent recueillir des racines pour nourrir leurs troupeaux, et plus spécialement l'hiver, pour mélanger et varier l'alimentation.

Quelquefois, pendant l'allaitement, les agneaux donnent des coups de tête sur les mamelles, et déterminent des maladies qui peuvent être graves et entraîner la gangrène (ce que les bergers appellent l'araignée). Il faut dans ce cas beaucoup de surveillance, et graisser fréquemment le pis pour ne pas laisser aggraver le mal; et s'il persistait, il vaut mieux sacrifier la brebis pour la boucherie, si elle est bonne, que de s'exposer à la perdre entièrement.

Tout en ayant soin de s'assurer si, au moment de la naissance, le premier lait s'écoule facilement, il faut bien se garder de priver l'agneau de ce lait, quand même il serait un peu jaunâtre. C'est une espèce de purgatif qui sert à ébranler et à mettre en mouvement l'intestin du nouveau-né, et aussi à suppléer à la faiblesse primitive de ses organes digestifs. Ce lait, qu'on nomme le méconium, est chargé d'entraîner les premières substances excrémentitielles des intestins, qui pourraient gêner les fonctions, et enrayer la croissance et le développement du nouveau-né.

Il faut aussi enlever la laine des mamelles des nourrices, parce que les agneaux qui, en tétant, en avaleraient quelques filaments, seraient exposés à avoir des égagropiles (1) qui pourraient les rendre malades et les faire périr.

(1) Les gobbes ou égagropiles sont des poils de laine ou des duvets qui, mangés par les moutons et agglutinés par les mucosités de l'intestin, forment dans l'intérieur des pelottes qui l'obstruent et empêchent ses fonctions.

On avait, dans un temps, attribué la présence des gobbes dans l'intestin, à des manœuvres criminelles pour empoisonner les

Il faut tous les jours s'assurer si les agneaux tètent bien, et les aider si leurs mères étaient indifférentes ou difficiles. On doit surveiller les agneaux faibles, et quelquefois les dédommager de l'insuffisance du lait de leur mère, en leur donnant celui d'une autre brebis qui en aurait surabondamment, ou bien du lait de vaches, ou des bouillies légères faites avec des farineux.

Il est bon que les agneaux ne soient pas trop serrés à la bergerie, et aussi qu'ils en sortent de temps en temps, parce que l'exercice les fortifie, les développe, et leur donne de l'appétit.

Les agneaux restent pendant le premier mois à se nourrir du lait seul de leur mère, et s'ils broutent çà et là quelques brins d'herbe, ou du foin le plus fin et le plus facile à manger, ils ne reçoivent aucune nourriture particulière.

Le deuxième mois arrivé, il faut déjà penser à une nourriture spéciale, et commencer à les affourager avec des fourrages les plus tendres et des substances aqueuses, betteraves, choux, carottes, etc., et quelques tourteaux et grains cuits ou concassés, et mêlés avec du son et en provende.

On a conseillé de placer dans les bergeries, au moment de l'agnelage, des cloisons en planches pour former des compartiments spéciaux pour les petits agneaux. Ces cloisons, qui peuvent n'avoir que 1 mètre 40 de hauteur, peuvent être faites avec économie au moyen d'une traverse et de planches de bois blanc, dans lesquelles on ménage des ouvertures de 40 centimètres de haut sur 25 de large, par lesquelles seuls peuvent passer les jeunes agneaux.

Cette disposition a l'avantage de laisser en entier aux jeunes sujets les aliments tendres qui leur sont destinés, en même temps que, pouvant les séparer de leurs mères, celles-ci, au moment de leurs repas, ne sont pas troublées par des tiraillements de mamelles et des secousses qui les empêchent souvent de manger.

Jusqu'au cinquième mois, époque approximative du sevrage complet, on leur donne, en augmentant progres-

troupeaux; et à certaines époques plusieurs personnes, victimes de cette fatale erreur, sont mortes sur l'échafaud, flétries de l'ignorance ou de la méchanceté.

sivement la ration selon leur âge et leur développement, de 250 à 500 grammes de regain de luzerne, et autant de provende, composée d'avoine, d'orge et de son mélangés, avec aussi, comme il a été dit plus haut, quelques racines si on les cultivait, ou quelques résidus si on pouvait s'en procurer à peu de frais.

Si, quelque temps après la naissance, on voyait des agneaux languissants et rester chétifs, il faudrait examiner très-scrupuleusement le nombril. J'ai souvent vu des troupeaux dépeuplés par une affection toute particulière que jusqu'alors personne n'a encore signalée.

A l'endroit où se fait la section du cordon ombilical, il existe assez longtemps une petite croûte sèche et noirâtre, qui ordinairement se rétrécit insensiblement et finit par disparaître en entier.

Dans plusieurs troupeaux où on avait déjà perdu beaucoup de jeunes agneaux, j'ai pu remarquer que la mort n'avait eu d'autre cause qu'un retard et une irrégularité dans la cicatrisation du cordon ou de l'ouverture ombilicale.

Si la croûte dont je viens de parler ne tombait pas, il faudrait la graisser deux ou trois fois par jour avec du beurre ou du sain-doux, pour éviter ce que j'appelle le mal de nombril; mais, lorsque sous cette eschare, à travers la peau et en avançant dans l'abdomen, on perçoit un durillon ou une espèce de petite tumeur allongée et assez sensible, et que le sujet maigrit, il faut y faire attention, l'animal est en danger; il est atteint de cette maladie, et il est essentiel, avec un canif ou un bistouri, ou encore avec un fil de fer rougi au feu, de déterminer la chute de cette eschare, parce que derrière celle-ci il y a du pus qui ne peut s'échapper au dehors; que si on n'y prend garde, il va filtrer et remonter par le cordon ombilical jusqu'au foie, et qu'indubitablement, si on ne s'oppose à cette complication, l'animal en sera victime.

Comme on le voit, il est très-important de surveiller attentivement cette région, si on ne veut pas s'exposer à voir les jeunes agneaux décimés par cette nouvelle maladie (1).

(1) Le mal de nombril a souvent enlevé des vingtaines d'agneaux

Pendant cette première période, il y a encore d'autres soins à donner, et d'autres travaux dont doivent se préoccuper ceux qui soignent et dirigent les troupeaux.

D'abord, pour les propriétaires qui veulent que tout soit bien en ordre, et qui désirent se rendre un compte exact, général ou de catégorie, sur le rendement et les produits d'un troupeau, il faut s'occuper de la marque des animaux.

La marque est une distinction que porte chaque animal pour désigner son origine, et souvent aussi pour indiquer la destination qui lui est donnée.

La marque se fait sur une partie quelconque du corps, avec de la sanguine, du noir, ou toute autre couleur délayée dans de l'huile; ou encore, si elle doit être indélébile, avec un poinçon ou un emporte-pièce sur les oreilles.

Le numérotage des oreilles peut se faire avec un emporte-pièce, et consiste en un point rond pour traduire les unités, un carré pour dix, et un cran sur le bord de cet organe pour cinquante.

Le tatouage sur l'oreille, employé aujourd'hui par quelques personnes, est préférable; il se fait au moyen d'une pince où à l'un des becs est une rondelle mobile, sur la surface de laquelle sont, à des distances convenables, formés avec des aiguilles nos dix numéros; l'autre bec est aplati et garni de peau ou de cuir doux. Pour produire la marque, en faisant tourner la rondelle, on met le numéro que l'on désire en face et tout-à-fait vis-à-vis le bec plat; puis on enduit ce numéro de couleur, et après avoir placé l'oreille dans la pince, on la serre pour qu'elle s'imprégne et conserve l'impression des piqûres.

Avec la marque, pour complément on a un registre correspondant pour consigner ses observations, et pour que, toujours en réserve, le propriétaire puisse les voir et les consulter au besoin.

Il y a des pays où on laisse aux moutons la queue dans toute sa longueur. Ceci a des inconvénients, car, outre que les excréments et la boue qui s'attachent après les rendent

en un instant, sans compter que bon nombre de bergers ou de propriétaires ont éprouvé des pertes de cette nature, sans avoir jamais su à quoi en attribuer la cause.

sales et malpropres, souvent aussi pendant la castration, le part et l'allaitement, la queue peut donner de l'embarras et déterminer des accidents. Il est donc plus commode que la queue soit raccoucie.

C'est lorsque les animaux sont tout jeunes qu'on doit en faire l'amputation, parce qu'alors l'opération offre moins de dangers et est plus facile à pratiquer.

La section de la queue ne doit se faire qu'à une douzaine de centimètres de la base de sa naissance, pour que la partie qui reste puisse encore recouvrir l'anus et les organes génito-urinaires, et les garantir des insectes qui pourraient s'y fixer et incommoder l'animal.

On fait ordinairement cette section avec un couteau simple; je préférerai un sécateur, parce qu'en maintenant la queue fixée sous son tranchant, cet instrument ne fait pas autant de déchirures, et qu'il prévient des plaies irrégulières, toujours plus douloureuses, plus difficiles et plus lentes à guérir.

Après la section de la queue, il faut surveiller les hémorragies, car souvent il y a des animaux qui en meurent. Si la queue saignait trop longtemps, on pourrait arrêter le sang avec de la suie de cheminée, des toiles d'araignées, ou en cautérisant avec un fer rouge, et même plus sûrement encore avec une ligature placée et serrée, pendant environ une heure, autour de l'organe.

Avant le sevrage des agneaux, il faut encore s'occuper de la castration des mâles que l'on ne veut pas conserver béliers.

La castration est une opération qui devra toujours se faire le plus tôt possible, parce que plus les agneaux seront jeunes, moins ils en souffriront, moins elle sera dangereuse, et moins on sera exposé à en perdre.

Je conseille de pratiquer cette opération dans la quinzaine ou le mois de la naissance, sans plus attendre, en exceptant toutefois, si on avait l'intention de conserver des béliers, tous ceux qui paraîtraient avoir les plus belles dispositions à former les meilleurs types.

Plus tard, à l'âge de cinq à six mois, lorsque le développement de ces derniers sera plus avancé, et qu'on aura eu tout le temps nécessaire de se fixer avec plus de certitudes sur les qualités ou les défauts de ceux qui ne peuvent pas répondre, par leur constitution, aux prétentions du propriétaire, on pourra, sans plus attendre, arrêter son dernier choix, et procéder aussitôt à l'opération sur le reste. Quelques circonstances rares et exceptionnelles peuvent déterminer à faire encore quelques castrations tardives, mais dont l'époque et le moment doivent rester à l'appréciation des propriétaires.

Je ne veux pas m'occuper ici de tous les moyens employés pour détruire les facultés fécondatrices des jeunes agneaux : le bistournage, le fouettage et autres procédés en pratique dans certains pays, ne sont pas en usage dans le nôtre ; et comme je ne leur accorde que moins de confiance qu'à la castration telle qu'elle se fait chez nous, je les passerai sous silence.

Je ne veux pas critiquer le système de castration par arrachement, comme on la pratique dans le département de la Marne : faite de la sorte, cette opération réussit bien ; néanmoins je suis convaincu que ce serait encore beaucoup mieux si l'incision de la peau du scrotum était faite, et la glande testiculaire amenée au dehors, de couper le cordon purement et simplement avec des ciseaux courbes, en les broyant et râclant à quatre ou cinq centimètres du testicule, pour prévenir l'arrachement de l'artère à un endroit trop élevé : de la sorte on ne s'exposerait pas à une hémorragie qu'on ne peut arrêter faute de pouvoir ressaisir l'artère lorsque l'arrachement est fait trop haut. Faite ainsi, l'opération serait plus facile, plus prompte, plus sûre et moins dangereuse.

Chez les béliers plus âgés, le cordon étant plus fort et les artères plus développées, surtout si le sang est pauvre ou que les animaux aient été mal nourris, au lieu d'arracher ou de couper le cordon, il vaut mieux, avec une ficelle à emballage, enduite préalablement d'une pâte composée de farine, d'eau et de sublimé, faire une ligature sûrement et très-fortement serrée, et puis l'ablation du cordon entre celle-ci et le testicule.

Dans le premier système, les lèvres des plaies faites à la peau seront rapprochées, pour qu'elles puissent se réunir et se cicatriser ; dans le second, les extrémités des ficelles devront dépasser, pour qu'elles puissent, ainsi que les portions escharifiées du cordon, être éliminées et s'échapper au dehors par la suppuration.

La castration par torsion bornée, reconnue aujourd'hui la meilleure, même pour le cheval, me paraît encore, surtout pour les béliers âgés, supérieure et préférable aux deux autres.

Lorsque le testicule est amené au dehors, il s'agit de saisir le cordon tout contre l'abdomen, avec une pince qui l'enveloppe et le serre complètement, et ensuite de tordre toujours la partie libre du cordon, tout près de la pince, jusqu'à ce qu'il soit brisé et rompu entièrement par la torsion.

Par ce procédé, on a moins à redouter les hémorragies et les dépôts sanguins au-dessus et à l'intérieur de l'abdomen.

On n'a pas non plus à craindre la réaction et l'inflammation, ni l'engorgement du cordon, comme peut les déterminer la compression ou la ligature.

Bien que les accidents consécutifs à la castration soient assez rares chez le mouton, il peut arriver cependant qu'il survienne des engorgements à la suite de cette opération; et comme la constitution lymphatique de ces animaux les dispose bien vite au charbon ou à la gangrène, il faudra, dans cette circonstance, se hâter de faire des incisions larges et profondes, selon le volume et l'étendue des tumeurs, et d'introduire des étoupes imbibées d'alcool camphré ou de teinture d'aloès, dans les plaies que l'on vient de faire, pour arrêter le progrès du mal et prévenir la perte du sujet.

Je n'ai jamais eu l'intention de m'occuper de la thérapeutique des animaux, ni de la manière et des moyens de guérir leurs maladies; néanmoins, eu égard à la difficulté et à l'embarras d'avoir le secours immédiat des vétérinaires, et par rapport aux dépenses souvent inutiles, et proportionément considérables que cela peut occasionner pour des sujets malades isolément, pour les animaux de cette catégorie, dans l'intérêt des cultivateurs, il a fallu ici, sans trop m'écarter de mon but et de mon sujet, transiger et indiquer succinctement, pour les cas d'urgence, les moyens les plus faciles et les plus efficaces pour prévenir, arrêter, et même souvent guérir quelques accidents communs et graves, et trop souvent nuisibles et préjudiciables aux propriétaires.

Comme je l'ai déjà indiqué, à partir du deuxième mois les agneaux doivent recevoir déjà une petite ration ; et si un propriétaire tient à la prospérité de son troupeau, c'est le vrai moment où il doit faire des sacrifices. S'il faut une nourriture abondante aux brebis pour qu'elles donnent beaucoup de lait et que les agneaux profitent, il faut aussi des aliments choisis aux produits, pour calmer leur avidité et empêcher l'épuisement des mères.

On conçoit que le sevrage des agneaux ne peut pas se faire brusquement, et que ce n'est qu'au fur et à mesure qu'ils se mettent à manger qu'on peut restreindre leur ration de lait, et puis attendre qu'ils soient assez forts pour la leur supprimer complètement.

Si l'on sevrait brusquement les agneaux, il y aurait à redouter pour les brebis des engorgements et des maladies de mamelles, et alors on doit chercher à diminuer graduellement le lait, en ne laissant d'abord plus les agneaux continuellement avec leurs mères, et en augmentant, pour les premiers, la nourriture solide, en même temps qu'on la restreindra pour les brebis ; puis, on ne mettra plus les petits en rapport avec leurs mères, pour boire, que deux fois par jour, ensuite une seule ; enfin ils seront séparés, et, si c'est possible, assez éloignés pendant quelques semaines, pour ne pas se tourmenter de leur séparation et quelquefois se priver d'aliments.

Les agneaux sont ordinairement sevrés du quatrième au cinquième mois ; mais jusqu'à l'âge d'un an, il leur faut encore des aliments tendres : alors, antenois ou antenoises, ils sont soumis à la même ration que le reste du troupeau, et ils rentrent sous le régime de la loi commune.

Arrivés à un certain âge, les animaux n'ont plus les mêmes aptitudes, et ne peuvent plus procurer les mêmes avantages. Aussi, dans un troupeau l'âge peut avoir tant d'importance, que j'aurais cru laisser une grande lacune dans ce travail, en n'indiquant pas au moins les moyens de le reconnaître approximativement.

Du premier au quatrième mois, les dents incisives qui se sont développées en avant sur la mâchoire inférieure, sont ce qu'on appelle les dents de lait.

Ces dents sont beaucoup plus petites et moins larges que celles qui doivent les remplacer. Dans le mouton, comme chez tous les animaux ruminants, la mâchoire supérieure en est toujours dépourvue entièrement.

Les premières dents de lait, au nombre de huit, constatent la première année des animaux; plus tard elles tombent, et sont remplacées dans l'ordre et aux époques suivantes :

Les deux du milieu, les premières sorties, que l'on nomme pinces, tombent d'abord et sont aussitôt remplacées par de plus fortes que l'on désigne sous le nom de permanentes : alors, l'animal est âgé de 13 à 15 mois, et il quitte le nom d'agneau pour prendre celui d'antenois s'il est mâle, et celui d'antenoise si c'est une femelle.

Les deux autres dents de chaque côté, les plus rapprochées de celles dont nous venons de nous occuper, et que l'on désigne sous le nom de premières mitoyennes, sont aussi, de même, remplacées plus tard par de plus fortes permanentes : à cette époque l'animal a atteint sa deuxième année, et il est appelé bélier s'il est mâle, brebis si c'est une femelle, et désigné sous le nom de mouton s'il a été privé des organes de la génération.

Les dents nommées deuxièmes mitoyennes sont remplacées de la même manière : alors l'animal a atteint environ trois ans et demi. Enfin, de quatre à cinq ans, les deux dernières, que l'on appelle les coins, cèdent encore la place à des dents plus consistantes, et la chute des dents de lait ou caduques étant terminée, on sait que les animaux sont vieux.

Plus tard, et en commençant par les premières poussées, toutes les dents s'usent, se rétrécissent et s'éloignent progressivement les unes des autres, pour ne plus former que des espèces de chicots, et pour, selon leur degré d'usure et de rétrécissement, indiquer l'âge avancé des animaux et leur caducité; mais à cinq ans les moutons touchent à la décadence : plus âgés, ils ne donnent plus d'aussi bons produits; ils s'engraissent mal, et par consé-

quent ne pouvant plus donner de bénéfices au **propriétaire**, c'est le moment de les vendre.

Maintenant nous allons revenir à l'alimentation, indiquer les divers modes de nourrir, et dire quelques mots sur les pacages, les parcages et la tonte du mouton.

Tant que le temps le permettra, on devra faire sortir son troupeau, parce que non-seulement l'air et l'exercice sont favorables aux animaux et à leur santé, mais parce que lorsqu'ils prennent dans les éteules, dans les bois, dans les fossés et les terrains incultes quelques aliments qui seraient perdus, on a encore l'avantage de pouvoir conserver les fourrages engrangés, et de les économiser pour être utilisés plus tard. C'est spécialement dans cette économie que se trouve, pour la Champagne, le grand avantage des bêtes ovines.

Lorsque les moutons ne sortiront plus que dans le milieu du jour, on leur fera faire un repas; ils en feront un le matin et un le soir à la bergerie, s'il n'y avait plus que peu de chose dans les champs; et lorsqu'ils ne sortiront plus du tout, l'hiver et pendant les longs séjours des troupeaux à la bergerie, la ration des animaux variera selon leur force, leur appétit, la qualité des aliments et le pouvoir nutritif de ces derniers.

Il faut éviter de donner des aliments ligneux, durs et indigestes, dans un moment où l'exercice ou les parcours ne peuvent activer les digestions; et si alors on n'avait pas le choix, il faudrait les faire hacher, les humecter et les saupoudrer de sel ou de poudre excitante, pour les rendre de plus facile digestion, et pour éviter des accidents ou la détérioration du troupeau. Sans ces motifs, le sel est au moins inutile, et il a souvent été prôné inconsidérément; mais, à cause de la disposition des estomacs et surtout du feuillet, les moutons auraient souvent besoin, l'hiver, d'une nourriture un peu aqueuse : quelques racines, betteraves, carottes, pulpes, choux ou autres légumes, donnés de temps en temps, les nourriraient parfaitement et éviteraient des constipations, des échauffements et des maladies. Les animaux deviendraient plus forts, les brebis donneraient plus de lait, et les agneaux se développeraient plus vite. Ces plantes aussi, en procurant une somme d'engrais plus considérable, et en augmentant la valeur des animaux, pourraient contribuer à améliorer nos cultures et à élever la richesse de nos contrées. Je conseille donc, autant que possible, quelques racines pour donner l'hiver aux moutons ; et dans le cas où cela ne se pourrait pas, d'y suppléer par quelques aliments humectés et plus relàchants.

Dans un troupeau, on ne peut raisonnablement pas fixer la ration par tête de mouton ; mais on peut la calculer et la déterminer selon la force relative et le poids des sujets : ainsi on a pensé qu'elle devait être de 30 kilogrammes de foin sec, pour 1,000 de poids d'animaux vivants ; c'est-à-dire, que pour une bête de 50 kilogrammes on pourrait donner 1 kilogramme 500 grammes de foin sec, ou leur équivalent en autres aliments de bonne qualité.

Calculée ainsi, cette ration de foin doit être suffisante ; et en tenant compte de la valeur nutritive des autres substances, il n'en faudrait en orge et en avoine que le tiers ; en paille bien battue, il en faudrait le triple ; en pomme de terre le double ; et ensuite un peu plus de cette dernière proportion en carottes, betteraves, turneps, navets, choux, etc.

Ceci, on le comprend, n'est qu'un aperçu qu'il faut souvent varier et modifier selon les substances alimentaires dont on dispose, et la destination qu'on veut donner aux animaux, mais duquel cependant on pourra profiter avec avantage pour les différents mélanges que l'on voudra faire, à l'effet d'alimenter son troupeau.

Lorsque les moutons ne mangent que des aliments secs, ils doivent avoir toujours de l'eau à discrétion, mais en ayant soin de la renouveler tous les matins, parce que dans les bergeries elle s'échauffe, s'altère et se détériore promptement.

Après avoir parlé de l'hivernage pour les moutons vivant en troupeaux et soumis à un régime mixte, il peut ne pas être indifférent de parler de la stabulation permanente, et de s'arrêter un instant sur les avantages que pourraient en obtenir quelques petits propriétaires qui ne sont pas en position d'avoir de ces animaux en assez grand nombre pour les faire vivre en troupe et avoir un berger.

Le mouton est un animal qui peut se nourrir et s'accommoder de peu ; et si la vie des champs le fortifie et le développe davantage, la stabulation, en réclamant une surveillance moins étendue et une nourriture moins considérable, peut être aussi très-utile, et, dans certaines proportions, avoir d'aussi bons résultats.

Le séjour continu des moutons à la bergerie ne nuit que peu ou point à leur santé ; ils peuvent se nourrir plus économiquement avec certaines denrées qui seraient souvent perdues ; ils peuvent faire plus de fumier (1), s'engraisser mieux et plus facilement, et en outre rapporter autant et plus de laine, et d'une aussi bonne qualité.

La stabulation permanente ne convient pas dans les grandes cultures ; mais les petits propriétaires, les vignerons et les ménages qui ne peuvent pas avoir de vaches, peuvent nourrir deux, quatre, six ou huit brebis ou plus, très-économiquement, récolter le lait et avoir en supplément la laine à la fin de l'année.

Ces animaux peuvent être nourris avec des légumineuses, des herbes et des feuilles provenant de sarclage, avec des pommes de terre, des betteraves ou autres plantes de jardin ; ils peuvent encore se nourrir de glands, de marrons d'Inde, de marc de raisin, de feuilles de vigne, d'érable, de cerisier, de frêne, etc. Enfin, il y a encore dans ce système, outre les économies qu'on peut faire sur des aliments souvent ramassés par des enfants restant au logis, l'avantage de pouvoir soigner les animaux à temps perdu et plus facilement.

Pour ces conditions, je dois cependant réitérer plus particulièrement les observations que j'ai déjà faites à l'article bergerie : c'est que, si l'air n'est pas convenablement renouvelé dans les locaux d'où les animaux ne sortent pas, et si le fumier restait trop longtemps sous leurs pieds, il y aurait alors plus à redouter la cachexie, le piétin et d'autres maladies.

Ainsi la stabulation permanente ne serait guère qu'un régime exceptionnel qui pourrait être quelquefois avan-

(1) M. le professeur Magne rapporte que dix brebis à l'étable peuvent produire autant de fumier que trente qui seraient entretenues par la méthode généralement suivie.

tageux pour quelques personnes ou des ménages d'ouvriers vivant à la campagne, mais qui, dans la plupart de nos pays, pour les véritables cultivateurs, ne doit jamais être aussi avantageux que de nourrir simultanément et alternativement à l'étable et à la pâture : c'est ce qu'on appelle le régime mixte, qui, dans les cultures aisées et bien roulantes, est le plus avantageux, et, je crois aussi, le plus favorable à la santé et au développement des animaux.

Le mouton a ceci de précieux, c'est qu'il ramasse dans les champs les fourrages qui seraient trop courts ou trop peu abondants pour être avantageusement récoltés, et qu'il en profite pour les rendre en engrais, et ensuite pour les traduire en laine, en viande ou en autres produits.

La direction des moutons est ordinairement confiée à des bergers, et c'est principalement pour la conduite des animaux aux champs qu'il faut au berger de l'intelligence, de l'activité, et une surveillance incessante sur tout ce qui se passe dans son troupeau. A la ferme, le propriétaire surveille la nourriture, et peut faire donner à ses moutons la ration convenable pour les bien entretenir en santé, tandis que dans le pacage, c'est au berger à choisir à propos les lieux où les aliments peuvent être mangés sans gaspillage pour le propriétaire, et sans danger pour les animaux.

Les moutons aiment les lieux secs et légèrement en pente; les lieux bas et humides leur sont nuisibles et peuvent altérer leur santé et leur constitution.

Il y a des saisons, des journées et des heures où le soleil leur convient, les réchauffe et leur est favorable; comme il y en a d'autres où il les gêne, et où il peut les rendre malades.

Le berger doit donc, après les pluies et pendant les froids et les rigueurs de l'hiver, rechercher le soleil pour réchauffer son troupeau; comme pendant les chaleurs et les hautes températures d'été, il doit chercher des ombrages, des arbres, des murs et des abris, pour ne pas rester exposé à l'ardeur de ses rayons.

Les rosées ont aussi quelquefois des influences fâcheuses sur les animaux au pâturage, et il faut se mettre en garde contre leurs effets. Néanmoins, pourvu que l'on marche assez vite, leurs conséquences sont moins dangereuses le matin que celles que l'on a à redouter de l'insolation pendant les grandes chaleurs de la journée.

Si l'on marche lestement pendant la rosée, et qu'on ne laisse pas les animaux se bourrer d'herbes, ils ne gonfleront pas; si on les laisse exposés la tête à un soleil trop chaud, comme si on les laissait dans les bergeries à une température trop élevée, cela déterminerait des congestions sur le cerveau, et provoquerait des symptômes et des lésions que l'on confond avec le tournis. Mais pour ne pas avoir d'accidents au pacage pendant la rosée, il faut marcher rapidement; et pendant l'ardeur du soleil, s'arrêter ou marcher abrité tranquillement.

On fait pacager les moutons sur le bord des chemins et des fossés, sur les terrains en friches, sur ceux en jachères, sur les champs qui ont donné leurs récoltes, et enfin dans des pièces de dernières coupes de regain, et quelquefois dans celles où on a mis de petites récoltes qu'on leur fait manger sur pied avant leur complète maturité. Il faut, dans tous ces divers parcours, que le berger calcule bien le temps, et ce qu'il peut et doit donner à manger à son troupeau, afin de le nourrir convenablement sans gaspillage, et sans non plus l'exposer aux tympanites, aux météorisations et à des indigestions dangereuses et meurtrières.

Dans les parcours, le berger doit passer lentement sur les terrains garnis de plantes grêles, courtes et peu serrées; parce que son troupeau, en se reposant et en broutant mieux les plantes pauvres et chétives, y déposera des crottins et des urines qui pourront les amender et servir à leur amélioration; il doit aussi parcourir avec rapidité les pièces garnies de pâturages tassés et abondants, parce que si ses moutons mangent à discrétion et à satiété, ils se gonflent, se météorisent et peuvent périr d'indigestion (1).

(1) Les bergers devraient toujours être munis de trocarts, pour éviter les morts foudroyantes qui menacent ces animaux et peuvent les rendre impropres à la consommation.

Le trocart se compose de deux parties qui peuvent être séparées ou réunies : d'abord d'un petit tube en cuivre d'environ douze centimètres de long sur cinq millimètres de diamètre, et d'une tige

13*

Lorsqu'un mouton se gonfle, il faut encore se garder, malgré le conseil de plusieurs auteurs, de lui administrer de l'éther, ou des infusions de plantes trop aromatiques : l'odeur se communique, imprègne les chairs de l'animal, et s'il meurt, comme c'est souvent à craindre, on ne peut plus tirer parti de la viande.

L'eau de chaux, le chlore, l'eau de soude, ou un peu d'ammoniaque étendue d'eau, condensent les gaz, et souvent doivent être préférés.

Les plantes légumineuses qui forment la base de nos pâ-

en acier un peu plus longue, terminée par une pointe aiguë à trois angles, et garnie d'un manche à l'autre bout.

En cas de météorisation ou gonflement d'un mouton, avec un canif ou un bistouri, on fait *à la peau, du côté gauche, à une distance égale de la pointe de la hanche, de la dernière côte, et des extrémités des petites côtes transversales des reins,* une entaille ou boutonnière verticale d'un centimètre et demi d'étendue; ensuite la tige d'acier de l'instrument (préalablement introduite dans le tube de cuivre, jusqu'à ce que la pointe arrive au niveau de son orifice inférieur), est placée par cette extrémité dans la boutonnière, et appuyée sur les parties soujacentes en rapport avec la panse; et dans cette position de l'instrument, on frappe avec le talon de la main, un coup sec sur le manche à l'autre extrémité, et la pointe de la tige étant plus longue que le tube, pénètre dans la panse, et y précède et y entraine le tube; ceci fait, on retire entièrement la tige en fer, et les gaz accumulés s'échappent par le tube qui reste en place. L'animal est de suite soulagé. Cependant, dans la crainte que les gaz ne se renouvellent, au moyen d'une petite plaque percée de trous au haut du tube, on maintient celui-ci avec des cordons pendant quelque temps, pour éviter de nouveaux accidents ou de nouvelles météorisations.

M. Lobréaux, médecin vétérinaire à Beaumont-sur-Vesle, a réuni dans une petite boîte portative et peu gênante, plusieurs trocarts et les instruments utiles aux bergers, qui forment une petite trousse que le comice de Reims propage en le donnant en récompense à ces agents de l'agriculture.

M. Defry, propriétaire à Prouvais (Aisne), a inventé un instrument dont il se sert avec succès en cas de gonflement; c'est une espèce d'aiguille à talon et à charnière dans le milieu, qu'on introduit dans le rumen comme le trocart, et qui rend la plaie béante lorsqu'on rapproche les manches pour que les gaz puissent s'échapper. — Nous croyons qu'il doit donner de bons résultats.

turages artificiels, sont beaucoup plus nourrissantes que celles poussées naturellement, et, bien que peut-être à cause des progrès de notre agriculture et de l'amélioration du sol, nous n'ayons encore vu que rarement les troupeaux décimés par le sang de rate, il serait bon, pour prévenir ces graves accidents, de faire manger aux moutons, pendant les grandes chaleurs, les pâturages d'orge ou d'avoine, qui, en rafraîchissant beaucoup mieux les animaux et en rendant le sang plus clair et moins plastique, pourraient les préserver des apoplexies et des autres maladies de pléthore.

Pendant les parcours, il y a encore une importance bien grande à faire boire à propos les moutons, et à ne jamais attendre qu'ils soient dévorés par une soif ardente, parce qu'en la leur laissant satisfaire avec trop d'avidité, on les expose à des accidents brusques et assez souvent incurables.

Les parcs, dans nos pays, sont généralement mobiles : on n'en voit pas en planches ni en filets de cordes ; ce sont des claies carrées de 1 mètre 50 de hauteur, sur 2 à 3 mètres de longueur, que l'on maintient au moyen de crosses placées en arc-boutant sur les lieux que l'on a choisis.

Les parcs doivent varier d'étendue, selon la quantité d'animaux qu'on veut y placer, parce que trop petits, les bêtes y seraient gênées, et que trop grands, la fumure serait inégale et insuffisante, et la récolte maigre ou très-irrégulière.

Selon Daubenton, il faudrait environ 3 mètres carrés par mouton, et on prolongerait ou on restreindrait les heures de parcage dans la proportion du degré d'amendement que l'on désirerait donner à la terre.

Le parc mobile est d'un grand avantage pour la culture, en ce qu'en réservant des pailles pour nourrir les animaux pendant l'hiver, il simplifie les travaux et économise le transport des fumiers.

Malgré l'avantage du parcage pour les propriétaires, il faut bien se garder d'en abuser, parce que les moutons, auxquels l'air et un peu de froid ne sont pas nuisibles pendant les nuits de printemps, d'été et d'automne, peuvent souffrir beaucoup des pluies froides, des orages, ou des neiges fondues pendant l'automne et l'hiver. Il faut donc ne pas prolonger le parcage pendant les froids trop rigoureux, et aussi avoir le soin de rentrer dans le cas où le temps est incertain aux autres époques de l'année.

L'orage, la grêle ou une pluie abondante, non-seulement peuvent agir d'une manière fâcheuse sur quelques individus, mais ils peuvent aussi altérer la santé et diminuer la valeur d'une grande partie d'un troupeau.

On doit aussi bien se garder de faire parquer dans les lieux humides, car sur les mérinos, encore plus spécialement que sur les autres races, l'humidité, et surtout le froid humide de la nuit, provoque non-seulement des maladies de poitrine, des toux, des catarrhes et des bronchites; mais il engendre aussi l'anémie et les maladies cachectiques, les plus graves et les plus dangereuses qui puissent frapper un troupeau.

Il faut encore, selon les températures, bien calculer et étudier le parcage.

Pendant les chaleurs il est essentiel de préférer les endroits élevés, pour avoir de l'air; et quand la température sera basse, on parquera dans des lieux plus bas, pour éviter la bise et le grand froid.

Il ne faut pas faire parquer sur un sol garni de végétation, ceci serait encore nuisible à la santé des animaux: car lorsque la terre est rendue meuble par la herse et les labours, elle a moins de fraîcheur et d'humidité, et non-seulement elle convient mieux aux moutons, mais elle est plus perméable et plus accessible aux amendements qui doivent y être déposés.

Toutes ces recommandations doivent être sévèrement observées; mais au moment où les animaux seront privés de leur laine, il faut encore y avoir plus d'égard et les observer plus religieusement.

Après m'être occupé des soins ordinaires d'entretien d'un troupeau, il y a encore quelque chose à dire à propos des conditions dans lesquelles quelques propriétaires peuvent se trouver.

Comme je l'ai indiqué, en Champagne, presque tous les cultivateurs utilisent pour le mouton des aliments qui ne peuvent être mangés par d'autres animaux, et à un certain âge ils le vendent, parce qu'ils ne peuvent mieux s'en servir, et doivent le remplacer par de nouveaux produits.

Un grand nombre de moutons élevés par nos producteurs sont aussi vendus pour l'engraissement.

L'engraissement est une industrie qui convient à ceux qui ont une riche culture, de bonnes récoltes, la ressource des résidus et des sarclures, et qui n'ont que des parcours peu éloignés de leur ferme.

Pour les moutons, comme pour les vaches et les bœufs, il faut presser et hâter l'engraissement le plus possible.

Il faut que les animaux ne soient pas trop vieux, qu'ils aient été châtrés jeunes, et que les mères ne soient pas épuisées par l'allaitement.

Il faut éviter des animaux cachectiques (pourriture), et ne jamais en acheter dans les troupeaux où règnent des maladies, le piétin, la cocote et la clavelée.

Il ne faut pas acheter de moutons maigres provenant de bons pays; mais on peut en prendre dans cet état si cela est la conséquence d'une alimentation qui ne serait que restreinte et insuffisante.

Les moutons maigres, sans beaucoup de suint, et ayant la peau souple et une laine fine et soyeuse, s'engraisseront et profiteront plus vite que les autres, s'ils sont bien nourris et bien portants.

Enfin les animaux qui ont les os menus, la croupe et le garrot larges, de courtes jambes et la culotte bien descendue, sont toujours préférables et rendront plus à la boucherie.

En Champagne, on engraisse peu en pâturage; cependant si on en possédait, comme les longues courses fatiguent les animaux et déterminent des pertes pour l'économie, il faudrait ne pas aller au loin, ou, dans ce cas, ne pas forcer les animaux et ne les mener que tranquillement.

Il faut aussi varier la nourriture et le champiage, pour que l'engraissement soit plus prompt et la viande meilleure.

Dans nos pays on engraisse plus souvent les moutons à l'étable, et à cet effet il faut d'abord qu'ils soient convenablement logés.

Il ne faut pas que les bergeries soient trop froides : le froid nuit et empêche le développement de la graisse; il ne faut pas qu'elles soient trop chaudes : les températures élevées nuisent au fonctionnement des organes et peuvent rendre les animaux malades. Les bergeries grandes et vastes laissent trop de liberté, et les animaux ne profitent plus autant. Enfin, il faut que les bergeries soient élevées, pour que l'air y circule et s'y renouvelle ; et que les animaux y soient passablement serrés, pour qu'ils profitent plus et s'engraissent promptement.

Les aliments (dans ceux qu'on aura), seront choisis, préparés et distribués absolument d'après le mode indiqué pour l'espèce bovine ; la destination des animaux étant la même, c'est à la même source qu'il faudra puiser ses instructions. Voir pages 107 et 246.

La quantité ne doit pas être comptée, car plus un mouton mangera, plus il engraissera vite, et celui qui sera tondu avancera plus que celui qui aura conservé sa toison. Il leur faut ordinairement 6 à 7 pour 0/0 de leur poids vivant de foin, ou la valeur de celui-ci en équivalent. S'ils sont bien dirigés, 50 ou 60 jours suffiront pour les engraisser.

Les boissons doivent être farineuses et données à discrétion.

Les moutons gras, en Champagne, peuvent peser 20 à 25 kilogrammes de viande nette, et le double de poids vivant ; et comme chez tous les animaux il y en a qui valent mieux les uns que les autres, ce sont ceux chez lesquels la viande de première classe domine qui ont le plus de prix, et qui doivent se vendre plus cher.

Ceux dont la croupe, les fesses et la cuisse sont le plus développées et le plus larges, valent davantage, parce que c'est là que se trouve la viande de première catégorie, qui se vend au plus haut prix.

La viande de la deuxième est formée par l'épaule, et la troisième par la tête, les jambes et les parois du ventre. Dans le commerce, ceci est à prendre en considération pour les prétentions plus ou moins élevées des vendeurs.

Les moutons sur lesquels on ne se propose que de la laine, n'exigent plus le même régime et une alimentation aussi relâchante ; ils demandent une nourriture plus azotée pour, comme il a été dit plus haut, rendre les toisons plus fines et plus tassées, et leur donner plus de valeur.

A propos de la laine, nous ne pouvons passer sous

silence l'opération qui consiste à récolter le produit si intéressant de nos troupeaux : je veux parler de la tonte.

La tonte des moutons est une opération de rentes qui
a le double avantage d'être lucrative pour le propriétaire,
et salutaire pour l'animal sur lequel on la pratique.

En général, la tonte se fait sur tous les individus qui
composent le troupeau; cependant, il y a quelques circonstances où elle peut être obligatoire et partielle, parce
que la présence de certains insectes dans la laine, ou l'apparition de certaines maladies sur la peau, peut obliger
les propriétaires à débarrasser hâtivement les animaux de
leur laine; alors la guérison se fera avec plus de facilité,
mieux, plus vite, et plus sûrement.

Dans le premier cas, la tonte se fait habituellement à des
époques régulières et fixées d'avance; dans le deuxième,
elle se fait accidentellement et au moment où les causes
qui doivent la déterminer apparaissent.

Toute modification brusque imprimée à l'organisme doit
être, ou peut être suivie d'accidents fâcheux; c'est pourquoi il faut être très-circonspect et bien choisir le moment
opportun, afin d'amoindrir les effets que peut produire
la privation d'une enveloppe aussi lourde, aussi épaisse et
aussi chaude que la laine du mouton.

Conséquemment, pour faire la tonte on doit choisir un
temps favorable, et tâcher que l'impression qui doit en
résulter sur un organe aussi sensible et aussi sympathique
que la peau, ne soit pas trop forte, parce qu'elle serait
dangereuse.

Pour priver un mouton de sa toison, on pourrait attendre
les chaleurs de l'été; mais aussi il faut la faire assez tôt
pour que la laine nouvelle soit suffisamment repoussée
quand viendra l'automne, et qu'alors elle puisse déjà préserver les animaux lorsqu'ils devront passer au parc les
nuits, qui sont déjà humides et quelquefois très-froides à
cette époque de l'année.

La tonte, arrêtée d'après ces données, peut varier un
peu selon les dispositions atmosphériques et selon les localités; néanmoins, dans notre pays, les mois de mai ou de
juin sont jugés les plus favorables pour l'opération de la
tonte.

La tonte se fait sans préliminaires, c'est-à-dire que la toison est coupée avec le suint et toutes les ordures, poussières et malpropretés qu'elle renferme; ou elle est précédée du lavage à l'eau froide sur le dos du mouton.

Dans le département de la Marne, on a l'habitude de laver les animaux lorsqu'ils sont encore pourvus de leur laine; et c'est en les menant, trois ou quatre jours avant la tonte, sous une eau courante, ou dans des réservoirs d'eau claire et limpide, que dans ces bains on les frotte et on débarrasse leur toison des corps étrangers et des ordures les plus grossières dont elles sont imprégnées : cette opération est désignée sous le nom de lavage à dos.

En tondant en suint, on évite un grand embarras pour soi, et pour les animaux la fatigue qu'occasionne le lavage à dos; mais le cultivateur est moins à même d'apprécier la qualité, le poids et la valeur de ses toisons, et généralement comme les laines de Champagne sont moins chargées que celles de Picardie, du Soissonnais et autres, proportionnément elles valent plus au kilo que ces dernières.

Selon moi, les deux systèmes ont des avantages et des inconvénients, et je laisse libre de procéder comme on le voudra; seulement il faut bien se persuader que les acheteurs ne paieront jamais la laine qu'un prix en rapport avec ses qualités et sa finesse, et qu'à qualités égales en suint, nette elle rend plus que les autres, et doit toujours être vendue un prix un peu plus élevé.

Si on se décide pour le lavage, on devra choisir un beau jour, afin que l'opération se fasse mieux, que les animaux sèchent facilement, ne souffrent pas du froid ou de l'humidité.

La tonte doit toujours se pratiquer sur un sol propre et uni, sur une aire à grange, sur un plancher, ou encore mieux sur des tables de bois. Chez beaucoup de cultivateurs on a de fortes dosses, larges et épaisses, qui se placent sur des tréteaux assez bas, pour que les moutons puissent y être couchés sans grands efforts, et se trouvent bien à la portée du tondeur. Quand, pour les tondre, les moutons sont à une hauteur convenable, cela permet de ne pas trop se baisser, d'aller plus vite et de laisser l'animal moins longtemps dans la fatigante position où on le met pour pratiquer cette opération.

Les *forces* (ciseaux à ressort) doivent être bien rémoulues, pour éviter ou de laisser des brins de laines, ou de ne pas les couper assez courts, et afin aussi de ne pas faire souffrir l'animal, en les tiraillant souvent plusieurs fois avant de pouvoir les couper.

L'animal à tondre doit avoir les quatre pattes réunies et serrées fortement, pour éviter qu'il remue, se débatte et qu'on le blesse, et afin aussi que le tondeur, travaillant avec sécurité, puisse terminer plus lestement son opération.

Il faut, pour lier les membres de l'animal, préférer un passement à des ficelles, qui peuvent écorcher la peau, la couper et fatiguer les articulations.

Il faut aussi, s'il en a besoin, que le tondeur se repose, mais seulement dans les intervalles de chaque tonte, parce que si l'on cause et si l'on est distrait pendant le tondage, on fait souvent à la peau de petites coupures qui ne sont pas très-dangereuses, il est vrai, mais qui peuvent faire souffrir l'animal et attirer les insectes ; en outre, ces distractions prolongent inutilement, pour l'animal, une position qui est nuisible à l'exercice régulier de ses organes.

Aussitôt qu'un animal est tondu, on le débarrasse de ses liens ; on frotte les endroits qui étaient comprimés, et on le laisse libre. Néanmoins, si la température est un peu basse, qu'il pleuve, ou que l'atmosphère soit humide, il faut encore avoir soin de le rentrer immédiatement, de ne pas le laisser aux courants d'air, et de toujours éviter les effets que peut avoir sur lui la privation subite d'une enveloppe aussi chaude que sa toison.

Malgré les précautions les plus minutieuses, souvent après la tonte la peau porte quelques entailles saignantes. Plusieurs personnes conseillent de jeter dessus de la poudre de charbon, de la savatte brûlée, et de faire des applications de corps gras ou autres choses ; mais tout cela est au moins inutile, et doit plutôt ralentir la cicatrice que hâter la guérison.

Il faut abandonner ces légères blessures à elles-mêmes, ou simplement les bassiner une seule fois avec de l'eau fraîche, pour les rafraîchir, les cicatriser et les guérir plus promptement.   14

Quelques jours après la tonte, on pourra s'apercevoir que les moutons sont plus gais et plus lestes, qu'ils se portent mieux, et qu'ils mangent plus volontiers et davantage. Alors ces animaux ne réclament plus que les soins ordinaires, rentrant dans les fonctions habituelles des bergers ou de ceux qui les dirigent et les gouvernent.

Avant de terminer ce chapitre, il est nécessaire, pour les moutons comme pour les espèces chevaline et bovine, de faire connaître à peu près leur prix de revient et leur valeur.

Ici nous procéderons d'une autre manière, parce que dans cette catégorie les agneaux rapportent aussitôt leur naissance, et que leurs toisons peuvent et doivent se confondre avec celles de leurs mères.

Prenons un troupeau de 400 têtes, avec un nombre de brebis assez considérable pour renouveler et vendre chaque année une partie de la troupe, et portons en compte les dépenses et les recettes, pour voir les résultats dans la balance.

DÉPENSES.

1º Les 400 bêtes, pour être bonnes et d'un rapport convenable, peuvent coûter 30 fr. la pièce, soit 12,000 fr., et pour l'intérêt de cette somme à 5 pour 0/0, pour l'année, ci . . . . 600 »

2º La nourriture à l'étable, en défalquant les parcours et les champiages, mettons 300 jours, à 7 centimes par jour, soit par an . . . . 8,400 »

3º Pour le berger . . . . 800 »

4º Plus pour pertes et avaries réparées . . . . 300 »

Total . . . . 10,100 »

RECETTES.

1º Le rapport de 400 toisons, à raison de 10 fr. l'une dans l'autre . . . . 4,000 »

2º Vente de 150 bêtes, à 35 fr. . . . . 5,250 »

3º Valeur du fumier, à raison de 3 centimes 1/2 par jour . . . . 5,110 »

Total . . . . 14,360 »

Sur lesquels il faut prélever la dépense de . . 10,100 »

Il reste . . . . 4,260 »

En continuant l'année d'après, et ainsi de suite, le résultat sera à peu près le même, c'est-à-dire que dans ces animaux la récolte étant incessante, et les jeunes agneaux s'élevant en produisant de la laine et de la viande, leur prix de revient est sans grande signification dans le roulement du troupeau.

Maintenant, le rapport annuel de 4,250 fr. pour 400 bêtes ovines, ou de 106 fr. 50 pour 10 de ces animaux, équivalant à une bête à cornes, qui ne rapporte que 20 à 30 fr. dans les conditions de culture ordinaire, établit qu'avec le mouton nous sommes mieux dans les conditions de notre sol, et que c'est là la meilleure industrie des nourrisseurs en Champagne.

Sans vouloir prétendre qu'on puisse se passer de gros animaux, autant que possible il faut avoir des moutons, parce que chez nous ces animaux, en ne prenant dehors et dans les parcours souvent que des aliments qui ne méritent pas la peine d'être ramassés, en profitent pour revenir en bénéfices aux propriétaires.

En résumé, en économie animale il ne faut pas de règle absolue, ni conseiller ou imposer une industrie qui serait en sens inverse des terrains et de la nature des produits qu'ils peuvent donner. Ceux qui peuvent faire des élèves des espèces chevaline ou ovine avec bénéfices, ont raison de le faire, et ne doivent pas pratiquer l'élève des moutons; comme aussi ceux qui peuvent se livrer avantageusement à l'éducation de ceux-ci, auraient tort et feraient de mauvaises opérations en la négligeant, pour s'adonner exclusivement à celle des grands animaux.

CHAPITRE XVI.

DES ÉPIDÉMIES ET DES MALADIES CONTAGIEUSES.

Causes qui déterminent les maladies épizootiques, enzootiques et contagieuses, et hygiène contre ces maladies; — la morve, le farcin et autres maladies sur l'espèce chevaline, et moyens de prévenir et d'arrêter leurs ravages; — le typhus, la péripneumonie et autres maladies sur l'espèce bovine, et moyens de les prévenir et d'en atténuer les résultats; — le piétin, la clavelée, le sang de rate et autres maladies sur l'espèce ovine, et moyens de les prévenir et d'en amoindrir les désastres; — le charbon et la pustule maligne sur l'homme et les animaux, et urgence de les prévenir et d'y remédier promptement; — la rage ou l'hydrophobie sur l'espèce canine, et indispensabilité de l'emploi de moyens prompts, *infaillibles et sans douleurs d'en prévenir la communication* du chien sur l'homme et sur les animaux; — police sanitaire, et législation applicable aux épizooties et aux maladies contagieuses, et conseils à ce sujet.

En nous occupant des moyens qui peuvent préserver les animaux des maladies ordinaires, nous ne pouvions, sans manquer à nos intentions, nous abstenir d'indiquer spécialement quelques mesures préventives contre celles qui, non seulement peuvent frapper une écurie, une bergerie, une étable, mais qui sont susceptibles de déborder, d'envahir le voisinage, et souvent de porter une atteinte grave à la fortune publique. Je veux parler des épidémies et des maladies contagieuses.

Si les épidémies sont une calamité qui moissonne les populations, jette le deuil dans les familles, les décime, les désole et les épouvante, les épizooties sont, de même, un fléau qui aussi par ricochet sévit souvent sur l'espèce humaine.

Hurtrel d'Arboval rapporte que Paulet a observé, que sur quatre-vingt-douze épizooties, vingt-et-une ont été communes à l'homme et aux animaux; et Buniva, que sur vingt qui ont ravagé l'Italie et la Sicile, douze ont attaqué à la fois et l'espèce humaine et les bestiaux.

Les épizooties jettent la perturbation dans les exploitations agricoles, parce que, sans compter les pertes qu'elles occasionnent par la mortalité, lorsqu'elles frappent les animaux de travail, les labours sont arrêtés, les engrais ne sont plus conduits aux champs, les semailles ne peuvent être faites en temps convenable, et les récoltes sont souvent perdues faute de pouvoir les rentrer.

Si les épizooties sévissent sur les animaux de rentes, le lait tarit, la laine pousse mal et est de mauvaise qualité, et l'engraissement est impossible.

Pour la société, il y a encore à redouter la pénurie de la viande; car si on n'est pas entièrement privé d'aliments précieux, il est à craindre que leur détérioration ou leur mauvaise qualité n'ait une influence fâcheuse sur les populations.

Les épizooties et les maladies contagieuses, outre qu'elles peuvent compromettre la santé publique, sont, comme la grêle et les inondations, un des fléaux les plus redoutables qui puissent peser sur les propriétaires et les cultivateurs.

Les maladies endémiques ou enzootiques sont de même nature; seulement elles diffèrent des premières en ce qu'elles sont circonscrites et propres à certaines localités.

Nous ne pouvions donc terminer ce travail sans consacrer un chapitre à cette classe de maladies, et sans indiquer les moyens qui peuvent les prévenir ou en atténuer les effets.

A l'égard des épizooties, sans vouloir entrer dans des développements qui exigeraient un volume de pathologie, nous nous croyons au moins obligé de nous occuper des principales et des plus communes, et, bien que peut-être grâce aux mesures sanitaires et hygiéniques assez heureusement mises en pratique dans nos départements, elles n'y sévissent pas énergiquement, cependant elles règnent encore trop fréquemment pour que nous ne considérions pas comme un devoir d'indiquer les moyens de nous y soustraire.

Les causes des maladies épizootiques ne sont pas toujours faciles à découvrir et à connaître; néanmoins, je pense qu'elles se trouvent souvent dans l'insouciance et dans l'inobservation des règles d'hygiène à l'égard de nos animaux domestiques.

La contagion est aussi une des causes des maladies de cet ordre, et il n'y a malheureusement guère que la mauvaise volonté, la négligence ou l'aveuglement qui aient pu déterminer des envahissements et des épizooties aussi meurtrières que celles dont l'histoire nous a conservé le souvenir.

Dans nos chapitres II à VI, qui traitent de l'hygiène, de la constitution, des organes des sens, des agents extérieurs, etc., nous avons passé en revue à peu près tout ce qui peut avoir une action funeste sur la santé des animaux; et ici il faut que nous fassions remarquer que si ces influences s'exercent simultanément sur des masses, au lieu de s'exercer individuellement, elles pourront provoquer le développement de maladies épizootiques.

Enfin, il faut encore ne pas ignorer qu'une cause maladive, tout en ne faisant développer qu'une affection isolée sur un seul sujet, peut aussi donner lieu à une épizootie, si l'affection qu'elle a déterminée est de nature contagieuse, et qu'on ne se soit pas mis en garde contre sa fatale propriété.

Je vais, dans l'intérêt du résultat de ce travail, et pour qu'il profite mieux aux agriculteurs, d'abord indiquer les causes les plus communes de maladies épizootiques.

M. H. Bouley, dans un ouvrage récent, dit ceci : « Parmi les causes d'épizooties (qui ne sont pas toujours appréciables), les plus connues sont : 1° les miasmes ou vapeurs des marais, et les fortes chaleurs succédant à une saison pluvieuse (en faisant développer des miasmes identiques aux premiers) lesquels déterminent très-communément les épidémies charbonneuses; 2° la trop grande humidité des lieux, qui détermine la pourriture, ou cachexie, sur le mouton; 3° l'influence d'une alimentation. L'alimentation excessive, ou trop riche, détermine le sang de rate sur le même animal, et aussi, comme on le remarque dans le département du Nord, assez souvent la péripneumonie sur l'espèce bovine; l'alimentation insuffisante, qui donne naissance à des maladies vermineuses et à la pourriture, comme cela existe en Sologne; enfin les aliments avariés par la moisissure et les criptogames, qui engendrent le charbon, le vertige abdominal et les gastro-entérites; 4° les logements insalubres, non aérés et trop étroits relativement aux animaux qu'ils contiennent, qui déterminent la morve, comme on a pu souvent le remarquer dans les anciennes casernes de cavalerie; et aussi des anémies et des fièvres typhoïdes ou pernicieuses; 5° l'excès de travail, combiné surtout à une trop grande vitesse dans les allures, qui produisent la morve dans les postes, les relais et les grandes entreprises de roulage ou d'omnibus; 6° enfin, assez souvent le contagium, ou le virus, ou le principe morbide, qui d'un animal malade se transmet sur des sujets qui ne le sont pas.

Précédemment, nous nous sommes entretenu des causes morbides des premières catégories; maintenant nous n'avons plus à nous occuper que des principes contagifères, et à indiquer les moyens d'amoindrir les ravages que peuvent causer les maladies contagieuses.

Les maladies contagieuses que l'on voit dans le département de la Marne sont : pour le cheval, la morve, le farcin et la gastro-entérite; pour l'espèce bovine, le typhus, la fièvre aphteuse et la péripneumonie; pour l'espèce ovine, le piétin et le claveau; et enfin le charbon et les fièvres charbonneuses pour les trois espèces. Puis nous avons encore une maladie effroyable, qui effectivement ne se développe spontanément que sur l'espèce canine, mais qui, en raison des circonstances fréquentes où elle est communiquée aux hommes et aux animaux, et de la terreur qu'elle jette souvent dans les populations, nous fait un devoir de nous en occuper et de donner quelques conseils à ce sujet.

Que nos propriétaires se méfient bien de la morve. Malheureusement, à l'égard de cette terrible maladie, il y a eu deux sectes, dont les opinions opposées ont fait un tort immense et causé d'affreux ravages dans un grand nombre d'attelages, et plus particulièrement encore dans les écuries de l'armée : ceux de la première disaient que la morve est contagieuse ; les autres soutenaient qu'elle ne l'est pas. Fatalement encore, ces derniers étaient les hommes de propagande, et ils appartenaient aux écoles vétérinaires ; les autres, qui avaient puisé leurs convictions dans l'expérience, tout occupés de leur pratique, ne pouvaient les divulguer et les faire connaître : les uns se basaient sur des expérimentations artificielles et fragiles ; les autres sur des faits multipliés et qui, acquis dans la pratique, devaient paraître irrévocables. Enfin, depuis quelque temps il y a eu un peu de rapprochement ; et n'ayant pu nier plus longtemps et absolument un contagium à cette maladie, on a consenti à reconnaître que la morve est effectivement contagieuse, mais seulement à l'état aigu, et sans vouloir convenir et admettre qu'elle pouvait se communiquer étant à l'état chronique. Ceci est une bizarrerie ridicule ; car ces personnes ne peuvent ignorer qu'il y a souvent des moments où les principes contagieux ont perdu plus ou moins de leur intensité, et, comme il est impossible de reconnaître ou de déterminer les limites qui peuvent fixer l'opinion et l'éclairer à ce sujet, en pratique, lorsqu'une maladie peut se communiquer, il est rigoureusement urgent de la considérer comme contagieuse. Lorsque cette maladie peut faire autant de ravages et être aussi funeste que celle qui nous occupe, il est sage d'être sans interruption et sans cesse sur ses gardes.

Je vais plus loin, et je soutiens, basé sur une expérience et une pratique active de plus de 30 ans, que la morve chronique est dix fois plus redoutable que la morve aiguë, parce que cette dernière se développe avec une intensité telle, qu'elle force à éloigner immédiatement les animaux malades, ou que souvent ils périssent avant que les autres soient restés assez longtemps à leur contact.

La morve chronique, au contraire, a une marche hypo-
crite ; elle vous trompe lorsque vous êtes tranquille et en
pleine sécurité.

La morve chronique, qui ne se traduit, la plupart du
temps, que par des symptômes d'une nuance imperceptible,
est la plus tenace et la plus traître de toutes les maladies
qui peuvent frapper le cheval et le baudet ; car, non seulement elle attaque les attelages d'une ferme et peut se
propager à celles du voisinage ; non seulement elle attaque
les animaux des villes et des campagnes, les chevaux de
poste, ceux de roulage et ceux de l'armée, mais encore on
a de nombreux et frappants exemples de son action épou-
vantable sur l'espèce humaine.

La morve chronique est d'autant plus redoutable, que
non seulement elle existe dans une écurie ou un attelage
sans qu'on s'en doute, mais, de plus, c'est que lorsqu'on a
démontré son existence, les propriétaires ne veulent souvent ni y croire ni la reconnaître.

Ainsi, mainte fois en visitant des attelages, après avoir
dit à un propriétaire : Voici un cheval qui compromet
votre écurie, il faut l'éloigner des autres ; lorsque je re-
tournais chez lui, bien que mon conseil fût facile à suivre,
je trouvais l'animal encore à la même place ; et on me
disait : « Mais le jetage est si peu de chose, que j'ai pensé
que vous vous exagériez le danger. »

Malheureusement je me suis rarement trompé ; je pour-
rais même dire que, sous ce rapport, je ne me suis jamais
trompé ; et les exemples que j'ai à citer abondent pour
établir que des chevaux ne jetant point, et n'étant appa-
remment pas malades, ont communiqué la morve à d'autres
et empoisonné de nombreuses écuries.

Je me contenterai de rapporter quelques faits, afin d'é-
tablir l'évidence de l'opinion que je soutiens, à savoir que
la morve chronique est bien contagieuse, et aussi que, par
l'obscurité, ou plutôt, que par la bénignité apparente de
ses symptômes, c'est de celle-là que proviennent presque
toujours les catastrophes les plus considérables et les plus
étendues.

Il y a quelques années, un négociant de Reims avait
acheté à un marchand de chevaux qui faisait beaucoup

d'affaires dans la Marne, la Meurthe, la Moselle et Paris, un très-beau cheval anglais qu'il me fit visiter aussitôt l'acquisition. Je lui dis : Ce cheval est au moins douteux; il est même morveux, et vous ferez bien de le rendre. Il me répondit : Je sais qu'il a eu cette maladie, et je pense qu'il n'y a plus de danger; on ne voit plus rien, il ne jette pas, il mange bien, il est on ne peut plus ardent; et comme je l'ai payé très-bon marché (8 à 900 fr.), j'ai renoncé, par écrit, au privilége que m'accordait la loi, et je ne me trouve plus en mesure de suivre vos conseils.

Pénétré, malgré l'imperceptibilité du jetage et du glandage, que ce cheval était morveux, et que ce monsieur était trompé, je le décidai à venir avec moi trouver le marchand, et je fis observer à ce dernier, qu'en dehors de l'abandon fait par mon client, du recours en résiliation pour vices rédhibitoires, il y avait encore en sa faveur la loi pénale qui défend, n'importe à quelles conditions, la vente des animaux atteints, ou seulement soupçonnés atteints de maladies contagieuses; et qu'alors il ne pouvait, sans s'exposer aux peines que cette législation inflige, se refuser à reprendre l'animal qu'il avait vendu.

Pressé pour d'autres affaires, je quittai mon client, le croyant parfaitement éclairé sur son droit et sur les moyens qu'il avait de se tirer de cette mauvaise affaire.

Mais voyez ce que peut l'illusion : s'étant figuré que les symptômes de la morve devaient être effrayants, et pensant que j'étais dans l'erreur, il préféra s'en rapporter plutôt à son idée qu'aux conseils que je lui avais donnés.

Quinze jours après, en apprenant que le marché n'avait pas été résilié, je fus consulté de nouveau pour tarir un léger suintement de narine qu'avait ce cheval; mais je répondis que je ne savais rien à y faire, que ce cheval était perdu; que puisqu'on n'avait pas voulu m'écouter, on s'arrange comme on le voudrait, je ne m'occuperais plus de cette affaire.

Trois mois plus tard, un cultivateur de Witry-lès-Reims, avec la même foi ou la même insouciance, avait pris chez lui le cheval en question, et il le mit à la charrue avec ses propres chevaux, pensant par ce moyen pouvoir arrêter le léger suintement de narines, qui ne lui paraissait être qu'un très-bénin reste de gourme très-facile à guérir.

Cependant après neuf mois on abattait le cheval de mon client, et trois de ceux appartenant à notre homme de Witry.

C'est une leçon un peu dure qu'il est bon de faire connaître, pour apprendre à avoir plus de prudence et de circonspection, et à savoir profiter des conseils qu'on vous donne.

A peu près à la même époque, un marchand très-honorable des environs de Reims, avait vendu à la poste de Jonchery un bon cheval qui se portait bien, mais qui, pour reste de gourme (disait-on), avait seulement besoin de huit jours de repos.

Ce conseil fut suivi, et ensuite l'animal fut placé dans un des attelages de la maison, où il paraissait devoir très-bien convenir.

Après quinze jours de travail, comme le suintement de la narine ne cessait pas, bien que le cheval mangeât parfaitement et qu'on en fût content, je fus appelé pour le visiter : alors je déclarai que je le croyais morveux, et j'engageai à le séparer de suite.

Le marchand fut prévenu, et en reprenant son cheval, affirma que mon opinion était ridicule et erronée ; il promit bien qu'avant peu il le ramènerait, qu'il courrait la poste, et que malgré mes idées ce serait un excellent animal, et qu'on en serait très-content.

Ce cheval ne rentra jamais à la poste de Jonchery ; mais malheureusement les trois semaines qu'il y était resté avaient suffi pour que, plus tard, l'attelage où il avait été placé fût décimé par la morve ; et ce ne fut qu'à force de précautions, de soins et de sacrifices, qu'on parvint à empêcher la maladie de s'implanter dans toutes les écuries de la maison (1).

Après avoir conservé une année le cheval, jetant peu ou

(1) A une époque antérieure, par l'insouciance et l'aveuglement, cette maladie avait déjà sévi pendant 14 ans sur les chevaux de la poste de Jonchery.

point, le marchand qui l'avait vendu, fatigué, l'envoyait à
l'équarrissage, où il fut abattu.

Tout récemment encore, le même marchand, malgré son
expérience et sans mauvaises intentions, avait vendu un
autre cheval à un fermier de son pays. Un de mes collègues
crut reconnaître dans quelques traces infimes de jetage,
un motif pour conseiller à ce cultivateur de le rendre, le
croyant morveux. Ici, la considération qu'on avait pour le
marchand l'emporta sur la confiance qu'on avait dans le
vétérinaire, et l'acheteur conserva le cheval ; mais quelques
mois après, deux chevaux étaient abattus ayant contracté
la morve, et même plus tard, le fils de la maison mourut
victime de cette imprudence.

Je rapporterais des faits de ce genre à l'infini, mais ce
serait trop monotone ; seulement j'ai cru devoir fixer l'attention du lecteur sur quelques-uns des plus saillants, pour
mettre bien en évidence la gravité et l'importance qu'il y
a à se préoccuper du jetage sur l'espèce chevaline, pour
démontrer tout ce qu'il peut y avoir de funeste, malgré sa
bénignité apparente, à ne pas séparer le plus vite et le
plus tôt possible les animaux qui en sont atteints, si surtout
on n'est pas complètement édifié sur la cause ou la maladie
qui le détermine.

Non seulement la morve chronique, qui se dissimule
chez les animaux sous l'apparence d'une santé complète,
et sous le masque de symptômes bénins et de peu d'apparence, est redoutable par ses ravages et sa longue durée
dans les écuries et les attelages, mais elle est plus effroyable
lorsqu'on sait que très-souvent elle se communique à
l'homme, avec des symptômes qui frappent souvent de
terreur et d'épouvante.

A ma connaissance, voilà cinq personnes venues dans les
hôpitaux de Reims atteintes de la morve, et toutes l'avaient
contractée au contact de chevaux qui avaient la morve
chronique. Il y a plus : c'est qu'à l'appui de l'opinion que
je soutiens, que celle-ci est la plus redoutable, je puis citer
cent exemples de communication de morve chronique aux
animaux, et que je ne puis en trouver un seul de morve
aigüe.

Cela n'est pas étonnant, parce que la morve aigüe effraye

par sa marche et ses symptômes, et que l'autre, par l'insignifiance et la bénignité apparente de ces derniers, vous laisse dans l'insouciance, dans la quiétude et la sécurité.

Le farcin, qui se traduit par des cordes ou quelques boutons sur le corps, le long du col ou des épaules, et sur la face interne des membres, a la même gravité, et réclame aussi les mêmes précautions que la morve.

N'y aurait-il aucun symptôme qui traduise l'existence de l'une ou l'autre de ces maladies, que si on a seulement la crainte qu'un animal se soit trouvé au contact d'autres, qui en sont ou en étaient atteints, la prudence exige qu'il soit isolé, et que sans retard on le sépare complètement des animaux sains (1).

Il est donc de bonne hygiène, toutes les fois qu'on achètera un cheval, d'être très-réservé et de ne jamais le placer avec les autres. Et s'il s'agissait d'une glande sous la ganache, ou de jetage par les narines, plus spécialement je conseille, sans plus attendre, de l'éloigner de la maison ou des écuries, car il y a toujours trop à redouter de l'invasion ces maladies.

Une simple gourme, sans avoir autant de gravité, a aussi ses inconvénients, et réclame de même des précautions. La gourme d'un nouveau cheval peut, en s'introduisant dans une écurie, peser sur les attelages, rendre les chevaux malades, et souvent en priver le propriétaire. Enfin tous les chevaux nouvellement achetés, qui jettent ou qui sont glandés sous la langue et dans le maxillaire, doivent être aussi dans une écurie à part et complètement isolés.

La gastro-entérite, comme la gourme, n'a pas la même gravité que les deux premières affections, et même, dans nos pays, elle est rarement dangereuse. On reconnaît qu'un

(1) J'ai vu plusieurs fois des chevaux vendus aux enchères, sur la place publique, qui ne jetaient pas, qui n'étaient pas glandés et n'avaient ni cordes ni boutons de farcin, et qui, introduits dans de nouvelles écuries, y ont fait développer l'une ou l'autre de ces maladies. J'ai pu constater souvent que les animaux vendus provenaient d'attelages infectés, et que sans porter les traces d'aucune maladie, ils portaient en eux le germe d'une affection qui devait les faire périr, comme ceux à qui ils devaient la communiquer.

cheval en est atteint, quand il a les yeux gonflés et larmoyants, et qu'ils sont rouges et jaunâtres à l'intérieur. Alors, en le séparant et en lui donnant, pendant deux jours de suite et à jeûn, le matin et le soir, 60 à 80 grammes de crème de tartre mêlée avec du miel, un lavement ou deux d'eau de son tiède, et en lui faisant, le deuxième jour, une saignée plus ou moins forte, selon sa force et son état, on le guérira, et généralement en le tenant quelque temps séparé, on préviendra l'invasion sur les autres.

Dans le cas où cette maladie aurait un caractère pernicieux, il ne faut pas manquer d'appeler un vétérinaire ; et si je viens d'indiquer le petit traitement qui m'a toujours réussi dans les écuries où il n'y a que deux ou trois chevaux, il serait souvent dangereux de s'en rapporter à soi dans les circonstances où cette maladie frapperait une écurie nombreuse, parce qu'alors fréquemment elle change de caractère, elle prend une nuance anémique ou thyphoïde et peut faire de grands ravages.

La séparation est toujours une chose extrêmement utile et prudente, et que je recommande pour tous les genres d'affection.

La gale n'est pas une maladie susceptible de causer de graves sinistres ; du reste, je puis le dire à la louange des propriétaires de la Champagne, il est très-rare qu'elle existe sur aucune des trois grandes espèces d'animaux domestiques de ce pays. On ne la voit guère que sur ceux qui appartiennent à quelques voituriers négligents, qui flânent souvent à la porte des cabarets, et qui ensuite, pour rattraper le temps perdu, abusent des forces de leurs chevaux, et ne leur donnent pas suffisamment à manger.

Dire à ces gens-là ce qu'il faut faire pour éviter cette maladie, ce serait inutile, parce que l'insouciance, des excès de fatigue, la malpropreté et une alimentation insuffisante, qui occasionnent cette affection, sont dus à une négligence incorrigible.

Il y a encore une espèce de gale que l'on nomme le roux-vieux ; elle est particulière aux chevaux entiers, et provient aussi du manque de soins et de propreté.

Il y a beaucoup de chevaux entiers, et surtout les chevaux de roulage, qui ont l'encolure forte, charnue, et chargée d'une quantité considérable de crins durs et tassés. Si ces animaux ne sont pas nettoyés et peignés convenablement, ce qui est un peu plus difficile à cause de l'épaisseur de la crinière, les poussières irritent la peau et provoquent le développement des acares, qui sont les insectes de la gale.

La gale isolément, sur un seul individu, ne serait rien si on voulait la soigner convenablement ; mais ici les remèdes insecticides qui sont employés, et qui sont généralement bons, ne sont souvent que mal et incomplètement appliqués. Lorsqu'on en a fait l'application sur une partie où on voit du prurit et des démangeaisons, on croit avoir fait tout ce qu'il fallait pour détruire le mal ; cependant il n'en est rien, car à côté, et même quelquefois assez loin de l'endroit où vous détruisez l'insecte qui exerce ses ravages, il y en a d'autres à l'état d'incubation, qui doivent plus tard continuer ou reprendre le travail de ceux que l'on vient de détruire : alors, comme on procède toujours partiellement et à peu près de la même manière, il en résulte que quand on a la gale ou le roux-vieux dans un attelage, on n'en finit pas, et que ce n'est que dans l'imperfection, le peu d'étendue et le mauvais emploi des moyens mis en usage, que se trouve la cause de la permanence de ces maladies.

La gale sur le cheval, comme sur l'homme et les animaux, n'est que symptômatique ; elle est déterminée par un insecte que les médecins désignent sous le nom d'acare, et les naturalistes sous celui de sarcopte. Cet insecte creuse sur la peau des sillons où il se loge, se nourrit et se propage, et ce sont ces diverses opérations d'un grand nombre qui provoquent des démangeaisons, l'inflammation de la peau, et conséquemment, pour les individus infectés, le plus impérieux besoin de se frotter.

La gale n'est donc pas une maladie ; elle est simplement l'effet produit par des parasites qui se sont installés sur la peau, et qui, par leurs évolutions, y déterminent de la douleur et des prurits si vifs et si ardents, que les animaux se privent même souvent de manger pour se frotter et se satisfaire. Alors ils s'usent les poils et les crins ; ils s'écor-

·chent, maigrissent, deviennent affreux, et se détériorent au point de perdre toute leur valeur.

La gale et les insectes qui la déterminent, peuvent être facilement détruits par la fleur de soufre, par le sulfure de potasse, l'huile de lin, l'essence de térébenthine, la benzine, les cantharides, l'onguent mercuriel, et une foule de substances qu'on désigne sous le nom d'antipsoriques, et qu'on se procure facilement et à bon marché. Aussi, après l'apparition des premiers symptômes, les remèdes ne manquent pas, et il n'y a que l'embarras du choix et qu'à se hâter d'employer ces moyens curatifs, pour empêcher non seulement le mal de s'aggraver sur le sujet affecté, mais encore pour prévenir sa propagation et s'opposer à ce qu'il étende ses ravages sur une écurie, une étable ou une bergerie.

Pour faciliter le traitement et pour lever les doutes qui pourraient exister sur la manière dont cette maladie se communique, il est bon que l'on sache que la gale ne se propage pas d'une espèce à une autre, et que le sarcopte du cheval ne donnera pas la gale au mouton; que le sarcopte du mouton ne la donnera au bœuf ou à l'homme, et que l'insecte de la gale n'est particulier qu'à chaque espèce et n'a jamais d'autre action que sur la même classe d'individus. Aussi, lorsqu'on aura un cheval galeux, on devra le séparer des autres chevaux, pour éviter qu'il ne communique à ceux-ci la maladie; mais avec toute la sécurité possible, on peut le placer dans une bergerie ou une étable, sans crainte d'en rendre victimes les sujets qui les habitent.

Pour en finir avec la gale il est nécessaire que je recommande de suite d'avoir soin, lorsqu'on aura une brebis ou un mouton atteint de cette affection, de ne pas s'amuser à enlever la laine dans l'étendue de la surface d'une pièce de cinq francs, à l'endroit juste où on aura découvert un bouton, et de ne pas se contenter d'étendre sur celui-ci un peu de fleur de soufre, de l'huile empyreumatique, ou un crachat de chique de tabac, comme le font encore un assez grand nombre de bergers pour éviter que la gale devienne enzootique et qu'elle ne se communique à la bergerie ou à tous les troupeaux de la commune; lorsqu'on aura reconnu des indices de cette maladie, il sera indispensable

de tondre de suite et entièrement tout le sujet, en le frottant bien et partout dans un bain général sulfureux ou
arsenical; c'est le moyen beaucoup plus certain de le
guérir qu'en agissant localement ou sur un seul point de
la surface de la peau.

Lorsque la gale sera sur un grand nombre d'individus
ou sur un troupeau, on mettra chaque animal, après l'avoir
tondu, dans une cuve où on aura préparé un bain composé
de cent litres d'eau, un kilogramme d'acide arsénieux, et
cinq de sulfate de zinc; on le frottera bien soigneusement
sur toutes les parties du corps, et après quatre ou cinq
minutes on le retirera, et les acares seront anéantis, et la
gale guérie entièrement.

C'est un remède facile, expéditif, et avec lequel on accélère promptement et sans grands frais la guérison.

Enfin, je veux qu'on le sache, sur tous les animaux la
gale isolée doit être traitée très-largement, si on ne veut
pas la laisser traîner en longueur et lui voir envahir les
écuries, les étables ou les troupeaux.

La gale des animaux ne se communiquant pas à l'homme,
on peut être sans crainte à ce sujet dans l'emploi des
moyens mis en usage pour la guérir.

Les animaux sur lesquels les maladies épizootiques et
contagieuses ont le plus d'accès, et sur lesquels elles
exercent le plus de ravages, sont certainement ceux de
l'espèce bovine; et bien que le département de la Marne,
même depuis 1814, n'ait été effleuré que par quelques-
unes et n'ait pas eu de grandes pertes à supporter, néanmoins ce n'est pas un motif pour nos propriétaires de
s'endormir dans trop de sécurité, parce qu'en agriculture
il faut avoir toujours l'œil ouvert pour prévenir et comprimer les dangers qui vous menacent.

Si l'intelligence de nos agriculteurs a fait beaucoup pour
éviter les grandes catastrophes, les vétérinaires peuvent
aussi, par les lumières, les instructions et les conseils
qu'ils ont répandus dans les campagnes, avoir à se féliciter
en grande partie de cet heureux résultat. Et en effet, je
citerais cent exemples où, par leur fermeté, leur savoir et
leur influence, des maladies épizootiques et contagieuses
n'ont pu dépasser la barrière qu'ils avaient posée à la porte

14*

des lieux où elles avaient pris naissance; et il est encore certain que, comme pour les épizooties, pour la police sanitaire et pour l'hygiène, l'amélioration des animaux et la zootechnie, la science et l'agriculture doivent beaucoup aux vétérinaires.

Ce n'est même que grâce aux travaux de MM. Gilbert, Bourgelat, Chabert, Flandrin, Huzard, Eugène Gayot, Magne, Renault et tant d'autres, que la science des animaux s'est faite; et dans ces derniers temps encore, M. de Gasparin, à qui l'agriculture élève un monument en mémoire de sa riche et brillante carrière agricole, ne doit-il pas à l'école vétérinaire de Lyon, dont il était un disciple, le germe de sa réputation et de sa grande renommée?

Il ne faut pas le méconnaître, c'est aux vétérinaires qu'on est redevable de toute la science qui concerne les animaux; et c'est encore plus spécialement par eux, aujourd'hui, qu'on peut dire aux cultivateurs : Dans votre intérêt, voilà ce qu'il faut faire, voilà ce qu'il faut éviter.

Messieurs les agriculteurs, dans beaucoup de circonstances, pour vos animaux et surtout pour les maladies contagieuses, confiez-vous aux vétérinaires.

Parmi les maladies épizootiques et contagieuses qui frappent l'espèce bovine, toutes n'ont pas la même gravité; mais la plus dangereuse et la plus redoutable, c'est le typhus ou la fièvre typhoïde.

Le typhus (ou la fièvre typhoïde) heureusement ne peut guère sévir dans nos contrées, parce que, originaire des steppes de la Russie et de la Hongrie, il ne se développe pas spontanément en France, et que ne paraissant devoir se montrer que comme événement excessivement rare et sans qu'il y soit amené à la suite de guerre ou d'invasion, il ne peut faire pour nous l'objet d'un article bien étendu; nous n'en parlerons donc que pour mémoire, parce que, même dans le cas où il se serait introduit dans notre pays, il réclamerait plutôt de grandes mesures administratives que des mesures restreintes et isolées.

Des maladies contagieuses qui sévissent assez souvent sur nos bestiaux, d'abord nous pouvons citer la fièvre aphteuse.

Cette maladie, que l'on désigne dans nos pays sous le

nom de cocotte, est assez redoutable, puisqu'elle peut porter une atteinte grave aux intérêts de nos agriculteurs.

La maladie aphteuse, qui se manifeste par le gonflement et le larmoiement des yeux, par une salivation abondante occasionnée par le développement d'aphtes nombreux sur les lèvres, dans la bouche et sur la langue, qui souvent atteignent la peau des mamelles et des trayons, ainsi que celles des membres (1), gênent beaucoup les animaux et les empêchent de marcher; elle les fait maigrir, tarit le lait ou en altère la qualité, et souvent est très-rebelle et peut durer plusieurs mois dans la même écurie.

Cette maladie, souvent importée par une bête achetée dans une foire ou un marché voisin, introduite dans une étable, se transmet et se communique à tous les autres animaux qui en font partie.

Lorsqu'on achètera une bête à cornes, il faut donc bien faire attention si elle n'a pas quelques aphtes, ou boutons, ou cicatrices récentes dans la bouche, sur le mufle ou ailleurs; il faut regarder avec soin si, sur les mamelles, les trayons, autour de la corne ou des boulets, elle n'a pas quelques croûtes ou crevasses qui la gênent ou l'empêchent de marcher; car, non seulement on serait trompé pour celle qu'on achète, mais, ce qui serait encore plus grave, c'est qu'en infectant ses étables, on se créerait beaucoup de peines et d'embarras, et qu'en voyant diminuer la valeur de ses animaux, on se prive de leur lait ou des autres produits (2).

La maladie aphteuse peut bien n'avoir pas été introduite dans une étable par un animal étranger, et s'y développer spontanément sous des influences autres que la contagion. Si donc on vient à découvrir la moindre des choses, sans

(1) Quand elle atteint les sabots, on la désigne encore sous le nom de maladie aphtungulaire.

(2) J'ai vu des animaux rester pendant six mois sans pouvoir bouger de place; et même, lorsque la maladie est dans l'interstice des onglons des sabots, sur le boulet et dans les pâturons, quelquefois la peau se gangrène et tombe; et comme les os et les ligaments peuvent de même se carier, alors les animaux deviennent étiques et périssent sans qu'on puisse rien en retirer pour la boucherie.

que cela parût y avoir été importé du dehors, il n'en faudra pas moins séparer de suite l'animal malade, et faire appeler un vétérinaire; car il faut bien se persuader que dans toutes les affections de catégories épidémiques, il n'y a que les moyens prophilactiques, ou les mesures qui vont au-devant des maladies et qui les préviennent, sur lesquels on puisse fonder l'espoir d'arrêter le mal et d'obtenir quelques succès.

Ainsi, quand une affection d'un caractère épizootique ou contagieux apparaîtra sur un animal, il faudra s'occuper de tous ceux de l'écurie ou de l'étable, et de suite rechercher la cause du mal et en anéantir le germe, parce que, une fois la cause fécondée, elle exercera ses ravages sans qu'on puisse les prévenir et s'y opposer.

Nous arrivons à une affection beaucoup plus grave et qui importe plus à la fortune publique; je veux parler de la peripneumonie du gros bétail.

La peripneumonie est une maladie contagieuse qui a enlevé, dans une période de 19 ans, 212,800 bêtes à cornes au département du Nord, 11,200 têtes par an, sur une population de 280,000 animaux (1), et d'après un rapport de M. Yvart, de 30 à 75 pour cent, à certains propriétaires, et en moyenne 35 pour cent sur toute la population bovine des trois départements de l'Aveyron, du Cantal et de la Lozère.

Ces chiffres parlent d'eux-mêmes, et seraient effroyables si, pour se rassurer, on ne savait que les animaux atteints de cette maladie, ne l'ont souvent contractée qu'en arrivant à un certain degré d'engraissement, et que, si on a le soin de ne point laisser arriver le mal à ce point que la viande en soit altérée, ils peuvent en partie être utilisés pour la boucherie et l'alimentation.

Bien que cette maladie puisse se déclarer spontanément sous l'influence d'une nourriture abondante, et d'un air chaud et humide, qui ont leur action plus spéciale sur les animaux maigres mis à l'engraissement, ou sur ceux à l'état de lactation, plus souvent encore elle est importée par les animaux provenant du dehors, et elle doit sa propagation à ses propriétés contagieuses.

(1) LOISET : *Journal des Vétérinaires du Midi.* — 1848.

Sous ce rapport, il est donc encore bien urgent d'examiner avec une scrupuleuse attention les animaux qu'on a le projet d'introduire dans ses étables ; et il faut un zèle, une surveillance et les soins les plus minutieux pour se garantir et se mettre à l'abri des dangers d'une invasion par des bestiaux étrangers.

En Suisse, dans les cantons de Berne, d'Argovie, Fribourg, Neufchâtel, Zurich et autres, on ne peut déplacer un animal, ni traverser aucune commune sans être porteur d'un certificat ainsi rédigé :

« Le soussigné (inspecteur du bétail), certifie que tel animal (signalement) n'est atteint d'aucune maladie contagieuse, et que, dans la localité d'où il vient, il ne règne actuellement et *il n'a non plus régné récemment aucune maladie de ce genre.* »

Dans la même pièce, il est encore ajouté :

« Ce certificat n'est valable que pour 15 jours, à dater du jour de son expédition ; il devra être présenté à l'inspecteur du marché, et remis à l'acheteur, ou à l'échangiste de l'animal, lequel devra au plus tard dans le délai de 24 heures après l'entrée, le remettre au fonctionnaire chargé de l'expédition de certificats de santé de son domicile. Cette attestation pourra aussi servir si l'animal est mis à la montagne. »

Bien qu'assez souvent les animaux atteints de la péripneumonie peuvent servir à l'alimentation, il ne faut pas croire que les pertes qu'elle fait éprouver ne soient pas énormes ; car il faut bien penser d'abord que tous les animaux qu'elle frappe n'ont pas tous atteint assez d'état pour être livrés à la boucherie ; que non seulement le boucher ne peut pas non plus de suite prendre toute une étable, mais encore que, quand il le pourrait, il ne manquera pas d'exploiter la position et d'en retirer tous les bénéfices possibles. Aussi, en présence des ravages redoutables que peut faire et que fait cette maladie, on ne devrait pas redouter de prescrire des mesures aussi sages que celles que je viens de signaler ; et si, dans un pays de liberté comme la Suisse, on peut les exiger et les mettre en pratique, dans le nôtre, l'administration pourra tout aussi bien les prescrire et en faire une bonne application.

En France, l'article 459 du Code pénal dit : « Tout détenteur d'animaux atteints, ou soupçonnés atteints de maladies contagieuses, est tenu d'en faire la déclaration au maire de sa commune, etc. »

Ceci serait bien si on observait religieusement la loi ; mais, cette première obligation remplie, il reste à l'administration des mesures à prendre pour le séquestre ou le sacrifice des animaux ; et les exigences de police sanitaire, qui doivent nécessairement porter atteinte aux intérêts de la victime, doivent naturellement la faire hésiter à s'y conformer. En effet, c'est ce qui arrive : elle cache tant qu'elle peut sa position, parce qu'elle comprend que si on connaît la maladie qui règne chez elle, on ne la laissera pas disposer de ses animaux ; tandis que si elle reste dissimulée, elle pourra les vendre et en tirer un meilleur parti.

Pour obtenir d'un propriétaire qu'il déclare l'invasion d'une maladie épidémique ou contagieuse dans ses étables, il faudrait qu'il fût certain d'être raisonnablement indemnisé des sacrifices que l'on va exiger de lui ; mais quand des prescriptions posent une espèce de scellé sur ce qui vous appartient, et qu'elles lèsent autant les intérêts de celui qui y est obligé, elles ne peuvent jamais être parfaitement remplies ni loyalement exécutées.

On devrait faire, dans notre pays, comme dans plusieurs contrées d'Allemagne, où, en cas de sinistre épidémique, on indemnise les propriétaires de la moitié et même des deux tiers des sacrifices qu'ils font en vue de prévenir ou d'arrêter la propagation du mal ; ce serait le moyen le plus juste, le meilleur et le plus certain pour faire exécuter la loi, et pour anéantir dans son principe un foyer d'infection qui peut se propager et faire un mal plus grave et même irréparable. Ces indemnités, relativement très-minimes, préviendraient des pertes considérables.

Cependant, malgré l'imperfection de la loi française, depuis que nous sommes dans l'arrondissement de Reims, grâce à la vigilance de l'administration, à la sagesse des vétérinaires, à leurs bons conseils et à la confiance qu'ils ont su inspirer, nous n'avons jamais vu le fléau déborder ; et jusqu'à présent l'agriculture et les populations n'ont jamais eu à souffrir de catastrophes semblables à celles qui ont frappé beaucoup d'autres localités.

Pour prévenir ces sortes d'accidents, il faut que nos agriculteurs ne cessent de surveiller avec la plus scrupuleuse attention leurs étables ; et, aussitôt qu'une toux douteuse se manifeste, il ne faut pas hésiter un instant à expulser l'animal qui est affecté ; il vaut mieux faire un sacrifice léger et perdre sur une bête, que de s'exposer à voir une épidémie sur toute une étable, et atteindre le voisinage et frapper sur tout le pays.

Je conseille surtout, malgré sa rigidité apparente, de ne point éluder la loi ; car d'abord il faut craindre ses rigueurs, et ensuite bien se persuader que l'administration fera toujours son possible pour ne l'appliquer que paternellement, et pour que ses prescriptions aient toujours une tendance à amoindrir et à alléger les sacrifices qu'il faut quelquefois exiger des propriétaires. Enfin les propriétaires doivent être convaincus, qu'à moins de mauvais vouloir de leur part, leur position sera comprise, et que les mesures de police sanitaire seront appliquées dans leur intérêt comme dans l'intérêt général.

En parlant de la péripneumonie, je ne puis passer sous silence une mesure préventive qui a fait beaucoup de bruit dans ces derniers temps, et qui a donné lieu à des expériences faites en grand par les hommes les plus importants de la médecine, de la vétérinaire et de l'agriculture ; je veux parler de l'inoculation.

Un médecin belge, le docteur Willems, a prétendu que, comme l'inoculation du vaccin garantit l'espèce humaine de la petite vérole (la variole), celle de la matière morbide, prise à la surface d'un poumon malade de la péripneumonie, devait investir les animaux de l'espèce bovine d'une immunité qui les protégerait contre cette maladie.

Des expériences dans ce sens ont déjà été faites dans l'arrondissement de Reims par un de nos agriculteurs les plus distingués, mais elles n'ont pas répondu à notre espoir.

Cependant on ne peut nier aujourd'hui que l'inoculation, en établissant une dérivation sur la queue, où on la pratique, amoindrit le mal et restreint le nombre des victimes.

Dans un mémoire que j'ai lu à la société vétérinaire de

la Marne, je me suis cru obligé, sans désapprouver entièrement l'inoculation, d'engager à ne pas y avoir une confiance aveugle, à ne négliger dans aucun cas le séquestre, et à observer encore strictement les règles de la police sanitaire; parce que, quoique la loi soit rigide, c'est encore le moyen le plus sage et le plus sûr de prévenir la propagation.

La clavelée, que l'on désigne encore sous le nom de claveau, de clavelade, de rougeole, petite vérole, etc., est une maladie particulière aux bêtes ovines, laquelle se manifeste sur la peau par une éruption de boutons qui naissent, croissent, suppurent et se dessèchent, en un temps qui peut varier selon les animaux et leur régime. Cette maladie, dont physiquement la ressemblance est frappante avec la petite vérole de l'homme, a aussi, comme elle, la gravité et la funeste propriété de se communiquer.

Les ravages qu'elle peut faire sur un troupeau, ou dans une commune, sont tellement redoutables, qu'on doit prendre toutes les précautions pour s'y soustraire; de même, si on a le malheur d'en être atteint, il faut prendre toutes les mesures possibles pour éviter sa propagation.

Disons de suite que depuis longtemps elle n'a régné que rarement dans nos pays, et que même alors les troupeaux atteints n'en ont éprouvé que des pertes légères et insignifiantes. Mais disons aussi, pour qu'on ne s'endorme pas dans une funeste indifférence, que les pertes éprouvées par l'agriculture ne sont jamais réparables, et qu'il y a eu des années où celles causées par la clavelée ont été énormes. Sans remonter aux époques anciennes, Hurtrel d'Arboval rapporte, qu'en 1816 cette maladie a attaqué dans 59 communes du département de la Somme, 20,567 bêtes sur 31,171; et Rouger Labergerie dit, qu'en 1819 le nombre des victimes se serait élevé, en France, au chiffre énorme d'un million. Au moment où nous écrivons, la clavelée fait d'affreux ravages en Angleterre.

La clavelée peut se développer spontanément; mais, ce qu'il y a le plus à redouter, c'est la propriété qu'elle a de se communiquer, non seulement par le contact immédiat, mais aussi par les vapeurs humides de la transpiration cutanée et pulmonaire, c'est-à-dire par des principes volatils.

La clavelée est une maladie qui a quatre périodes qui peuvent se prolonger plus ou moins longtemps sur un troupeau, ou dans une commune, selon qu'elle est maligne ou bénigne, régulière ou irrégulière, et selon la saison, les lieux, l'âge, le tempérament et l'aptitude des animaux; par conséquent, si on abandonne cette maladie à elle-même, comme il y a des animaux qui y sont plus réfractaires, elle peut être très-longtemps avant d'avoir exercé sur chaque animal son action contagieuse.

Cette prolongation indéfinie d'une affection aussi grave et aussi gênante, a suggéré l'idée de l'inoculer au troupeau tout entier aussitôt qu'elle avait apparu sur un animal, pour qu'elle parcourt ses phases sur tous les animaux en même temps.

La première période de la clavelée est celle de l'incubation : il n'y a alors aucun signe extérieur qui vienne traduire son existence; la deuxième période est celle où on peut remarquer à la peau quelques taches rouges ou violacées semées çà et là, et qui bientôt se transforment en boutons plus ou moins rapprochés; à la troisième, ceux-ci variant de la largeur d'une lentille, à celle d'une pièce d'un franc, selon la force des sujets et l'intensité de la maladie, se remplissent d'une sérosité transparente qui blanchit et devient purulente, et finissent par laisser suinter au sommet l'humeur qui s'y est accumulée; enfin la quatrième période est celle de la dessiccation ou de la desquamation des croûtes, qui peut se prolonger plus ou moins longtemps, mais qui termine cette maladie à une époque plus ou moins éloignée de sa première apparition, surtout si elle a été abandonnée à elle-même.

Il ne faut jamais acheter d'animaux inconnus, dans la crainte que quelques bêtes échappées à l'épidémie ne viennent transmettre à un troupeau un germe de maladie dont elles-mêmes ne porteraient aucune trace.

Si on savait quelques moutons claveleux dans une ferme, il ne faudrait point hésiter à conseiller au propriétaire d'en faire la déclaration; s'il s'y refusait, il faudrait soi-même provoquer l'application des mesures administratives, et solliciter l'indication d'un cantonnement, si c'est pendant l'été, et du séquestre, si c'est pendant l'hiver. Enfin, c'est une règle et une loi, il faut toujours, et avant tout, insister sur l'isolement complet du troupeau infecté, des autres bêtes de la ferme ou de la commune.

Maintenant, si on avait quelques bêtes claveleuses, en dehors de ces mesures adminstratives et d'intérêt général, il vaudrait mieux, pour en finir plus vite et être plus tôt débarrassé, inoculer spontanément et en même temps le claveau à toutes les bêtes de sa troupe.

Pendant toute sa durée, la clavelée est contagieuse; mais c'est ordinairement du 8ᵉ au 12ᵉ jour que l'on trouve dans les boutons la substance dans les meilleures conditions pour pratiquer l'inoculation ou la clavélisation sur tous les animaux.

Cette maladie, ainsi communiquée, a d'abord moins de gravité; elle parcourra ses périodes en même temps sur tous les animaux, et on en sera plus vite débarrassé; puis enfin, elle sera moins meurtrière, puisque l'expérience a démontré que par l'inoculation elle ne faisait pas périr au-delà d'un animal sur cent.

Si la médecine vétérinaire, pour l'espèce ovine, n'a pas l'avantage de la médecine humaine, qui a trouvé dans la vaccine un préservatif contre la variole, elle a au moins celui de pouvoir, par l'inoculation, amoindrir les dangers de la clavelée, et de la rendre plus bénigne; et si on inocule, au lieu de se prolonger pendant quelquefois six mois, la clavelée inoculée a toujours parcouru ses périodes en vingt ou trente jours sur tout le troupeau.

Le piétin, moins anciennement connu que la clavelée, puisque ce n'est que depuis l'introduction de la race mérinos qu'il a été décrit, est une maladie qui a son siége entre les deux onglons, et qui se manifeste par un décolement de la corne : s'il est négligé, il atteint les tissus, entraîne la carie des os et des ligaments; et il peut faire périr les animaux ou les laisser boiteux et sans valeur.

J'aurai peu de chose à dire de la contagion de cette maladie. Un troupeau bien tenu, qui ne sera pas exposé à la trop grande fraîcheur des cours ou des fumiers, et duquel surtout la litière sera fréquemment renouvelée, n'aura rien à redouter du piétin.

Si quelques animaux en sont atteints, il faut être excessivement attentif pour prévenir l'invasion du mal sur le troupeau, et éviter qu'il y soit en permanence. A cet effet, lorsqu'on aura remarqué un léger suintement entre les onglons, à la partie supérieure et plutôt interne de l'un d'eux, et que la corne commencera à se décoller et à se soulever, de suite, sans plus attendre, avec un petit instrument tranchant (un canif ou une feuille de sauge qui est plus commode) on enlève bien exactement et sans rien laisser toute la corne désadhérée, et on applique sur les parties charnues et dénudées, de l'alun en poudre, ou du sulfate de cuivre, ou de l'égyptiac, ou d'autres ingrédiens solides ou liquides vendus par tous les pharmaciens ; ou bien on passe dessus, seulement avec une plume, de l'acide nitrique, et l'animal se guérira ; mais surtout qu'on n'applique pas de ces substances sans que la corne détachée par le pus ne soit complètement bien enlevée, parce que celle-ci, en durcissant, comprimerait les parties molles, et s'opposerait à l'écoulement du pus, qui, en s'accumulant et en agrandissant son foyer, atteindrait les os et les articulations et entraînerait la perte des animaux.

La trousse Lobreaux, en même temps qu'elle contient des tubes à météoriation, porte aussi les instruments et ingrédients à employer contre le piétin.

Lorsqu'un berger opère et dégage la corne du pied pour guérir le piétin, il faut que l'animal soit bien maintenu, pour que, lorsqu'il gambille, on ne puisse faire du sang et le blesser.

A cet effet, on peut se servir de l'appareil Chatriet, qui tient les quatre pattes fixes et assez éloignées pour ne pas gêner l'opérateur.

J'ai vu souvent aussi, le berger étant assis sur une chaise dont les deux montants du devant se trouvaient entourés par une anse en corde ou en cuir, qui servait à contenir la patte qu'il voulait opérer, placer l'animal sur le derrière, et entre ses jambes, le dos contre le devant de la chaise et contre lui ; et après avoir introduit la patte malade dans l'anse où elle se trouve fixée, opérer tranquillement et avec sécurité.

Il faut être très-attentif pour ne pas laisser propager le piétin, parce que non seulement il fait souffrir et détériore un troupeau, mais c'est qu'encore c'est la maladie la plus gênante et la plus difficile à traiter si on a un grand nombre d'animaux atteints en même temps.

Le piétin, dans ce pays, n'a que très-peu provoqué, de la part de l'autorité, des mesures de police sanitaire; je crois même que, bien qu'il donne beaucoup d'embarras, et que quelques auteurs, entre autres Galisset et Delafond, indiquent la législation qui peut lui être applicable, comme les animaux en boitent, que cette maladie peut se reconnaître, et que si elle a de la gravité, c'est qu'on la néglige, l'intervention des autorités est inutile ou à peu près.

Nous arrivons à une maladie d'un danger bien plus imminent, c'est le charbon. Le charbon, comme la pustule maligne ou l'anthrax, sont des maladies incomparablement plus redoutables : non seulement elles ne sont plus spéciales à une seule de nos espèces d'animaux domestiques, et peuvent sévir sur plusieurs à la fois, mais elles peuvent aussi atteindre l'homme et le rendre victime de son incurie ou de son ignorance.

Le charbon, qui peut se développer sous l'influence des causes que j'ai indiquées, peut se transmettre aussi par l'inoculation, par le contact et même, quoiqu'assez rarement, par son principe volatil, à une certaine distance.

Le charbon peut apparaître par des taches brunâtres, dans le nez, sur la bouche et dans les yeux; et par la stupeur, l'abattement, la faiblesse et des frissons. La marche en est très-rapide, et elle ne dure souvent que quelques heures. J'ai vu à la ferme de Courtagnon, une jeune vache sortir de l'étable, en sautant et faisant des bons de gaîté, à sept heures du soir, être morte avant minuit : c'est le charbon intérieur, la fièvre charbonneuse ou la gastro-entérite charbonneuse.

Le charbon se traduit aussi après quelques heures de frisson, de fièvre et d'abattement, par l'apparition de tumeurs plus ou moins fortes et rapprochées, crépitantes ou emphysémateuses (1), qui s'étendent sur l'une ou l'autre

(1) C'est l'air, probablement produit par la putréfaction, qui,

des parties du corps, et souvent sur plusieurs régions à la fois, et qui, en augmentant, amènent rapidement la mort des sujets, quelquefois en peu de jours et même en quelques heures, s'ils ne sont pas soignés.

Il y a une autre espèce de charbon, auquel correspondent la pustule maligne et le glossanthrax qui apparaît aussi par une ou plusieurs tumeurs excessivement douloureuses, qui augmentent assez vite de volume, mais qui, en se circonscrivant, présentent dans leur centre une tache gangreneuse qui désorganise les tissus, les corrode, et qui, en gagnant de proche en proche, comme les deux autres, fait de rapides progrès et détermine promptement la mort.

Enfin il y a une quatrième espèce, qui devra toujours avoir le même résultat que les autres, mais qui paraît plutôt procéder du dehors : ce charbon est aussi une gangrène qui ne règne guère épizootiquement, et qui ne paraît se développer ordinairement (peut-être avec le secours d'une température un peu chaude) que sous l'influence d'une cause locale externe et matérielle.

C'est cette espèce de charbon, dans lequel les tumeurs renferment des sérosités brunâtres, qui se développe assez fréquemment sur les moutons, quelquefois à la suite de castration, ou après des morsures, des pressions ou des foulures, et que l'on désigne sous le nom d'araignée.

On le voit quelquefois aussi sur les autres animaux, et il faut toujours être en garde contre ses dangers.

Un soir, étant au village de Puisieux, on me fit visiter, par occasion, un cheval qui avait à la fesse une petite plaie large comme une tête d'épingle, et protubérante au dehors comme une petite lentille. Cette tumeur, en apparence bien insignifiante, avait été provoquée par le frottement d'une toute petite tête de pointe qui dépassait une planche de l'écurie. Alors, sans y faire assez attention, et peut-être avec un peu trop d'insouciance, je recommandai de faire une ou deux fois par jour des onctions d'onguent populéum.

mélangé et introduit dans les tissus sous la peau, fait entendre, lorsque l'on presse, ce bruit crépitant qui caractérise souvent le charbon.

Le lendemain, avant mon réveil, on était chez moi, pour me dire que la tumeur était augmentée et pour me prier de revoir ce cheval le plus tôt possible. Cette tumeur ayant envahi la croupe, et le principe gangreneux ou charbonneux l'intérieur et l'abdomen, l'animal était perdu sans ressource.

Néanmoins, toutes ces affections de nature charbonneuse ne sont, le plus souvent, que l'effet de miasmes délétères ou d'un principe vénéneux mis en contact avec l'économie animale, et généralement elles ne sont non plus qu'enzootiques, c'est-à-dire qu'elles ne s'étendent guère au-delà du cercle où elles ont pris naissance.

Aussi l'exemple que je viens de rapporter n'est que pour indiquer qu'il faut se tenir en garde contre certaines natures de tumeurs; mais plus généralement, c'est après des inondations, ou dans le voisinage des cloaques, des marais, des étangs ou de toutes eaux stagnantes, que, pendant ou après les grandes chaleurs, le charbon se développe.

Il y avait, autour de plusieurs habitations du village d'Euilly, un grand nombre de fosses larges et profondes, où des flaques d'eau stagnante recevaient des pailles, des détritus de végétaux, des eaux ménagères, et toutes sortes d'animalcules qui venaient s'y plonger et y périr; et pendant les grandes chaleurs de 1842, en se desséchant, ces mares impures produisirent des émanations de matières septiques qui firent éclater le charbon sur les bœufs, les vaches et les chevaux de cette commune.

Cette même maladie, sous l'influence des mêmes causes, fit aussi de grands ravages à Festigny, à Igny-le-Jard, à Louvrigny, etc.

Comme je l'ai indiqué précédemment, il n'y a rien de plus grave et de plus redoutable que les eaux stagnantes, les marais, les mares et les étangs, et il faut faire tous les sacrifices pour les détruire, les éviter et s'y soustraire.

On peut aussi trouver la cause du charbon dans des aliments avariés, des fourrages vasés, rouillés ou moisis, ainsi que dans des écuries et des étables trop chaudes; enfin, la cause peut encore se trouver dans le voisinage des bouchers, des tanneurs, des corroyeurs ou autres professions tenues avec négligence et malpropreté, et dans lesquelles des substances animales peuvent, sous l'influence des chaleurs et de l'humidité de l'été et de l'automne, fermenter et se putréfier.

En évitant soigneusement toutes les émanations putrides qui vicient l'air, ou en les détruisant, et en modifiant, si c'est possible, les aliments impurs et détériorés, on pourra prévenir en partie les ravages de cette grave et dangereuse maladie; et, si elle est due au voisinage des professions dangereuses et insalubres, il faut avoir recours à l'administration, pour réclamer d'elle l'exécution des mesures de police sanitaire, si on n'en faisait pas l'application.

Le principe charbonneux est très-subtil, et il faut être excessivement circonspect et prudent à son égard; et, bien que la contagion par le contact médiat ne soit pas aussi bien démontrée que celle de la variole, de la clavelée et du typhus, il n'en est pas moins essentiel de prendre toutes les précautions possibles pour s'y soustraire.

C'est par les vapeurs de la transpiration cutanée et de la respiration, et par celle des excréments et des débris cadavériques, que quelquefois cette maladie pourrait se communiquer; et tout en prenant les plus grandes précautions contre le contact immédiat du virus, qui est toujours dangereux, il ne faut pas non plus négliger d'enlever fréquemment les fumiers, les excréments et les litières, et de les mener au loin, parce que leurs émanations pourraient être la cause fatale de grands malheurs.

Il est urgent, pour purifier les écuries et les étables, de placer dans leur milieu une terrine dans laquelle on aura jeté une poignée de sel de cuisine; et on versera dessus une quantité suffisante d'acide sulfurique (huile de vitriol) pour faire dégager du gaz, qui est du chlore. Cette opération, faite deux fois par jour, pourra renouveler l'air et modifier celui qui est vicié ou corrompu.

Cette petite opération ne doit pas se faire sous le nez des animaux; et même, si le local est trop restreint, il est nécessaire de les faire sortir, pour éviter la suffocation ou l'asphyxie.

Le sang, la sérosité des tumeurs, les chairs et tous les corps imprégnés de substances carbonculées mises en rapport avec la peau, et même à travers l'épiderme, sont susceptibles, par inoculation, de donner le charbon ou la pustule maligne.

J'ai vu un homme frappé du charbon, pour avoir exploré avec le bras le rectum d'un bœuf atteint de cette maladie; et un autre, tombé malade, mourir à la suite d'une piqûre de mouche qui quittait une tumeur charbonneuse.

En 1842, M. Denoc, alors vétérinaire à Châtillon-sur-Marne, sortait d'opérer des bœufs charbonneux, lorsqu'en revenant il sentit un gonflement se développer si rapidement sur sa figure, qu'il en eut la vue gênée. Mais avant de rentrer chez lui, il s'était déjà expliqué que c'était du sang qui avait jailli sur sa joue pendant ses opérations, et que le point noir qui existait au centre de la tumeur n'était pas une simple piqûre de mouche comme il l'avait cru d'abord, mais la pustule maligne et le commencement d'un charbon qu'il fallait cautériser bien vite pour en détruire le principe et arrêter les progrès du mal.

Enfin les exemples pullulent dans ce genre, et on n'en finirait pas si on voulait les rapporter tous ici; mais ceux que je viens de signaler doivent suffire pour faire comprendre les grandes précautions qu'il faut prendre à l'égard de cette maladie, et aussi faire sentir que, dans tous ses rapports avec les animaux malades, il faut une prévoyance et une circonspection constantes.

Dans le cas de rapports forcés avec des animaux charbonneux, je recommande expressément d'enduire ses mains et ses bras de graisse (saindoux ou huile), et de laver de suite toutes les substances ou humeurs qui seraient jetées, lancées ou posées sur l'une ou l'autre des parties du corps, afin d'éviter l'absorption du principe virulent, et de ne pas en être victime.

Il ne faut pas oublier non plus que les seaux, les bouteilles, les seringues et tous les instruments qui auront servi à soigner les malades, doivent être, chaque fois qu'ils auront servi, nettoyés, lavés et dégagés de toutes les substances impures dont ils pourraient être imprégnés. Il faut encore, lorsque les animaux sont morts du charbon, non seulement les enlever le plus tôt possible de la maison, mais, s'il n'y a pas d'établissement industriel pour les livrer de suite à la cuisson, les mener au loin et les enfouir profondément dans terre.

Je n'ai pu éviter dans ce chapitre d'aller un peu au-delà de mon sujet, car je me serais cru bien peu prévoyant, et même coupable si, en parlant du charbon sur les animaux, je m'étais abstenu d'éclairer les personnes et d'éveiller leur attention sur les dangers qu'elles courent dans ces graves circonstances.

Il fallait donc faire une légère esquisse de cette maladie, pour qu'on la connût assez et qu'on s'en méfiât ; et ensuite, il fallait non seulement conseiller d'éviter tout contact d'animaux entr'eux, mais aussi recommander aux personnes chargées de les soigner, ou obligées de les toucher, de prendre les précautions les plus grandes.

Ici devrait se terminer ce que j'ai à dire sur les maladies épidémiques et contagieuses des grands animaux domestiques ; cependant, comme je veux, sans étalages futiles, donner des conseils sérieux, et éclairer au complet les cultivateurs sur tout ce qui est de leur intérêt de savoir, je vais encore appeler leur attention sur une de ces maladies graves qui, bien que non spéciale à nos animaux herbivores, peut quelquefois, comme à l'homme, leur être communiquée, et jeter la frayeur et l'épouvante dans une ferme, dans une maison, dans une commune, et même dans une contrée : je veux parler de la rage.

Il n'y a pas de ferme, ou d'exploitation et de maison de culture, où il n'y ait au moins un ou deux chiens et même souvent plus, soit pour la chasse, le berger ou la cour, et par conséquent où il y ait un intérêt pour le propriétaire à savoir exercer une surveillance sur ces animaux, et à reconnaître au moins les principaux caractères de la rage.

La rage ne se déclare pas spontanément sur les herbivores ; mais elle peut se communiquer à toutes les autres espèces d'animaux et à l'homme, et il est urgent de pouvoir assez la connaître pour s'en méfier et ne pas en être victime.

La rage, ou l'hydrophobie, ne se déclare spontanément que sur le chien ou les animaux de son espèce, et c'est une maladie encore plus effroyable que, sous le rapport de la manière dont elle se communique, elle n'est dangereuse.

Pour la contracter, d'abord ce n'est que par contact immédiat, et ce ne peut être que par la morsure d'animaux qui en seraient affectés ; ensuite, c'est que, même mordu, il est encore rare ou peu commun que la rage soit transmise et se communique par l'inoculation simple et directe au sujet qui a reçu la morsure.

Ce que je dis là n'est pas pour que l'on néglige les précautions les plus minutieuses pour s'en préserver ; c'est parce que j'ai vu un grand nombre de personnes s'effrayer sans motifs sérieux, et souvent s'inquiéter et compromettre leur tranquillité et leur santé, pour un danger qui peut n'être qu'imaginaire.

D'abord, le principe rabique, selon plusieurs auteurs, n'existe pas toujours incessamment et dans tous les instants, dans la salive, sur les animaux hydrophobes ; puis il faudrait encore qu'il fût mis en rapport directement, et sans l'intermédiaire de la peau ou des vêtements, avec une plaie vive et saignante, pour pouvoir être absorbé et se répandre dans l'économie.

Maintenant, il n'y a guère que les animaux carnivores qui, par rapport à la disposition de leurs dents, puissent faire une plaie convenablement disposée pour recevoir et conserver le virus rabique, et encore, si la *bave qui était sur la dent n'est pas restée au dehors, et n'est pas arrêtée par l'épiderme.* Ensuite les herbivores n'ont pas, à beaucoup près, autant de disposition à mordre, et leurs dents, applaties sur leur table, ou n'existant qu'à la mâchoire inférieure, peuvent plutôt pincer seulement les tissus et les meurtrir, que les entailler et y faire une plaie fraîche et absorbante. Par conséquent la blessure de ces animaux ne peut absorber le virus, et l'économie ne peut être infectée par les animaux que par exception et assez difficilement.

Il y a aussi sur le chien une autre maladie que l'on confond presque toujours avec la rage véritable, qui épouvante comme cette dernière, et qui cependant en diffère heureusement par son meilleur côté ; c'est qu'elle n'est pas contagieuse ; et cette rage, que l'on nomme la rage mue, bien que physiquement elle ressemble à la première, ne doit pas épouvanter, parce qu'elle ne peut pas se transmettre, et qu'elle n'est pas dangereuse et inquiétante pour l'espèce humaine.

Enfin, en supposant le pire, c'est-à-dire que des animaux ou une personne soient mordus par un chien hydrophobe, il y a une chose que l'on n'a pas assez fait connaître, et que cependant, pour rassurer bien du monde, il est essentiel de savoir : c'est que sur cent sujets mordus, il n'y en aura souvent pas un qui contractera la rage.

Gérard fils, professeur d'une chaire d'anatomie, disait dans le compte-rendu de son cours de l'année 1823 : Il ne m'a pas paru indifférent de répéter les expériences déjà faites à plusieurs reprises sur la virulence de la salive des herbivores attaqués de la rage ; mais aucune de celles que j'ai tentées, n'a été suivie de résultat.

La même année, lorsque je suivais la clinique de Barthélemy aîné, ce professeur fit mordre quatorze chevaux par des chiens enragés, et aucun n'a contracté la maladie. En 1843, avec le commissaire de police de la division de l'ouest, j'ai visité à Reims, dans le faubourg de Vesle, dix chiens qui avaient été mordus, et pas un n'a eu la maladie. Enfin dans ma pratique, j'ai souvent été appelé pour des chiens qui étaient enragés, et je ne me rappelle pas qu'aucun le soit devenu après des morsures ; et au contraire, je me rappelle que souvent ces animaux en avaient mordu d'autres, et même des personnes, qui malgré cela n'ont jamais contracté la rage.

Il ne faut cependant pas s'égarer sur mes intentions, et croire que je pense qu'il n'y a aucun danger ; malheureusement des faits sont là, et j'ai vu chez un filateur de Reims, sur sept chevaux mordus par un chien enragé, un de ces animaux mourir de cette maladie. J'ai vu aussi plusieurs chevaux, ânes, chèvres et moutons, mourir de la même affection, sans qu'effectivement on ait su comment elle leur avait été communiquée, mais sans qu'il y eût le moindre doute qu'elle ait été transmise par des animaux carnivores.

La rage se communique, c'est certain ; mais comme la bave de l'animal enragé peut être essuyée, ou arrêtée par les poils, les vêtements, ou l'épiderme de la peau, avant que la dent n'ait pénétré dans les chairs, la maladie peut alors souvent ne pas être transmise et la morsure rester sans résultat.

J'ai dit qu'il y avait une fausse rage et la rage véritable. La première se traduit par la tristesse, la fatigue et de grandes difficultés pour se mouvoir. Les aboiements sont impossibles ou rauques, les yeux sont rouges et injectés, la gueule est béante, les mâchoires ouvertes sans pouvoir se rapprocher, et la langue est sale; les membranes de la bouche et de la gorge sont d'une nuance violacée, et les lèvres toujours enduites d'une bave abondante et épaisse, dans laquelle se trouvent de la paille, de l'herbe ou d'autres substances; le dos est voussé en contre-haut, et souvent, le deuxième jour, l'animal ne peut plus se relever, et meurt le quatrième.

Cette maladie, qui est la rage mue, n'est pas contagieuse et est la plus commune. J'ai vu tant de personnes qui s'effrayaient pour avoir eu des rapports avec des chiens atteints de cette maladie, que j'ai cru devoir en esquisser les principaux caractères, afin que l'on soit édifié et que dorénavant on ne se fasse pas tant de mal pour une chose qui est sans danger.

La rage véritable se traduit, au contraire, souvent par des symptômes dont on n'a pas de dispositions à se méfier.

Le chien enragé, isolé ou la nuit, aboie souvent, et son cri est une espèce de jappement saccadé, toujours en deux temps, et dont le dernier est plus aigu et plus long que le premier; son œil n'est pas non plus naturel; mais, au lieu d'être rouge et larmoyant, il est inquiet et agité; ses mouvements sont brusques, saccadés, et ressemblent beaucoup à ceux des petits oiseaux par leur promptitude et leur célérité.

Lorsqu'on a déjà pu remarquer quelques signes semblables à ceux que je viens d'indiquer, les chiens doivent être suivis et bien observés, parce que la tristesse et l'abattement, qui sont les symptômes communs à toutes les maladies, sont effacés ou n'existent pas dès le début de celle qui nous occupe. Pendant les premiers temps l'animal paraît plus gai et plus alerte, et souvent c'est au moment où il caresse son maître, où il saute après lui, en lui donnant des signes manifestes de fidélité et d'attachement,

que tout-à-coup il glisse entre ses mains et file dehors,
sans qu'aucun appel, soit impératif ou de douceur, puisse
le ramener près de lui et le faire obéir.

Le chien enragé ne mord pas volontairement son maître;
ce sera plutôt en le caressant et en le léchant qu'il en fera
sa victime.

Le chien enragé, absent de sa demeure, va errer deux
ou trois jours, pendant lesquels il peut mordre des animaux et quelquefois des hommes, et s'il n'a pas été sacrifié,
ou qu'il ne soit pas mort dans ses excursions vagabondes,
il revient chez son maître, mais dans un état de torpeur et
de mortel abattement qui n'a souvent de dangereux que
la frayeur que donne la maladie que l'on vient de reconnaître. Alors, il est à peu près paralysé; il ne se tient plus
sur ses membres, et il mord machinalement la terre, le
bois, la paille, et enfin tout ce qui se rencontre sous sa
gueule; mais il ne dure guère que quelques heures dans
cet état; il meurt ordinairement le quatrième ou le cinquième jour de sa maladie.

Ainsi la rage a ses dangers; mais, comme on le voit, ils
ne sont pas non plus aussi excessifs que généralement on
se le figure.

En se gravant un peu dans la mémoire le tableau que je
viens d'esquisser de ces deux espèces de rage, dont l'une
n'est pas du tout contagieuse, il y aura moins à craindre
qu'on s'y méprenne, et il est certain qu'avec un peu d'attention on pourra sûrement saisir les circonstances où
il peut y avoir du danger.

Lorsqu'un chien sera sensiblement malade, qu'il aura
l'œil rouge, larmoyant et injecté, la bouche béante, les
mouvements difficiles et douloureux, et qu'il ne fera que
grogner sans pouvoir japper ou aboyer avec décision et
sonorité, il faut se rassurer, ce n'est pas la rage.

Lorsqu'un chien aura quelque chose d'animé dans son
regard, et de trop exalté dans ses mouvements, ses allures
et ses démonstrations, et qu'il aboiera en deux notes toujours liées et bien distinctes, il faut y faire attention et se
méfier; et si, avec ces symptômes, il ne mangeait pas, il
ne faut plus se contenter de l'observer, mais il faut le tenir
à l'attache et le séquestrer entièrement.

Il faudra surtout bien se garder de le laisser pénétrer dans les écuries, les bergeries ou les étables, parce que les animaux qu'elles contiennent étant sans méfiance et on ne peut mieux à sa portée pour être mordus, en seraient facilement victimes.

Il y a un grand nombre de personnes qui pensent que lorsqu'un chien veut bien boire, il n'y a point la rage à redouter. Ceci est une erreur : il y a beaucoup de chiens qui boivent dans cette position, et si on basait sa sécurité sur ce fait, il pourrait en résulter des conséquences fâcheuses.

Lorsqu'un chien aura été mordu par un animal de son espèce, atteint, ou soupçonné atteint de la rage, pendant 60 jours il faut le tenir à l'attache avec une chaîne et le séquestrer.

Si, sur des animaux de la même espèce, on observait quelques signes ou démonstrations nerveuses dans le genre de ce que j'ai signalé, six jours d'attention et de surveillance, suffiront pour rendre la sécurité quand il n'est pas survenu de nouveaux symptômes.

Quant aux autres animaux, la rage, chez eux, ne se traduisant pas spécialement par le besoin de mordre, et ces animaux n'étant pas non plus d'une conformation qui puisse faciliter ou satisfaire ce désir, il y a peu de dangers d'en être victime.

Maintenant, puisque j'ai été entraîné à parler d'une maladie dont le nom seul fait vibrer d'horreur et d'épouvante les organisations même les plus fermes et les plus courageuses, j'ai besoin de sortir un instant de la sphère des animaux pour détruire l'impression funeste que des indiscrétions erronées, en médecine, ont jetée dans le public.

J'ai déjà dit et établi par des faits, que la rage est beaucoup moins fréquente qu'on ne le pense, et aussi que la véritable rage ne se communique que rarement et exceptionnellement. — Mais il y a une autre chose qu'il ne faut, pas ignorer, c'est que, serait-on mordu par un chien réellement enragé, on a un moyen simple, facile et sûr de se préserver de la maladie. Si on a reçu une morsure, aussitôt on la lave et on l'essuie, et, par une ligature quelconque fortement appliquée, on intercepte la circulation centripèle (première mesure); et si c'est dans un endroit où on ne puisse l'appliquer, on recourt à un autre procédé, en ayant toujours pour but d'éviter l'absorption du virus : alors, au moyen d'un verre, d'une timbale ou d'un gobelet à boire, avec un petit morceau de papier sec qu'on jette allumé dans le gobelet, on le renverse en l'appliquant autour de la plaie pour l'entourer et la circonscrire. De cette manière on fera le vide comme les ventouses, et on opérera une succion si forte que les liquides et le virus reviendront en dehors et dans le verre, plutôt que de remonter vers le centre, dans la circulation. Ce procédé donne déjà quelques garanties; mais on peut et on doit le couronner toujours par une opération dont l'efficacité est incontestable.

Lorsqu'avec une ligature on a intercepté la circulation, comme lorsqu'avec une ventouse on a déterminé la succion par le vide, toujours les parties qui en ressentent l'effet sont engourdies et insensibles; alors une portion de métal, que simultanément, pendant la première opération, on aura fait rougir au feu, soit un clou, une aiguille à tricoter, un couteau ou toute autre chose, devra être appliquée, rouge, sans hésitation, sur les parties vives et dénudées, parce que, dans cette position d'engourdissement de la région mordue, la brûlure peut se faire hardiment et sans douleur pour celui qui en est l'objet.

Par l'emploi de ces moyens, on peut être convaincu qu'on n'aura jamais la rage; et qu'on ne vienne pas dire que la période d'incubation de cette maladie est incertaine, et que deux ans après la morsure, comme l'ont rapporté quelques médecins, elle peut encore se déclarer; ceci est ridicule et n'a jamais été appuyé par des faits sérieux et solides; ce sont des contes transmis légèrement et sans scrupuleux examen des choses qu'on a rapportées.

Comment, un virus, subtile et foudroyant comme celui de la rage, pourrait rester en contact et séjourner dans l'économie pendant des années sans rien produire, quand des substances comme l'acide hydrocianique et la stryctinine, qui agissent de même sur les nerfs, tuent si vite et en quelques secondes? Ceci est incroyable et impossible.

Ainsi, quand on aura été mordu par un chien enragé, il est d'abord probable qu'on n'aura pas la rage, parce que l'inoculation n'a pas souvent lieu, et ensuite, si le virus rabique avait pénétré dans les tissus, en les cautérisant il est sûr qu'on ne peut pas la contracter; puis enfin, dans tous les cas, lorsqu'il y a 60 à 80 jours d'écoulés, on ne l'aura pas, c'est impossible.

Enfin, si la rage doit se développer, il y a des signes qui consistent en de petites pustules qui apparaissent sous la langue quelques jours à l'avance; eh bien, en perçant ces pustules et en lavant et nettoyant bien la bouche avec une décoction de sommités de génisto-tinctoria, et en la donnant en tisane pour l'homme comme pour les animaux, cette maladie devra guérir.

Pour terminer ce travail, je dirai qu'il faut bien se persuader que si, pour un fermier, un cultivateur ou un propriétaire, il est nécessaire d'observer scrupuleusement toutes les règles d'hygiène, pour avoir des animaux qui aient une bonne santé, travaillent bien et rapportent beaucoup, ces mêmes règles doivent être encore bien plus strictement et rigoureusement suivies lorsqu'il s'agit de maladies épidémiques, épizootiques et contagieuses, parce qu'alors celles-ci sont toujours, non seulement funestes à eux et à leurs intérêts, mais encore parce qu'elles sont un fléau et une calamité publique.

L'hygiène des épidémies et des maladies contagieuses est tellement intéressante, que depuis les temps les plus reculés l'autorité a fait un devoir et une loi pour tous de l'observer. Aussi je ne crois pas pouvoir mieux terminer mes conseils, que de retracer ici quelques-uns des principaux articles de la législation qui la concerne :

En 1519, un édit du Sénat de Venise défendit, sous peine de mort, de vendre de la viande ou des produits des bestiaux atteints de la peste.

En France, ce ne fut que deux siècles plus tard que parut le premier arrêt du Conseil d'État du roi, du 15 novembre 1714, qui défendit, sous peine de mille livres d'amende, de vendre des bestiaux provenant des pays affectés de la maladie désignée aujourd'hui sous le nom de typhus contagieux du gros bétail.

Depuis ce premier arrêt, jusques et y compris la publication du Code pénal, articles 459, 460, 461 et 462, on a toujours cherché, dans la législation, à atteindre le même but : on a constamment voulu étouffer dans leur principe et sur le lieu de leur naissance, les épizooties et les maladies contagieuses.

Je ne rapporterai pas tous les arrêts et les ordonnances qui ont été promulgués à ce sujet, ce serait superflu ; mais en recommandant l'arrêt du Conseil d'État du roi, du 16 juillet 1784, qui est le plus complet, et trop long pour être rapporté ici, je vais simplement mettre sous les yeux du lecteur les articles du Code pénal qui les résument à peu près tous :

« L'art. 459 dit : Tout détenteur ou gardien d'animaux ou de bestiaux soupçonnés d'être infectés de maladies contagieuses, qui n'aura pas averti sur-le-champ le maire de la commune où ils se trouvent, et qui, même avant que le maire ait répondu à l'avertissement, ne les aura pas tenus renfermés, sera puni *d'un emprisonnement de six jours à deux mois, et d'une amende de seize francs à deux cents francs.* »

« L'art. 460 : Seront également punis *de deux mois à six mois de prison, et d'une amende de cent francs à cinq cents francs,* ceux qui, au mépris des défenses de l'administration, auront laissé leurs animaux ou bestiaux infectés, communiquer avec les autres. »

« L'art. 461 dit : Si de la communication mentionnée au précédent article, il est résulté une contagion parmi les autres animaux, ceux qui auront contrevenu aux défenses de l'autorité administrative seront punis *d'un emprisonnement de deux ans à cinq ans, et d'une amende de cent francs à mille francs;* le tout sans préjudice de l'exécution des lois et règlements relatifs aux maladies épizootiques, et de l'application des peines y portées. »

L'art. 462, enfin, pour faire ressortir, il semble, toute l'importance que les législateurs attachaient à ce sujet, dit : Si les délits dont il est parlé au présent chapitre ont été commis par des gardes champêtres ou forestiers, ou par *des officiers de police à quelque titre que ce soit,* la peine d'emprisonnement sera *d'un mois au moins, et d'un tiers au plus en sus de la peine la plus forte,* qui serait appliquée à toute autre personne qui aurait commis le même délit.

Il y a beaucoup d'autres mesures applicables aux maladies contagieuses : telles sont la déclaration exigée par ceux qui soignent les animaux malades ; la défense de les vendre, et la marque de ces mêmes animaux ; les visites domiciliaires, les cordons sanitaires, l'abattage, les signaux d'alarme, l'enfouissement, etc., desquels il n'est pas question dans notre moderne législation.

Cependant, comme l'art. 484 du Code pénal dit encore : « Dans toutes les matières qui n'ont pas été réglées par le présent code, et qui sont régies par les lois et règlements antérieurs, *les cours et tribunaux continueront de les observer.* » Il s'en suit que l'autorité peut toujours exiger l'application des mesures prescrites par les lois et arrêts précédents.

Ainsi donc, je conseille bien de toujours se conformer aux mesures de police sanitaire exigées par l'autorité : d'abord, parce qu'on ne doit pas éluder la loi, mais se bien pénétrer qu'elle est faite dans l'intérêt de tous ; et ensuite parce que, dans ces circonstances surtout, elle sera toujours appliquée avec douceur et paternellement.

Enfin, il faut toujours aussi se conformer aux prescriptions administratives, parce qu'on se décharge d'une responsabilité envers des voisins, qui, si eux-mêmes venaient à être frappés par la même maladie contagieuse, pourraient former contre vous une demande en indemnité pour des dommages qu'ils auraient peut-être le droit d'attribuer à votre négligence, et aux soins que vous auriez pris de vous soustraire aux exigences de la loi.

FIN.

TABLE DES MATIÈRES.

FIN DE LA TABLE.